# 东北干旱和旱灾时空变化特征：理论与应用

徐宗学　刘海军　左德鹏　孙文超　孙洪泉　等 著

中国水利水电出版社
www.waterpub.com.cn
·北京·

## 内 容 提 要

本书在系统梳理东北地区历史旱灾的基础上，通过长系列数据分析、开展大田试验和采用遥感技术等方法，揭示了东北地区干旱时空分布特征及其演变规律，构建了农业干旱和旱灾评价指标体系，明晰了农业旱灾致灾机理及主要作物对干旱响应机制，搭建了基于遥感技术的农业旱灾监测与预警技术，开发了农业旱灾评估模拟平台并进行了应用。

本书既有基本规律的探索，又结合实际生产状况开展技术研发，内容翔实、数据丰富，可为从事农业干旱和旱灾研究、学习和管理的人员提供有效参考。

**图书在版编目（ＣＩＰ）数据**

东北干旱和旱灾时空变化特征：理论与应用 / 徐宗学等著. -- 北京：中国水利水电出版社，2023.8
ISBN 978-7-5226-1570-7

Ⅰ. ①东… Ⅱ. ①徐… Ⅲ. ①农业－旱灾－研究－东北地区 Ⅳ. ①S423

中国国家版本馆CIP数据核字(2023)第113112号

| 书　　　名 | 东北干旱和旱灾时空变化特征：理论与应用<br>DONGBEI GANHAN HE HANZAI SHIKONG BIANHUA TEZHENG：LILUN YU YINGYONG |
|---|---|
| 作　　　者 | 徐宗学　刘海军　左德鹏　孙文超　孙洪泉　等 著 |
| 出 版 发 行 | 中国水利水电出版社<br>（北京市海淀区玉渊潭南路１号Ｄ座　100038）<br>网址：www. waterpub. com. cn<br>E - mail：sales@mwr. gov. cn<br>电话：(010) 68545888（营销中心） |
| 经　　　售 | 北京科水图书销售有限公司<br>电话：(010) 68545874、63202643<br>全国各地新华书店和相关出版物销售网点 |
| 排　　　版 | 中国水利水电出版社微机排版中心 |
| 印　　　刷 | 天津嘉恒印务有限公司 |
| 规　　　格 | 184mm×260mm　16 开本　16.5 印张　402 千字 |
| 版　　　次 | 2023 年 8 月第 1 版　2023 年 8 月第 1 次印刷 |
| 印　　　数 | 0001—1000 册 |
| 定　　　价 | 88.00 元 |

# 本 书 编 委 会

主　　任：徐宗学

副主任：刘海军

委　　员：王红瑞　　王会肖　　鱼京善　　苏志诚　　陈晓霞

　　　　　孙文超　　石瑞花　　左德鹏　　孙洪泉　　杨晓静

　　　　　姜　瑶　　隋彩虹　　张智郡

全球气候变化和我国特殊的自然地理条件，决定了我国是一个干旱频发的国家，这对我国的农业发展和粮食安全造成了重大的影响。根据全国自然灾害损失统计，旱灾损失约占全部自然灾害损失的 35%。1949—2015 年的 66 年间，全国有 44 年发生较严重旱情。近十年来干旱事件逐年增加，尤其是极端干旱事件的频繁发生对农业生产造成了极大的危害。如 2009 年黄淮海冬麦区的冬春连旱造成受灾面积 1.63 亿亩，重旱约 5000 万亩；2010 年西南五省区大旱，耕地受旱面积达到 1.01 亿亩；2011 年长江中下游大旱，耕地受旱面积达到约 6000 万亩。我国年均因旱灾损失粮食约 300 亿 kg，相当于粮食生产大省河北省或者吉林省的粮食年产量。

东北地区是我国的粮食主产区和商品粮生产基地，其粮食产量约占全国的 19%，因此，该地区农业稳产和高产对我国的粮食安全具有决定性作用。但是近十年来干旱频发，成灾面积和绝收面积较 20 世纪 90 年代均增加了 2 倍以上，粮食减产量也从 90 年代的 54 亿 kg/a 增加到近 10 年的 109 亿 kg/a。旱灾严重的 2003 年、2007 年和 2009 年，东北三省的粮食受灾面积分别达到了 1.1 亿、1.7 亿和 1.4 亿亩，分别占播种面积的 39%、57% 和 45%，粮食减产量也分别达到 137 亿、252 亿和 186 亿 kg。气候适应经济工作组 IPCC 撰写的《适应气候变化》报告中指出，到 2030 年，气候变化将使中国东北地区每年的旱灾损失增加 50%。因此，揭示东北地区历史上干旱及旱灾的时空分布特征，阐明主要农作物对干旱的响应机理，构建评价干旱和旱灾的指标体系和方法，提出农业旱灾预警技术，开发农业旱灾评估模拟平台等工作，将会为东北粮食种植区及时判定旱情、评估旱灾损失、制定抗旱减灾措施等服务，以最大限度地减轻旱灾影响和粮食减产，保障国家的粮食安全。

本书总体设计和大纲由徐宗学教授和刘海军教授负责，第 1 章由徐宗学、刘海军编写，第 2 章、第 3 章和第 4 章由左德鹏、王红瑞、徐宗学、杨晓静编写，第 5 章由孙洪泉、苏志诚编写，第 6 章由刘海军、王会肖、张智郡编写，第 7 章由孙文超、鱼京善编写，第 8 章由孙洪泉、苏志诚编写，第 9 章由徐宗学、刘海军编写。全书由徐宗学、刘海军、左德鹏和孙文超统稿完成，其中徐宗学负责第1、2、8、9章，刘海军负责第3、4章，左德鹏负责第5、6章，孙文超负责第7章。最后由姜瑶博士通读全文，又进行了最后一次统稿。本书第1章主要介绍了干旱和旱灾研究的目的和意义，国内外的研究进展，研究中存在的问题以及发展趋势；第2章主要介绍了东北地区的自然环境、气候水文特征以及经济和社会状况；第3章主要介绍了东北三省历史上，尤其是中华人民共和国成立以后发生的干旱和旱灾特征；第4章利用游程理论、Copula联合分布等方法计算了标准化降水指数（SPI）和标准化降水蒸发指数（SPEI），分析了SPI和SPEI在东北地区的时空变化特征以及与旱灾的关系；第5章提出了描述干旱的评价指标，基于不同评价方法的比较，提出了适宜东北地区的干旱评价方法，并对历史干旱和旱灾事件进行了评价；第6章基于大量的田间试验，确定了描述干旱的参数（土壤水分、冠层温度等）与产量的关系，提出了评价旱灾的参数阈值；第7章构建了基于遥感技术的作物冠层温度、土壤水分和产量反演方法，并在研究区进行了评价和应用；第8章基于以上研究成果，开发了农业旱灾评估模拟平台，并以历史数据为依托对研究区的旱灾进行了分析和评估；第9章总结了本专著的主要研究结论，并提出了相应建议。本专著查阅了近两百年（部分可延伸到近五百年）东北地区的旱灾资料，进行汇总分析，为进一步了解和研究东北地区干旱和旱灾演变规律提供了大量的基础数据，并通过大量的试验数据阐明了东北地区主要粮食作物（玉米、大豆和水稻）对土壤水分的响应规律，提出了判定干旱的阈值，以及估算旱灾的方法，为东北地区干旱估产提供了可行的方法。同时，本书提出了基于遥感技术的东北地区农业干旱监测和预警技术，为干旱和旱灾的及时诊断、提出适宜的防旱抗旱措施提供了理论保障。最后，本书构建了东北地区农业旱灾评估模拟平台，基于该平台可进行干旱及旱灾的推演，为进行干旱预防、保障粮食生产提供了技术支撑。

本专著是在水利部公益性行业专项项目"东北粮食主产区旱灾评估技术及应用平台研究"成果的基础上完成的，是30余位研究人员（包括博士和硕士研究生）辛勤工作的结晶。尽管相关人员做出了最大的努力，但限于时间和水平，本书难免存在错误与疏漏之处，敬请读者批评指正。

**作者**

2018年9月

# 目录

# 第1章 绪 论

## 1.1 研究现状

特殊的自然地理条件决定了我国是一个干旱频发的国家，对于我国的农业发展和粮食安全造成了重大影响。根据全国自然灾害损失统计，旱灾损失约占全部自然灾害损失的35％，年均因旱灾损失粮食约300亿kg。东北地区是我国粮食主产区和商品粮生产基地，其粮食产量约占全国的19％，因此，该地区农业的稳产和高产，对我国的粮食安全具有决定性作用。但是近10年来干旱频发，导致成灾面积和绝收面积较20世纪90年代均增加了2倍以上，粮食减产量也增加到近109亿kg/a。2010年政府间气候变化专门委员会（IPCC）完成的《应对气候变化报告》中指出，到2030年，气候变化将使中国东北地区每年的旱灾损失增加50％。因此，针对干旱事件的发生，及时评估出由此导致的粮食损失，并通过方案比较提出适宜的抗旱减灾措施，以最大限度地减轻旱灾影响和粮食减产，保障国家的粮食安全，是刻不容缓的工作。

当前我国防汛抗旱部门对于农业干旱灾害的评价主要是基于气象信息和相关标准，如降水量距平、连续无雨日数、表层土壤含水量和旱情等级标准等。但是农业干旱灾害的评估不仅涉及气象信息，同时也要充分考虑农作物生长对干旱气象条件的响应，即作物通过自身的调节能力以适应旱情，并减轻干旱对其生长和产量的影响。同时大部分的作物具有缺水后再复水的补偿效应，即通过后期的补水，作物可以进行部分补偿性生长，以减少前期干旱造成的影响，使得产量变化较小。而我国相关部门在对农业干旱灾害评估时，极少考虑农作物的直接响应和后期复水后的补偿效应；现状的评价方法也以静态为主，没有考虑后期施加措施后，旱灾的缓解程度及旱灾再评价的动态过程；同时借助3S技术进行区域的遥感旱灾监控和预警也未形成完整的体系，制约了防汛抗旱部门从区域上对干旱和旱灾进行分析和评估。

东北地区是我国的粮食主产区和商品粮生产基地，虽然干旱频发，但是至今还未建立一套完整的旱灾动态评价方法和大尺度旱灾评估和预警平台，直接制约了防汛抗旱部门对旱灾的评估及抗旱减灾措施的制定，影响了抗旱减灾的效果。因此，当前的农业干旱灾害评价方法，尤其是东北粮食主产区的旱灾评估方法和平台建设亟须改进和完善。

## 1.2 研究目标

本书深入研究东北粮食主产区农业旱灾形成过程和主要影响要素，分析研究区旱灾形成机理及其时空演变规律；通过野外试验探究主要作物在干旱形成过程中对水分亏缺的

1

响应及亏缺后复水作物的补偿生长效应，建立作物水分生产模型；定量分析遥感影像参数与农田下垫面特征的关系，开发农业旱灾遥感监测系统；结合以上研究成果，最终提出东北粮食主产区农业旱灾评估方法、模型和技术体系，建设东北粮食主产区农业旱灾模拟评估应用平台。相关研究成果的应用将显著降低农业旱灾，提高我国农业旱灾预警能力和旱灾调控水平。

## 1.3　研究内容

根据上述研究目标，开展以下研究工作：

（1）东北粮食主产区农业旱灾时空分布特征及其演变规律。以东北粮食主产区气象干旱、农业干旱及其灾害各项表征指标的时空演变特征为对象，利用长序列数据资料，开展研究区干旱及其灾害情势的时空演变规律和变化过程相似性、突变、周期、趋势的诊断和检测，探索气象干旱与农业干旱的影响机制，揭示农业干旱与灾害情势的主要控制因素及其演化趋势，辨识各影响因素对干旱事件强度、持续时间、发生频率及其灾害程度影响的相对贡献，绘制干旱及旱灾相关图集。

（2）农业旱灾致灾机理及农作物对干旱响应过程模拟。选择东北粮食主产区主要粮食作物（玉米、大豆、水稻）开展大田试验，获取气象、土壤、作物生长和产量、灌溉等数据；分析干旱条件下主要粮食作物生理生态变化过程及对水分亏缺的响应，并进行定量描述；揭示干旱条件下补水后作物的补偿生长效应并构建其定量表征关系；提出基于土壤和作物生理生态参数的农业干旱评价指标和干旱级别诊断参数；建立主要农作物的水分生产函数，模拟分析不同旱灾条件下农作物的响应及对产量的影响。

（3）基于遥感技术的农业旱灾监测与预警技术。构建基于多元遥感数据的冠层温度等作物生理指标的遥感监测方法，为作物水分生产模型提供输入数据；构建基于微波遥感地表土壤含水量观测的农业旱灾监测技术；对历史日土壤含水量数据进行频率分析，确定干旱严重程度等级的频率阈值；根据滑动平均日遥感含水量，参照频率阈值估计干旱等级；构建基于土壤含水量与归一化植被指数 NDVI 延滞效应的农业旱灾预警技术；利用遥感土壤含水量对作物未来的生理状态进行预测，从而对可能的受灾损失做出预警。

（4）农业旱灾评估模型与技术及其应用平台。在对干旱演变规律特征分析、农业旱灾致灾机理、遥感农业干旱监测与预警关键技术研究的基础上，结合东北粮食主产区的作物需水特点，综合考虑作物对水分的动态响应特征，构建农业旱灾评估指标和模型，提出旱灾的评估方法和技术体系。综合以上研究成果，结合数据库工具和软件开发技术，构建农业旱灾评估模拟平台，以对不同干旱情况下的农业旱灾进行评估，并提出适宜的抗旱减灾技术与措施。

本书通过理论分析、试验观测、遥感反演、模型模拟和示范应用相结合，充分考虑气象学、水文学、灾害学、遥感科学、作物生理学、农田水利学、土壤学等学科的理论知识和最新研究成果，利用研究区获取的大量水文、气象、作物、遥感等数据，分析研究区的干旱和旱灾演变过程及其主要影响因素；通过开展大田试验获取不同水分条件下作物生长数据，以及不同干旱条件下复水后作物的生长和生理响应，建立作物水分生产函数和干旱复水后作物生长补偿效应模型；通过分析农田下垫面参数与遥感影像资料的关系，建立两者的定量表达式；结合作物生长参数和遥感反演参数，构建农业干旱和旱灾的评价指标体系和评价方法，绘制不同干旱条件下主要农作物的旱灾损失图；利用以上研究成果，提出基于遥感技术的农业干旱和旱灾监控与预警系统，建立农业旱灾评估模型及其应用平台并进行应用示范。其技术路线图如图 1.1 所示。

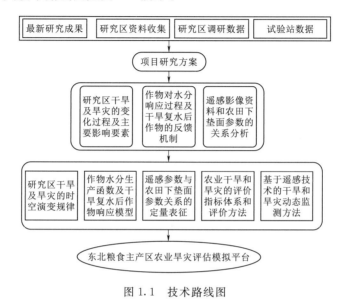

图 1.1　技术路线图

# 第2章 研究区概况

## 2.1 自然环境

东北地区包括辽宁、吉林、黑龙江三省和内蒙古自治区呼伦贝尔市、兴安盟、通辽市、赤峰市和锡林郭勒盟，是我国纬度最高的地区。全境位于东经 $115°32'\sim135°10'$，北纬 $38°43'\sim53°35'$。东北地区自南向北横跨中温带与寒温带，属温带季风气候，四季分明，夏季温热多雨，冬季寒冷干燥。自东南向西北，年降水量由 1000mm 降至 300mm 以下，从湿润区、半湿润区过渡到半干旱区。东北地区森林覆盖率高，可拉长冰雪消融时间，且森林贮雪有助于发展农林业。水绕山环、沃野千里是东北地区地面结构的基本特征。土质以黑土为主，是形成大经济区的自然基础。南面有黄海和渤海，东面和北面有鸭绿江、图们江、乌苏里江和黑龙江环绕，仅西面为陆界。内侧是大、小兴安岭和长白山系的高山、中山、低山和丘陵，中心部分是辽阔的松辽大平原和渤海凹陷。东北平原主要包括松嫩平原、辽河平原、三江平原；东北拥有宜垦荒地约 1 亿亩，潜力之大国内少有。

东北山区面积广大，农业上从农林区、农耕区、半农半牧区过渡到纯牧区。水热条件的纵横交叉，形成东北地区农业体系和农业地域分异的基本格局，是综合性大农业基地的自然基础。东北地区矿产资源丰富，主要矿种比较齐全，其中金属矿产有铁、锰、铜、钼、铅、锌、金以及稀有元素等，非金属矿产有煤、石油、油页岩、石墨、菱镁矿、白云石、滑石、石棉等，这些资源在全国占有重要的地位。分布在鞍山、本溪一带的铁矿，储量约占全国的 1/4，目前仍是全国最大的探明矿区之一。松辽平原地下埋藏着丰富的石油资源，探明储量占全国的 50%左右。大庆油田是中国最大的油田，辽河油田为中国第四大油田，此外还有吉林油田，是东北地区能源工业、化学工业、轻纺工业的重要基地。东北煤炭资源的保有储量约723 亿 t，煤种虽比较齐全，但总量不足且分布不均匀，60%在内蒙古东部，27%在黑龙江省，13%在辽宁、吉林两省。东北油页岩储量位居全国第一，三省都有分布，具有开发潜力。南部沿海的海盐，东部山地的石灰石也极其丰富，对于发展化学工业和水泥工业条件有利。

东北水资源比较丰富，地表径流总量约为 1500 亿 $m^3$，东部多于西部，北部多于南部。本区可供开发利用的水能资源约有 1200 万 kW，充分利用后不仅可以节约煤炭和石油资源，而且对东北地区电网的调峰、调频起到重大作用。东北地区南部濒临黄海、渤海，沿海渔场面积大。另外，水库、湖泊淡水面积 1358 万亩，这为发展海运和水产业提供了有利条件。东北的资源对建立冶金、燃料动力、化学以及建材等基础工业有比较充分的保证。总之，东北地区除矿产与工业外，其土地、热量、水分、海洋、植物资源等条件，对建成为全国性的大型农业（粮豆、甜菜等）基地、林业基地、牧业基地以及渔业基地、特产基地提供了可能。

## 2.2　气候水文特征

### 2.2.1　气候特征

#### 1. 气温特征

东北地区 1961—2000 年年平均气温变化范围为 $-4.7 \sim 10.7℃$，气温随纬度和海拔的增加而逐渐降低且呈带状分布。区域西北端大兴安岭最北部的图里河和根河一带年平均气温为 $-4.7 \sim -4.5℃$，是东北地区最寒冷的地区；区域最南端的辽东沿岸年平均气温为 $9℃$ 以上，辽东半岛南端的旅顺和大连的年平均气温为 $10.6 \sim 10.7℃$，是东北地区最温暖的地区。辽东丘陵年平均气温一般为 $6 \sim 8℃$，辽西丘陵年平均气温为 $7 \sim 9℃$；东部山区的年平均气温多为 $2.5 \sim 5.5℃$，小兴安岭的年平均气温为 $-1.0 \sim 2.5℃$，大兴安岭的年平均气温为 $-4.7 \sim 3.8℃$，辽河平原的年平均气温为 $6.5 \sim 9.4℃$，松嫩平原的年平均气温为 $1.8 \sim 6.2℃$，三江平原的年平均气温为 $2.3 \sim 4.3℃$；延边诸盆地因受海洋和地形的影响，年平均气温为 $4.0 \sim 6.0℃$。

东北地区 1961—2000 年年平均气温年际变率总体上呈带状从南向北增加。年平均气温年际变率的大值区主要分布在区域北部的大兴安岭西北侧的根河至海拉尔河一带和大兴安岭最北部，其中海拉尔河一带的年际变率为 $1.2℃$。松嫩平原大部的年际变率一般为 $0.8 \sim 0.9℃$，最大值为 $1.0℃$。三江平原的年际变率为 $0.7 \sim 0.8℃$；长白山脉的年际变率为 $0.6 \sim 0.7℃$；长白山脉以西的山区的年际变率为 $0.7℃$；辽河平原和辽西丘陵的年际变率为 $0.6 \sim 0.7℃$；松辽分水岭至科尔沁沙地一带及其以西高原的年际变率为 $0.7℃$。辽东丘陵和辽东半岛是区域年平均气温年际变率最小的地区，其年际变率为 $0.5 \sim 0.7℃$。

#### 2. 降水特征

东北地区 1961—2000 年年降水量的 40 年平均值一般为 $245 \sim 1080mm$。年降水量 $500mm$ 等值线沿鄂伦春、望奎、扶余、德惠、农安、彰武和阜新一线贯穿区域南北，将全区分为东、西两部分，其东部的年降水量多于 $500mm$，其西部则少于 $500mm$。在 $500mm$ 等值线的西部，松嫩平原大部和大兴安岭的年降水量为 $400 \sim 500mm$；沿根河、图里河、阿尔山一线和沿赤峰、宝国吐、泰来、科右中旗、突泉一线以西地区的年降水量小于 $400mm$，呼伦贝尔高原大部的年降水量小于 $300mm$，其中新右旗的年降水量仅为 $247mm$，松嫩平原西部的泰来至通榆一带的年降水量为 $350 \sim 400mm$；松辽分水岭、西辽河平原至科尔沁沙地一带西部的年降水量为 $320 \sim 350mm$。在 $500mm$ 等值线的东部，$45°N$ 以北，小兴安岭北部、三江平原东部和东部山区北部的降水量为 $500 \sim 600mm$，小兴安岭南部、三江平原东北角和濒临日本海的珲春一带的降水量为 $600 \sim 630mm$；$45°N$ 以南，是全区年降水量梯度最大的地域，年降水量呈带状由 $500mm$ 增至凤城和宽甸一带的 $1000mm$ 以上，宽甸的年降水量最大，为 $1077mm$。

东北地区 1961—2000 年的年降水量年际相对变率为 $14\% \sim 40\%$，总体分布是西部大，东部小。区域的平原区、大兴安岭大部、辽西丘陵及其以西的山区和高原、辽东丘陵和辽东半岛的相对变率一般变化为 $20\% \sim 30\%$；呼伦贝尔高原西部和松嫩平原西北缘的扎兰屯、胡尔勒、乌兰浩特、白城一带的相对变率大于 30%，其中呼伦贝尔高原新右旗的相对变率全区最大，为 39.3%；大兴安岭最北部、小兴安岭和东部山区的相对变率小于 20%，其中松江一带的相对变率全区最小，仅为 14.9%。

### 2.2.2　水文特征

东北地区有黑龙江、辽河两大水系。主要河流有黑龙江、松花江、嫩江、乌苏里江、辽河、鸭绿江、图们江和绥芬河。黑龙江全长 4350km，自海拉尔河源至乌苏里江口一段长 3420km，为中俄两国的界河，国内流域面积为 85.65 万 $km^2$。在国内一侧汇纳了松花江、乌苏里江等大河流，经俄罗斯的远东地区注入鄂霍次克海。松花江是黑龙江的最大支流，全长 1927km，流域面积 54.5 万 $km^2$，约占东北地区总面积的 67%。第二松花江发源于长白山天池，流向西北，至三岔河与嫩江汇合后，称松花江干流，向东又汇纳了拉林河、呼兰河及牡丹江等，至同江汇入黑龙江。嫩江全长 1089km，流域面积 28.3 万 $km^2$；嫩江发源于伊勒呼里山南麓，自北向南又汇入许多支流。牡丹江发源于长白山的牡丹岭以北，向北流经镜泊湖，至依兰注入松花江。乌苏里江为中俄两国的界河，全长 890km，国内流域面积为 5.67 万 $km^2$；乌苏里江上游有东、西两个源头，东源于俄罗斯境内称松阿察河，西源于兴凯湖，向北流至抚远附近注入黑龙江。辽河全长 1430km，流域面积 19.2 万 $km^2$；西辽河上游水量较大，由老哈河与西拉木伦河汇流而成。老哈河源于七老图山脉，东辽河源于吉林哈达岭山萨哈岭。东、西辽河于福德店相遇后汇合成为辽河。辽河南下途中，又汇纳了浑河、太子河等支流，最后注入辽东湾。鸭绿江是中朝界河，全长 773km，国内流域面积为 3.26 万 $km^2$；鸭绿江源于长白山南坡，在丹东汇入黄海。图们江也为中朝界河，全长 520km，国内流域面积 2.26 万 $km^2$；图们江源于白头山东侧，流入日本海。

## 2.3　土地利用

东北地区土地总面积 124 万 $km^2$，约占全国土地总面积的 12.9%。由于近代以来，人口不断增加和大规模的以资源过度消耗为代价的经济开发，导致区域生态环境恶化，东北地区成为全球范围具有典型的短时限、高强度作用特征的地区，直接表现在土地利用上。东北地区耕地面积广大，总面积达 2000 万 $hm^2$，占全国耕地的 1/5，占全区土地总面积的 16%。人均耕地 0.17$hm^2$，为全国最高，是全国平均水平的 2 倍；全区每一农业劳动力负担耕地是全国平均水平的 5 倍。耕地集中分布区在松嫩平原、三江平原和辽河平原以及山前台地、山间盆地和谷地。

东北地区是我国寒温带针叶林和针阔混交林的主要分布区。东北地区 2018 年森林总面积 3347 万 $hm^2$，森林覆盖率达 30.5%，占全国森林总面积的 15% 左右。

东北地区丰富的水热资源和复杂而独特的地形条件，形成了多样化的草地类型。草地面积达 4115.8 万 $hm^2$，其中可利用面积 3497.2 万 $hm^2$。在地区分布上，内蒙古东部 4 盟市面积最大，占本区草地面积的 59.3%，黑龙江次之，占 18.3%，辽宁最少，占 8.2%。草地以温性草原和低地草甸类面积较大，分别占全区草地面积的 29.1% 和 26.1%，再加上温性草甸类（占21.5%），三者共达76.7%，是本区草地资源的主体，也是各种牲畜的优良放牧场和优质割草场。其他草地类型都是由非地带性的隐域植被，或者原始植被破坏后形成的次生植被所构成，如山地草甸、暖性草丛和灌草丛等。它们的生产能力虽然不及上述三类草地，但在本区由于季节和利用方式的不同，也有重要价值。

东北地区尚有较多的荒地资源，全区未利用土地约810万hm²（不包括牧用的天然草地）。黑龙江省未利用土地最多，为625.3万hm²，占土地总面积的13.7%。吉林省共有未利用土地109.98万hm²，占全省总土地面积的5.7%。

## 2.4　种植结构特征

1949年以来，高粱、大豆、玉米、谷子是东北农业生产的主体作物，其占主要粮食作物的种植比重为86.74%，其中高粱为24.16%，大豆为22.30%，玉米为20.35%，谷子为19.93%。1978年，玉米、大豆、小麦三种粮食作物成为东北农业产业生产的主体作物，其占主要粮食作物的种植比重为71.08%，其中玉米为34.92%，大豆为20.32%，小麦为15.84%。

改革开放以后，玉米、大豆、水稻三种粮食作物逐渐成为东北的主导作物，在东北地区粮食生产中的绝对主体地位逐渐确立并得到巩固，农作物生产的集中度进一步增强。20世纪90年代中后期，我国政府提出"立足国内解决十几亿人口的吃饭问题，始终是一项关系全局的战略性问题，在农业和农村经济发展中，必须把粮食生产放在突出位置"的方针，粮食生产以追求数量为主导方向。东北地区六种主要粮食作物的种植比重转而呈现上升趋势，其中水稻、玉米两种单产水平最高的粮食作物的种植比重明显上升，单产水平较低的大豆的种植比重则出现调减。在20世纪90年代末和21世纪初，农业结构调整作为农业和农村经济工作的中心任务，同时为积极应对加入WTO以后可能出现的国内粮食生产的冲击，东北三省调整的重点是优化种植业结构，调减粮食作物播种面积，增加经济作物的种植面积。在粮食作物内部，农业生产的集中度进一步增强，玉米、大豆、水稻三种粮食作物在东北农业生产中进一步奠定了绝对主体地位，其占主要粮食作物的比重高达95.28%，其中玉米为46.31%，几乎占据了主要粮食作物的半壁江山，大豆为29.38%，水稻为19.59%，而高粱、谷子、小麦的种植面积进一步大幅度萎缩。

## 2.5　研究区界定

东北地区由于其特殊的气候条件，农业生产一般为一年一熟制。东北地区一年一熟粮食作物主要分布于黑龙江、吉林两省，辽宁省只有铁岭市和沈阳市部分地区覆盖。辽宁省大部分地区属于暖温带，粮食作物主要为两年三熟旱作（局部水稻）或一年两熟和落叶果树园，主要有冬小麦、玉米、杂粮、花生与水果等，其作物类型与黑龙江、吉林两省差别较大。因此，同时分析三省的农业旱灾情况不具有比较的意义。

由于东北地区各县行政区面积不同，粮食播种面积无法真实反映各县粮食种植的程度。粮食种植大县主要集中在黑龙江东部三江平原和黑龙江、吉林两省西部的松嫩平原，辽宁省各行政区粮食作物播种面积所占比例整体较低。

《东北区水旱灾害》（水利部松辽水利委员会，2003 年）以 1990 年以前统计资料中多年平均降水量和干旱年发生率两项指标为主，参照主要作物（玉米）生育期亏水量，将东北区按照干旱程度划分为重旱、较重旱、轻旱和基本不旱四个等级。根据上述划分原则，重旱地区主要位于内蒙古，较重旱地区分布在黑龙江和吉林西部，辽宁省大部分基本不旱。综上所述，本研究建议研究对象主要考虑黑龙江和吉林两省，以县级行政区为评价单元。东北粮食主产研究区建议覆盖黑、吉两省内粮食播种面积比例较高的县级行政区且研究区面积占两省总播种面积 70% 以上；重点主产研究区建议覆盖黑、吉两省内粮食播种面积比例较高的县级行政区且研究区面积占两省总播种面积 50% 以上。

根据上述原则，通过 GIS 筛选符合本研究区定义标准的县级行政区。黑龙江、吉林两省粮食播种面积占比超过 20% 的县级行政区的分布，主要集中在两省中西部和三江平原地区，西部只有齐齐哈尔市区和大庆市区占比低于 20%。根据 2014 年的《黑龙江统计年鉴》和《吉林统计年鉴》，研究区内粮食总产量占两省总产量的 88%，粮食播种面积占比 84%。黑龙江、吉林两省粮食播种面积占比超过 40% 的县级行政区的分布，主要集中在黑龙江省齐齐哈尔市、绥化市、佳木斯市、七台河市、哈尔滨市和吉林省松原市、四平市、长春市、辽源市的部分县级行政区。根据 2014 年的《黑龙江统计年鉴》和《吉林统计年鉴》，研究区内粮食总产量占两省总产量的 61%，粮食播种面积占比 54%。

根据《新中国农业 60 年统计资料》，黑龙江省 1978—2008 年平均粮食作物播种面积约是吉林省的两倍。这期间吉林省粮食作物播种面积基本保持稳定，黑龙江省在稳定中有所增加，尤其 2006—2008 年这一阶段增幅较为显著［图 2.1（a）］。从粮食作物类型来看，玉米是黑龙江、吉林两省主要粮食作物，两省播种面积较为接近，均保持在较高水平，且在波动中有增加的趋势［图 2.1（b）］；黑龙江省水稻播种面积呈现较大的增加趋势，在吉林省增加趋势较为平缓［图 2.1（c）］；黑龙江省春小麦播种面积大幅减少，吉林省播种面积少且有平缓的减少趋势，在 2002 年以后吉林省春小麦播种面积已低于 1 万 hm$^2$［图 2.1（d）］；黑龙江省大豆播种面积有明显增加趋势，吉林省播种面积较少且维持在 50 万 hm$^2$ 左右［图 2.1（e）］。综上所述，近三十年黑龙江、吉林两省粮食种植格局发生了较大变化，以春小麦为主的耕地开始向水稻种植过渡，且这一变化在黑龙江省较为显著。根据《黑龙江省主体功能区规划》（黑政发〔2012〕29 号），黑龙江省东部三江平原是全省主要的水稻生产区。该地区内粮食作物主要有水稻、大豆和玉米三种。为分析该地区不同粮食作物类型的种植情况，本书统计了该地区内县级行政区粮食播种面积占比达到 20% 以上的佳木斯市、七台河市和鸡西市下属各县（市）2014 年农村社会经济统计资料，三种作物播种面积的对比情况如图 2.2 所示。在这三个市级行政区内，玉米播种面积占粮食总播种面积的比例为 45%，水稻占比为 43%。随着黑龙江省水稻种植面积的持续增加，三江平原地区水稻种植面积将进一步扩大。由于该地区河道径流水资源充沛，降水量较西部地区多，地下水位较高，受干旱的影响程度不高。据统计，黑龙江省一半的水稻种植于三江平原，另有一部分分布于中南部丘陵地带的牡丹江河道附近，均处在没有旱情的地区；吉林省内水稻种植面积较少，主要分布在东部丘陵地带松花江源头河道附近，该地区水量充沛，受干旱的影响程度不高。

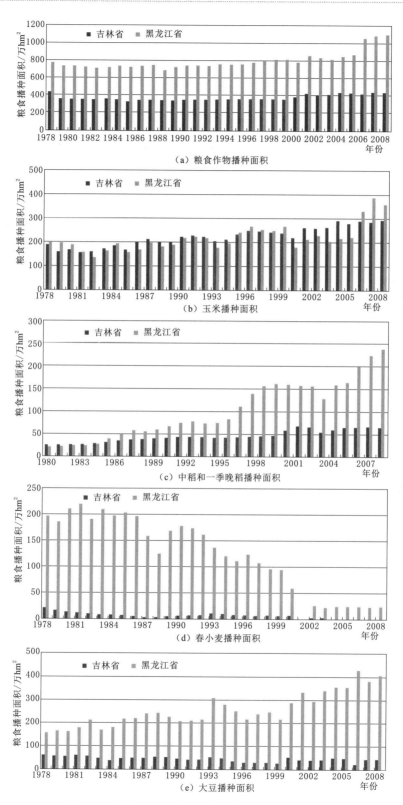

图 2.1　黑龙江、吉林两省粮食作物播种面积统计

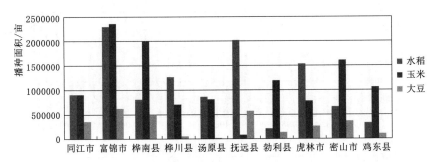

图 2.2　面积占比达 20％以上的黑龙江东部各县（市）区三种作物播种面积

通过以上分析，黑龙江省水稻主要分布在东部三江平原区，西部地区的主要粮食作物是玉米；吉林省全境粮食作物主要是玉米，东部山区有部分水稻，西部地区的主要作物是玉米。

《黑龙江省水旱灾害》和《吉林省水旱灾害》根据 1990 年以前历史资料分别制作出黑龙江、吉林两省农业干旱区划图。黑龙江省东部三江平原地区地处农业干旱轻旱区，粮食种植面积占比超过 20％以上县级行政区中有一半的产量为水稻，因此干旱对农业的影响较轻；吉林省历史旱情分布由西向东依次减弱，东部主要为山区林地，粮食种植面积所占比例少。

综上，本书针对东北地区农业旱灾预警研究，对粮食主产研究区和重点区的范围做了以下调整：去掉黑龙江省三江平原地区的县级行政区；对研究区西部边界进行调整，使研究区形状更加紧凑集中。修正后粮食主产研究区（播种面积占比超过 20％）内各县级行政区粮食产量之和占两省粮食总产量比例为 78％，播种面积所占比例为 74％；重点粮食主产研究区（播种面积占比超过 40％）内各县级行政区粮食产量之和占两省粮食总产量比例为 53％，播种面积占比为 60％。因此，本研究主要分析对象是粮食主产研究区和重点粮食主产研究区内玉米地旱情监测与旱灾预警。

# 参 考 文 献

黑龙江省统计局，国家统计局黑龙江调查总队．黑龙江统计年鉴 [M]．北京：中国统计出版社，2014．

霍路选，高铁英．黑龙江省旱灾分析 [J]．黑龙江水专学报，1998（02）：31，33 − 34．

吉林省统计局，国家统计局吉林调查总队．吉林统计年鉴 [M]．北京：中国统计出版社，2014．

辽宁省统计局．辽宁统计年鉴 [M]．北京：中国统计出版社，2014．

刘登高，张小川，崔永等．东北黑土地保护问题的调查报告 [J]．中国农业资源与区划，2004，25（4）：16 − 19．

孙庆伯，韩友邦，张翼，等．黑龙江省水旱灾害 [M]．哈尔滨：黑龙江科学技术出版社，1998．

王玉玺，解运杰，王萍．东北黑土区水土流失成因分析 [J]．水土保持应用技术，2002（3）：27 − 29．

温克刚．中国气象灾害大典 黑龙江卷 [M]．北京：气象出版社，2008．

# 第3章 东北地区旱灾概况

## 3.1 东北地区历史旱灾特征

东北地区是中国主要商品粮和经济粮生产区之一，2018 年粮食产量约占全国的 20.3%，为"国家粮食安全压舱石"。由于毗邻蒙古高原半干旱地区，东北地区常常受到异常降雨影响并时常遭受干旱威胁。频繁的干旱灾害导致该地区粮食作物大面积减产，进而影响国家粮食安全。

东北三省整体上呈现的干旱特征主要体现为：干旱频率高，影响范围随年际变化特征明显；干旱对农业生产影响最为显著的季节为春季与夏季；旱灾成灾率随年代推移而增加，且农业受灾面积及减产成数均呈增加趋势。21 世纪以来东北地区旱灾受灾面积及旱灾成灾面积均呈增加趋势。典型的干旱年份如 2000 年，东北地区干旱主要发生在 5—7 月，辽宁、吉林大部及黑龙江中、西部和三江平原东部等地降水量为 100～200mm，比常年同期偏少 3 成以上，其中辽宁西部、吉林西北部、黑龙江西南部偏少 5～7 成。辽宁省出现历史上罕见的干旱，全省农作物受旱面积 278.6 万 $hm^2$，占耕地面积的 76%，其中绝收面积 119.4 万 $hm^2$，预计因灾减产粮食 500 万 t，全省有 14 个市的 59 个县（市、区）受灾，受灾人口 1761.25 万人，其中重灾民 403 万人；有 207.46 万人、91.68 万头大牲畜饮水困难，直接经济损失 100.91 亿元。葫芦岛市 22 万 $hm^2$ 农田全部受灾，重灾近 15 万 $hm^2$，绝收 8.6 万 $hm^2$；果树受灾 8890 万株，重灾 5500 万株，死亡 130 万株。锦州市农作物受灾 29 万 $hm^2$，绝收 20 万 $hm^2$，果树受灾 4028 万株，旱死 297 万株；全市人、畜饮水困难。沈阳市两县一市受旱 38 万 $hm^2$，耕地中成灾 26 万 $hm^2$，绝收 10 万 $hm^2$；全市 42 座小型水库有 11 座干涸，直接经济损失达 10 亿元。吉林省大部分地区，尤其中西部产粮区发生了历史上少有的严重干旱，作物营养生长和生殖生长因缺水分而严重受阻。全省受旱面积 345.1 万 $hm^2$，绝收面积 100.9 万 $hm^2$。黑龙江省本年的春夏连旱是中华人民共和国成立以来最为严重的，重旱区主要位于松嫩平原西南部和三江平原西部，全省受旱面积约 532.8 万 $hm^2$。

东北地区生长季只有 2006 年和 2008 两年未发生干旱，而夏季只有 2006 年未发生干旱。而在 2001—2009 年间，生长季干旱主要发生在 2001 年、2002 年、2007 年和 2009 年，其干旱影响面积分别为 51%（$4.0×10^5 km^2$）、31%（$2.4×10^5 km^2$）、47%（$3.7×10^5 km^2$）和 24%（$1.9×10^5 km^2$）。并且在 2001 年和 2007 年较为严重的干旱（重度和极度干旱）面积分别达到 26%（$2.1×10^5 km^2$）和 18%（$1.4×10^5 km^2$）。对于夏季而言，干旱发生年份为 2001 年、2004 年、2007 年和 2008 年，干旱面积分别为 41%（$3.2×10^5 km^2$）、45%（$3.6×10^5 km^2$）、54%（$4.2×10^5 km^2$）和 28%（$2.2×10^5 km^2$）。与生长

季干旱年份相似，严重干旱发生在 2007 年，严重干旱和极端干旱影响面积达到 27%（$2.1 \times 10^5 km^2$）。同时，由于 2001 年和 2007 年发生的严重干旱，黑龙江省超过 60% 的面积（$2.7 \times 10^5 km^2$）受到严重影响。2014 年东北地区则遭遇了近 63 年来最大旱情，其中辽宁省受旱灾影响最为严重。辽宁省 2014 年 7 月以来的年平均降水量为 1951 年有完整气象记录同期最少，遭受 63 年来最严重的气象干旱。吉林 10 个产粮大县降水量创 1951 年以来最少，且东北西部旱情发展较快，受旱面积较大。

## 3.2　东北三省旱灾概况

### 3.2.1　辽宁省旱灾概况

**1. 1949 年前的旱灾概况**

辽宁省受自然环境和大气环流的影响，降水量在时间、空间上的分配极不均匀，而且降水多集中于夏季，这造成了辽宁省的干旱频发。自乾隆五十六年（1791 年）至 1948 年的 158 年中，共发生大小旱灾 54 次，平均每 3 年一次，大灾年 10 次，平均每 15.8 年发生 1 次。据统计共 889 年（1101—1989 年）中，辽宁省出现大范围的旱灾 114 次，其中大旱 42 次。

**2. 1949 年以来的旱灾概况**

中华人民共和国成立以后 1949—2005 年的 57 年间，发生旱年 45 次，平均每 1.3 年发生 1 次，其中较大旱灾年为 1957 年、1968 年、1972 年、1982 年、1988 年、1989 年、1997 年、1999 年、2000 年、2001 年、2002 年和 2003 年共 12 次，占统计年的 21.1%，平均每 4.7 年发生 1 次。

### 3.2.2　吉林省旱灾概况

**1. 1949 年前的旱灾概况**

据 1801—1949 年的相关资料分析，全省有 47 年发生旱灾，频率为 31%，其中大旱和特大干旱为 25 年。

**2. 1949 年至今的旱灾概况**

1951—2000 年间，只有 5 年没有发生旱灾（1979 年、1988 年、1990 年、1997 年和 1998 年），其余 45 年都发生不同程度的干旱灾害，成灾频次达到 90%。成灾面积和成灾率整体呈逐年递增变化趋势，主要分三个阶段：1951—1960 年，成灾面积和成灾率呈下降趋势，成灾面积为 4.7 万～17 万 $hm^2$、成灾率为 4%～17%，参照吉林省水旱灾害等级划分为中级，轻级；1961—1978 年，成灾面积和成灾率呈近平缓的波动变化趋势，成灾面积为 4 万～17 万 $hm^2$，成灾率为 4%～15%，灾害级别以轻级为主；1980—1999 年，其成灾面积和成灾率是前两阶段的 5 倍多，呈阶梯状上升趋势，其成灾面积为 1.4 万～102 万 $hm^2$，成灾率为 1%～86%；最严重的 2000 年成灾面积占播种面积的 86%，农业收成不到 1/3，灾害级别以重灾、极重灾为主，这期间是有干旱记录以来最严重时期，旱灾有继续加重趋势。

　　根据旱灾等级标准，1952—2007 年，全省发生旱灾共计 1207 次，发生干旱的频率达 47.6%。全省 48 个县（市）中，12 个县（市）易发严重干旱，11 个县（市）为高发区；29 个县（市）易发中度干旱，9 个县（市）为高发区；7 个县（市）易发轻度干旱。西部地区易发旱灾类型均为严重旱灾，中部和东部地区易发旱灾类型主要为中度旱灾。2000 年以来，降水显著减少，2000—2007 年 8 年年平均降水量低于多年平均值。全省发生干旱灾害的概率由 2000 年前的 41.0% 上升到 57.6%。中、东、西部旱灾发生频次均大幅增加。

### 3.2.3　黑龙江省旱灾概况

#### 1. 1949 年前的旱灾概况

　　黑龙江旱灾频繁，旱灾记载见于历代史书、地方志、《中国气象大典—黑龙江卷》以及其他文物史料中。1746—1949 年，黑龙江曾发生旱灾 49 次，其中极旱 5 次，分别发生于 1801—1810 年、1871—1880 年、1881—1890 年各发生 1 次，于 1921—1930 年发生 2 次。1746—1800 年 55 年中，发生一般干旱 9 年（次）。1801—1949 年 150 年中，发生一般干旱 23 年（次），见表 3.1。据 1807 年记载：乾隆十二年（1747 年），黑龙江城、布特哈（今莫力达瓦旗）、齐齐哈尔等地大旱，古人掘食草根、野菜或以盐米一撮煮野菜为美食。1890 年有"齐齐哈尔、黑龙江城等二十七站春、夏亢旱，收成只有三分余"的记载。1925 年，全省春、夏普遍少雨成灾。尤其六月更甚，月平均降水量 20mm 以下，比常年少 70% 以上。全省江、河、湖泊水量显著减少。甘南三处及嫩江县严遭旱灾，农田荒芜，禾苗枯槁，普遍减产。1926 年"五至八月，宾县县内大部分地区干旱，农作物与树木成片枯死"的记述。

表 3.1　　　　　　　　　　黑龙江省 1746—1949 年旱灾情况统计表

| 起止年份 | 年数 | 极旱 | 重旱 | 一般干旱 | 旱灾年数 |
|---|---|---|---|---|---|
| 1746—1750 | 5 | | | | |
| 1751—1760 | 10 | | | 3 | 3 |
| 1761—1770 | 10 | | | 2 | 2 |
| 1771—1780 | 10 | | | | |
| 1781—1790 | 10 | | | 2 | 2 |
| 1791—1800 | 10 | | | 2 | 2 |
| 1801—1810 | 10 | 1 | | 1 | 2 |
| 1811—1820 | 10 | | | 1 | 1 |
| 1821—1830 | 10 | | | 2 | 2 |
| 1831—1840 | 10 | | 3 | 3 | 6 |
| 1841—1850 | 10 | | | | |
| 1851—1860 | 10 | | | | |
| 1861—1870 | 10 | | | 2 | 2 |
| 1871—1880 | 10 | 1 | 1 | 3 | 5 |

续表

| 起止年份 | 年数 | 极旱 | 重旱 | 一般干旱 | 旱灾年数 |
|---|---|---|---|---|---|
| 1881—1890 | 10 | 1 | 2 | 4 | 7 |
| 1891—1900 | 10 | | | 1 | 1 |
| 1901—1910 | 10 | | | 4 | 4 |
| 1911—1920 | 10 | | 4 | | 4 |
| 1921—1930 | 10 | 2 | | | 2 |
| 1931—1940 | 10 | | | 1 | 1 |
| 1941—1949 | 9 | | 1 | 2 | 3 |
| 小　　计 | | 5 | 11 | 33 | 49 |

2. 1949 年以来的旱灾概况

从 1949 年至 1990 年以来，黑龙江省发生极旱年数为 4 年（次），重旱年数为 23 年（次），一般干旱年数为 36 年（次），其中以西部地区发生旱灾百分比最多，以齐齐哈尔和绥化两个分区为代表。中部和东部地区旱灾年数相当。全省总计发生旱灾占总年数百分比为 35.7%，见表 3.2。

表 3.2　　　　　　　　　黑龙江省 1949—1990 年各区旱灾等级表

| 地区 | 项　　目 | 极旱 | 重旱 | 一般干旱 | 合计 |
|---|---|---|---|---|---|
| 西部 | 年数 | 1 | 7 | 13 | 21 |
| | 占总年数百分比/% | 2.4 | 16.7 | 30.9 | 50.0 |
| 中部 | 年数 | 1 | 4 | 8 | 13 |
| | 占总年数百分比/% | 2.4 | 9.5 | 19.0 | 30.9 |
| 东部 | 年数 | 1 | 6 | 7 | 14 |
| | 占总年数百分比/% | 2.4 | 14.3 | 16.7 | 33.4 |
| 全省 | 年数 | 1 | 6 | 8 | 15 |
| | 占总年数百分比/% | 2.4 | 14.3 | 19.0 | 35.7 |

表 3.3 中，1949—1990 年 41 年间中，累计旱灾减产粮食 239 亿 kg，减产量占总量的 5.1%，其中以齐齐哈尔区减产最多，占全省的 25.8%。可见受灾之大，影响之重。旱灾在地区分布上，以松花江、齐齐哈尔、绥化和佳木斯等 4 个分区旱灾面积最多，占全省的 85%~87%。

表 3.3　　　　　　　　　黑龙江省 1949—1990 旱灾减产粮食统计表

| 分区 | 总产量累计<br>/亿 kg | 旱灾减产粮食累计<br>/亿 kg | 减产量占总产量<br>百分比/% | 分区减产量占全省减产量<br>的百分比/% |
|---|---|---|---|---|
| 松花江 | 950.61 | 46.36 | 4.9 | 19.4 |
| 齐齐哈尔 | 866.92 | 61.58 | 7.1 | 25.8 |
| 绥化 | 1178.29 | 53.20 | 4.5 | 22.2 |
| 牡丹江 | 416.25 | 16.24 | 3.9 | 6.8 |

| 分区 | 总产量累计<br>/亿 kg | 旱灾减产粮食累计<br>/亿 kg | 减产量占总产量<br>百分比/% | 分区减产量占全省减产量<br>的百分比/% |
|------|------|------|------|------|
| 佳木斯 | 859.46 | 45.88 | 5.3 | 19.2 |
| 黑河 | 371.31 | 13.52 | 3.6 | 5.7 |
| 大兴安岭 | 4.84 | 0.31 | 6.4 | 0.1 |
| 伊春 | 21.98 | 1.94 | 8.8 | 0.8 |
| 合计 | 4669.66 | 239.03 | 5.1 | 100.0 |

黑龙江省干旱主要发生在春季，其次是夏（秋）季。春、夏（秋）连旱时有发生。1986—2005 年，20 年中有 15 年出现春旱，占 75％。春旱出现最多的区域在松嫩平原南部，发生频率为 35％～40％，其次是小兴安岭南部至三江平原西部地区，发生频率为 30％～35％。春旱出现频率最小的地区在黑河西部和牡丹江等东南部地区，发生频率在 10％以下。1986—2005 年 20 年中有 18 年出现不同程度夏旱，占 90％。夏旱最多的区域在大兴安岭、小兴安岭和三江平原西部，发生频率为 30％～55％，其他地区发生频率为 10％～20％。

近 200 年中，干旱有 3 个集中期：分别是 1828—1839 年、1875—1886 年和 1967—1982 年。19 世纪（1801—1900 年）干旱出现 19 年（次），相当于 5 年一遇。20 世纪（1901—2000 年）多达 34（次），约为 3 年一遇。1949 年以来，50 年代干旱较轻；60 年代旱涝相当；70 年代异常干旱，不仅西部连旱，易涝的三江平原区也出现连旱现象；80 年代干旱较少；90 年代以来干旱有加重趋势，并出现连续干旱年份。

## 3.3　东北地区作物产量特征

东北三省典型农作物（水稻、玉米、小麦和大豆）多年平均值产量由高到低分别为黑龙江、吉林及辽宁省，其占各省对应粮食产量比例均低于我国整体水平（81.82％），见表 3.4。典型作物占粮食产量比例年代际变化与粮食年代际变化特征相似（图 3.1）：我国粮食产量持续增加，且 20 世纪 80 年代后不论东北三省还是全国总体粮食产量均高于 1949—2015 年多年平均产量值。1949—2015 年典型作物及粮食产量均呈显著增加，产量增加一方面是由于种植面积的增加，另一方面则是由于作物品种、耕种技术、施肥灌溉措施及其他农业种植配套的改善及提高。

表 3.4　　　　　　　　　　作物多年平均产量　　　　　　　　　　单位：万 t

| 种类 | 黑龙江 | 吉林 | 辽宁 | 全国 | 东北三省总和 | 东北三省占全国比例/% |
|------|------|------|------|------|------|------|
| 水稻 | 495.63 | 223.78 | 248.49 | 14028.43 | 967.90 | 5.62 |
| 玉米 | 847.63 | 948.67 | 608.00 | 7830.09 | 2404.29 | 29.76 |
| 小麦 | 189.17 | 11.07 | 15.20 | 6661.66 | 215.12 | 4.09 |
| 大豆 | 308.94 | 83.99 | 49.91 | 1064.00 | 442.84 | 40.84 |
| 典型作物 | 1841.37 | 1267.18 | 921.60 | 29584.18 | 4030.15 | 12.05 |
| 粮食总产量 | 2066.96 | 1458.50 | 1173.44 | 34704.20 | 4698.89 | 12.69 |

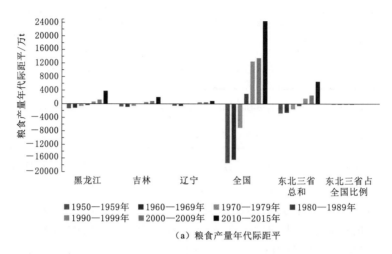

（a）粮食产量年代际距平

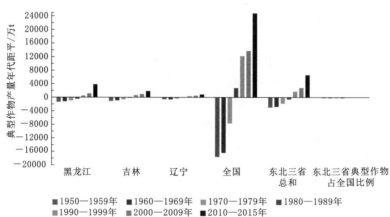

（b）典型作物产量年代际距平

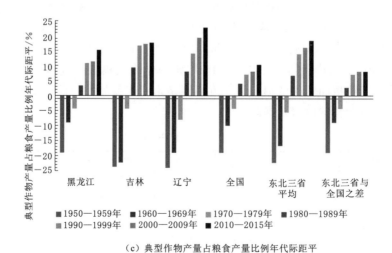

（c）典型作物产量占粮食产量比例年代际距平

图 3.1　东北三省及全国年代际作物产量特征变化图

不同区域尺度上不同农作物产量存在一定差异，其呈现的主要特征为：

（1）全国尺度上，1949—2015年典型作物产量显著增加，四种典型作物产量及其占粮食产量比例由高到低依次为水稻、玉米、小麦及大豆。尽管典型作物产量整体上均显著增加，但各作物占粮食产量比例整体变化趋势却差异明显。其中，水稻及大豆占粮食产量比例均显著减小，其余两种作物则均显著增加。

（2）东北三省粮食产量结构与全国整体上存在显著差异。东北三省典型作物产量由高到低为玉米、水稻、小麦及大豆，且四种作物产量在1949—2015年均呈增加趋势，其中仅小麦增加趋势不显著。与全国总体相似的是，尽管典型作物产量整体上显著增加，但东北三省仅水稻和玉米产量占粮食产量比例显著增加，其余作物比例则显著减小且减小幅度均大于全国整体水平。

（3）省份尺度上，黑龙江典型作物多年平均产量与产量变化趋势相同，由高到低分别为玉米、水稻、大豆及小麦。典型作物占粮食产量比例仅水稻和玉米显著增加，其余作物占粮食产量比例均显著减小；吉林省与辽宁省典型作物产量、多年平均占粮食产量比例及占粮食产量比例变化趋势与东北三省整体变化趋势相同。这两个省典型作物产量变化趋势表现为：增幅最大的为玉米，其次为稻谷，且增加趋势显著；其余两种作物产量均减小，其中吉林省小麦产量减小趋势显著，而辽宁省大豆产量减小趋势显著。

### 3.3.1 水稻

水稻是我国最重要的粮食作物之一，东北三省多年平均水稻产量为967.90万t，多年平均占全国水稻产量比例仅5.62%，见表3.4。东北三省水稻产量由高到低排序与其种植面积相一致。各省多年平均水稻产量占粮食产量比例由高到低分别为：辽宁省（18.68%）、黑龙江省（15.45%）及吉林省（13.35%）（表3.5）。变化趋势方面：东北三省水稻产量年代际间变化特征一致，1949—2015年间三省水稻产量及其占粮食产量的比例均显著增加（表3.6）。虽然我国水稻产量1990年后呈现略微下降的趋势（图3.2），但是1949—2015年整体上我国水稻产量以252.57万t/a的趋势增加。水稻占粮食产量比例东北三省均显著增加，但是全国整体水稻产量比例则呈显著减小趋势，见表3.7。

| 表 3.5 | | 作物多年平均产量占粮食产量比例 | | | | % |
|---|---|---|---|---|---|---|
| 种类 | 黑龙江 | 吉林 | 辽宁 | 全国 | 东北三省总和 | 东北三省与全国之差 |
| 水稻 | 15.45 | 13.35 | 18.68 | 41.45 | 15.83 | −25.62 |
| 玉米 | 37.10 | 53.91 | 46.02 | 19.44 | 45.68 | 26.24 |
| 小麦 | 12.64 | 1.13 | 1.28 | 17.54 | 5.02 | −12.52 |
| 大豆 | 16.92 | 8.87 | 5.58 | 3.39 | 10.46 | 7.07 |
| 典型作物 | 82.12 | 77.26 | 71.56 | 81.82 | 76.98 | −4.84 |

| 表 3.6 | | 作 物 产 量 变 化 趋 势 | | | 单位：万 t/a | |
|---|---|---|---|---|---|---|
| 种类 | 黑龙江 | 吉林 | 辽宁 | 全国 | 东北三省总和 | 东北三省与全国之差 |
| 水稻 | 21.88 | 8.76 | 8.00 | 252.57 | 39.80 | 0.20 |
| 玉米 | 24.12 | 37.63 | 19.41 | 269.63 | 82.52 | 0.06 |
| 小麦 | 0.90 * | −0.06 | 0.01 * | 194.89 | 1.37 * | −0.08 * |

续表

| 种类 | 黑龙江 | 吉林 | 辽宁 | 全国 | 东北三省总和 | 东北三省与全国之差 |
|------|--------|------|------|------|--------------|---------------------|
| 大豆 | 7.38 | −0.19 * | −0.43 | 13.19 | 7.01 | 0.15 |
| 典型作物 | 57.55 | 46.94 | 27.44 | 760.96 | 136.15 | 0.16 |
| 粮食总产量 | 57.08 | 44.15 | 24.27 | 755.02 | 129.48 | 0.10 |

注　* 表示变化趋势不显著（显著性水平 0.05）。

表 3.7　　　　　　　　　　　　作物占粮食产量比例变化趋势　　　　　　　　　　　　　　　%

| 种类 | 黑龙江 | 吉林 | 辽宁 | 全国 | 东北三省总和 | 东北三省与全国之差 |
|------|--------|------|------|------|--------------|---------------------|
| 水稻 | 0.56 | 0.20 | 0.35 | −0.14 | 0.37 | 0.51 |
| 玉米 | 0.26 | 0.95 | 0.73 | 0.38 | 0.65 | 0.27 |
| 小麦 | −0.17 | −0.03 | −0.01 | 0.19 | −0.07 | −0.26 |
| 大豆 | −0.11 | −0.27 | −0.15 | −0.04 | −0.18 | −0.15 |
| 典型作物 | 0.61 | 0.85 | 0.89 | 0.41 | 0.79 | 0.38 |

注　所有变化趋势均显著（显著性水平 0.05）。

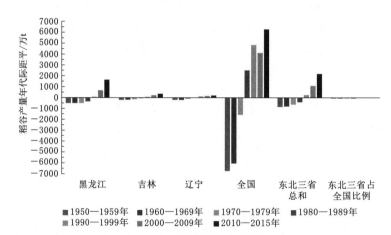

（a）稻谷产量年代际距平

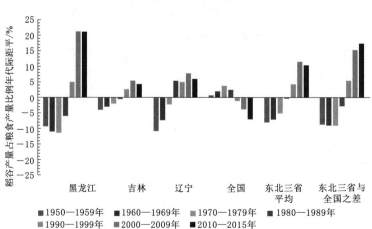

（b）稻谷产量占粮食产量比例年代际距平

图 3.2　东北三省及全国年代际水稻产量特征变化图

### 3.3.2　玉米

从种植面积上看，玉米是我国第三大作物，其种植面积仅次于水稻和小麦。但四种典型作物中，全国多年平均玉米产量仅次于水稻。东北三省多年平均玉米产量均高于其余三种作物，其多年平均玉米产量占全国玉米产量比例高达 26.24％。各省产量由高到低分别为吉林、黑龙江和辽宁，对应各省玉米占粮食比例多年平均值分别为 53.91％、37.10％、46.02％，见表 3.5。玉米产量及其占粮食产量比例年代际间变化趋势相似，东北三省与全国整体上均显著增加，如图 3.3 所示。

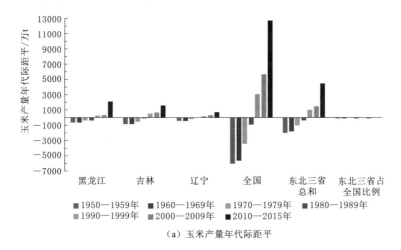

（a）玉米产量年代际距平

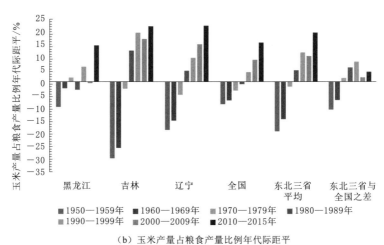

（b）玉米产量占粮食产量比例年代际距平

图 3.3　东北三省及全国年代际玉米产量特征变化图

### 3.3.3　小麦

四种典型作物中，我国小麦多年平均产量仅次于水稻和玉米，而东北三省小麦产量则最低，其仅占全国小麦产量的 4.09％。东北三省多年平均小麦占粮食产量比例低于我国平均水平的 12.52%。小麦产量年代际变化趋势与其占粮食产量比例趋势相近，我国东北地区小麦产量在 20 世纪 80 年代后明显降低，但是全国整体水平则趋势相反，如图 3.4 所示。1949—2015 年全国小麦产量显著增加，而东北三省整体则呈下降趋势，其中黑龙江与辽宁省小麦产量略为增加，吉林省小麦产量则显著降低，见表 3.6。东北三省小麦占粮食产量比例均显著降低，而全国整体上则显著增加，见表 3.7。

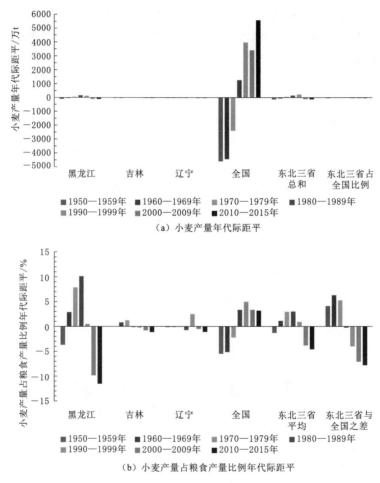

（a）小麦产量年代际距平

（b）小麦产量占粮食产量比例年代际距平

图 3.4 东北三省及全国小麦年代际产量特征变化图

### 3.3.4 大豆

我国四种典型作物中大豆总产量最低，而东北三省整体上大豆产量仅次于水稻和玉米，且东北三省大豆产量占全国大豆产量高达 40.84%。东北三省中大豆产量占粮食产量比例由大到小分别为黑龙江、吉林、辽宁，1949—2015 年仅黑龙江省的大豆产量显著增加，年代际产量距平特征也相似。其余两省大豆产量均降低，且辽宁省降低趋势显著。对比玉米占粮食产量比例发现：年代际距平图反映出东北三个省份和全国大豆占粮食产量均呈波动降低特征（图 3.5）；1949—2015 年整体上也显著减小，东北三省大豆占粮食产量比例高于全国平均值，见表 3.5。

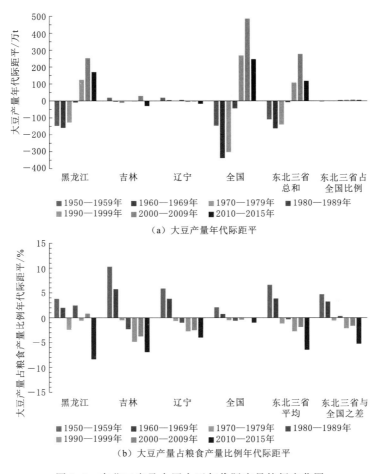

图 3.5  东北三省及全国大豆年代际产量特征变化图

## 3.4  小结

　　本章分别阐明了东北地区整体及辽宁省、吉林省、黑龙江省的历史旱灾情况、旱灾情况分 1949 年前后两个关键时段进行综合梳理。历史旱灾概况表明：东北地区历年干旱频率较高，春季与夏季的干旱发生频率与致灾率较高且造成影响最大。近年来，东北地区干旱发生频率及影响范围呈现增加趋势，其中农业干旱造成的影响及损失最为显著。

# 第4章 东北地区干旱时空分布特征及其演变规律

## 4.1 基于标准化降水指数的干旱时空演变特征分析

### 4.1.1 研究方法

**1. 标准化降水指数**（Standardized Precipitation Index，SPI）

降水量的分布不是一般的正态分布，而是一种偏态分布。在干旱的监测和评价中，采用 Γ 分布概率描述降水量的变化。正因为 Γ 分布能够较好的描述降水的变化量，标准化降水指数（Standardized Precipitation Index，SPI）先采用 Γ 分布概率对降水量进行描述，再将偏态概率分布进行正态标准化处理，最后用标准化降水累计频率分布来划分干旱等级。$SPI$ 是表征某时段降水量出现概率多少的指标，该指标适合于月尺度以上相对于当地气候状况的干旱监测与评估。$SPI$ 指数可用下式求得

$$SPI = S \frac{t-(c_2 t+c_1)t+c_0}{[(d_3 t+d_2)t+d_1]t+1.0} \tag{4.1}$$

其中

$$t = \sqrt{\ln \frac{1}{G(x)^2}}$$

式中：$G(x)$ 为以 Γ 函数为分布函数求得的降水分布概率；$x$ 为降水样本值；$S$ 为概率密度正负系数。当 $G(x)>0.5$ 时，$S=1$；当 $G(x) \leqslant 0.5$ 时，$S=-1$。$G(x)$ 即由 Γ 分布函数概率密度积分公式求得，如下：

$$G(x) = \frac{1}{\beta^\gamma \Gamma(\gamma_0)} \int_0^x X^{\gamma-1} e^{-x/\beta} dx \tag{4.2}$$

式中：$\gamma$、$\beta$ 分别为 Γ 分布函数的形状和尺度参数；$c_0$、$c_1$、$c_2$ 和 $d_1$、$d_2$、$d_3$ 分别为 Γ 分布函数转换为累积频率简化近似求解公式的计算参数，具体取值为：$c_0=2.515517$、$c_1=0.802853$、$c_2=0.010328$、$d_1=1.432788$、$d_2=0.189269$、$d_3=0.001308$。

通常 SPI 指数的计算涉及相对复杂的 Γ 分布函数，基于传统计算方法的基础上应用美国国家减灾中心提供的 $SPI$ 计算程序分别计算了 $SPI1$，$SPI3$，$SPI6$，$SPI9$，$SPI12$。并根据计算出的 $SPI$ 值对旱涝等级进行划分，划分标准见表4.1。

**2. 干旱站次比**

干旱站次比是用某一区域内干旱发生站数多少占全部站数的比例来反映干旱影响范围大小的指标，计算公式如下：

$$P_j = \frac{m}{M} \times 100\% \tag{4.3}$$

表 4.1 标准化降水指数 SPI 值旱涝分级

| 序号 | $SPI$ 值 | 等级 | 序号 | $SPI$ 值 | 等级 |
|------|---------|------|------|---------|------|
| 1 | $2.0 < SPI$ | 极涝 | 5 | $-1.49 < SPI < -1.00$ | 中旱 |
| 2 | $1.50 < SPI < 1.99$ | 重涝 | 6 | $-1.99 < SPI < -1.50$ | 重旱 |
| 3 | $1.00 < SPI < 1.49$ | 中涝 | 7 | $SPI < -2.0$ | 极旱 |
| 4 | $-0.99 < SPI < 0.99$ | 正常 | | | |

式中，$m$ 为发生干旱的气象站数；$M$ 为研究区域内气象站点总站数，下标 $j$ 表示不同的年份。干旱站次比 $P_j$ 表示一定区域内干旱发生范围的大小，也间接反映干旱影响范围的严重程度。①$P_j < 10\%$ 时，即可认为无干旱发生；②$10\% \leqslant P_j < 25\%$ 时，即为局域性干旱；③$25\% \leqslant P_j < 33\%$ 时，即为部分区域性干旱；④$33\% \leqslant P_j < 50\%$ 时，即为区域性干旱；⑤$50\% \leqslant P_j$ 时，即为全域性干旱。

### 4.1.2 基于标准化降水指数的干旱时间分布特征

干旱事件及其程度可以通过反映水分短缺状况的干旱指数来确定。由于降水是影响干旱的主要因素，而且降水指标简单、直观、资料充足，因此降水指标是最重要的干旱指数之一。常用的有降水距平百分率、降水 $Z$ 指数、标准化降水指数（$SPI$）和帕尔默干旱指数 $PDSI$ 等。其中 McKee 等（1993）提出的 $SPI$ 只需要降水量数据即可计算指数反映干旱情况；Guttman（1997）通过研究也表明了 $SPI$ 可以较好地表征各地区的干旱特征。$PDSI$ 考虑因子全面，但计算较为复杂，需要资料较多。综合考虑选用 $SPI$ 表示东北地区的干旱特征。

标准化降水指数 SPI 是实测降水量相对于降水概率分布函数的标准偏差。SPI 具有多时间尺度（1、3、6、12、24、36 个月等，分别表示为 $SPI1$、$SPI3$、$SPI6$、$SPI12$、SPI24、SPI36 等）特征。$SPI$ 已经广泛用于干旱预测（Mishra 等，2009）、时空动态分析（Mishra 和 Desai，2005；Mishra 和 Singh，2009）和气候影响等不同方面的研究（Mishra 和 Singh，2009）。已有研究发现，与 $PDSI$ 相比，$SPI2$、$SPI3$ 与土壤湿度（0.5m）相关性更高，能够更好地反映农业干旱（Szalai 等，2000；Mishra 和 Singh，2010）。因此，选用标准化降水指数来分析东北地区干旱时空演变特征。

1. 季节干旱时间分布特征

为能明确东北三省不同季节干旱发生范围的变化特征，基于 $SPI3$ 计算结果分别统计 1960—2014 年间四季干旱站次比，如图 4.1 所示。

春季：1960—2014 年东北三省春季干旱站次比在 $0 \sim 60.6\%$。无旱频率最高，为 $52.7\%$，其次为局域性干旱（$20\%$）、部分区域性干旱（$16.4\%$）和区域性干旱（$9.1\%$）。仅在 1993 年，发生全域性干旱（$1.8\%$）。且从趋势线看出，春季干旱站次比在 1980s 前后发生了显著变化，即：春季干旱站次比呈减小趋势。这表明东北三省春旱影响范围呈减小趋势。

夏季：1960—2014 年东北三省夏季干旱站次比在 $0 \sim 45.1\%$。1960—2014 年间局域性干旱发生频率最高（$27.3\%$），其次为部分区域干旱（$14.6\%$）和区域性干旱

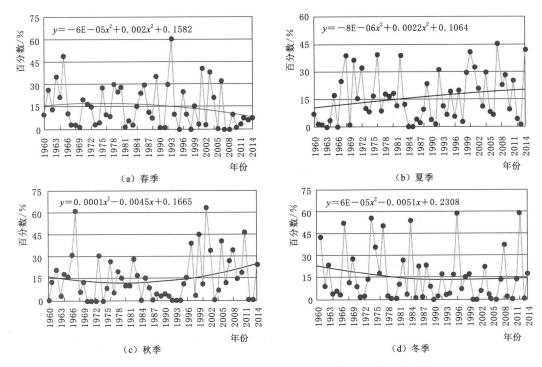

图 4.1　1960—2014 年东北三省四季干旱站次比及其变化趋势

（12.7%），没有发生过全域性干旱（0%）。夏季干旱站次比呈增加趋势，该趋势表明东北三省夏旱影响范围变大。

秋季：1960—2014 年东北三省秋季干旱站次比在 0～63.4%，数值大于其他季节。局域性干旱发生频率最高（29.09%），其次为区域性干旱（10.91%）和部分区域干旱（9.09%），全域性干旱发生频率相对较低（3.64%）。干旱站次比在 20 世纪 80 年代前趋于减小，而后则呈增加趋势。

冬季：1960—2014 年东北三省冬季干旱站次比在 0～59.2%。局域性干旱发生频率高达 25.5%，全域性干旱发生频率次之（10.9%），而区域性干旱（5.5%）与部分区域性干旱发生频率值（3.64%）较为相近。冬季干旱站次比总体呈减小趋势，即干旱对东北三省影响范围呈减小趋势，而该趋势在 20 世纪 80 年代后减小趋势平缓。

**2. 生长季及年际干旱时间分布特征**

东北地区雨热同期，且生长季发生干旱对农作物产量具有显著影响。因此，选取 SPI6（4—9 月）对东北地区生长季干旱特征进行深入分析，同时选取能反映年代际干旱变化特点的 SPI12 与之对比，如图 4.2 所示。

生长季：1960—2014 年生长季干旱站次比波动在 0～49.3%。局域性干旱发生频率为 30.91%、部分区域性干旱发生频率为 9.1%、区域性干旱发生频率为 12.7%。结果表明：东北地区生长季干旱站次比在整体上呈增加趋势，干旱发生范围扩大，但在 20 世纪 90 年代后增幅趋于平缓。

年际：1960—2014 年东北三省年际干旱站次比波动在 0～57.7%。局域性干旱发

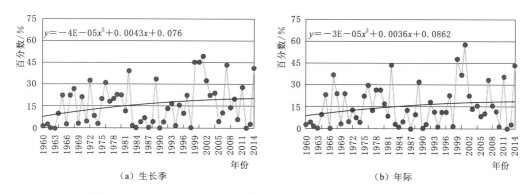

图 4.2　1960—2014 年东北三省生长季和年干旱站次比及其变化趋势

生频率为 32.7%、部分区域性干旱发生频率为 7.3%、区域性干旱发生频率为 12.7%、全域性干旱发生频率为 1.8%（2001）。结果表明：东北地区年际干旱站次比整体上呈增加趋势，干旱发生范围扩大，但在 20 世纪 90 年代后增幅趋于平缓，且在 2005 年后呈现略微减小趋势。

### 4.1.3　基于标准化降水指数的干旱空间分布特征

1. 季节干旱频率空间分布特征

基于 $SPI3$ 值分别统计东北地区 67 个气象站点在 1958—2013 年四季干旱发生频率。根据各站点干旱频率值得到东北地区四季干旱发生频率空间分布，得到春季干旱发生频率值为 9.0%～23.2%，其中干旱发生频率最高的省份为黑龙江省，其次分别为辽宁省和吉林省。春季干旱频率整体上呈由东向西减小的趋势，其中干旱频率较高的地区为黑龙江省东部，干旱频率最低的地区主要为黑龙江省西南部泰来、安达等地，以及吉林省西部大部分地区。

东北地区夏季干旱频率值范围与春季干旱频率值范围相近，即 8.9%～23.1%，其中辽宁省夏季干旱频率较高，其次分别为黑龙江省和吉林省。从空间分布上可发现东北地区夏季干旱频率空间上存在由东向西增加的趋势，且干旱频率较高的地区分别集中于黑龙江省与辽宁省西部。

东北地区秋季干旱频率值为 9.0%～23.2%，其中黑龙江省发生干旱频率较高，其次为吉林省，而辽宁省发生秋季干旱频率最低。秋旱多发区即黑龙江省齐齐哈尔、孙吴等地，而吉林省中部地区干旱频率相对较高，其中以扶余、长春及四平最为显著。

东北地区冬季干旱频率值为 2%～25.1%。辽宁省干旱发生频率最高，其次为吉林省和黑龙江省。其中辽宁省与吉林省冬季干旱频率值空间上存在由东向西减小的趋势，而黑龙江省冬旱频率则呈相反的空间分布特征。

综上所述，东北地区黑龙江省干旱发生范围最广，且春旱对其影响最为显著。其次则分别为辽宁省和吉林省。

2. 不同时间尺度 SPI 经验正交分析

经验正交函数分解也称为经验正交分解或自然正交分解，其算法类似主成分分析，但含义不同,分析方法不同。主成分分析是对随机向量作分析,而经验正交函数分解是对确定性变量进行分析。由于经验正交函数分解在气象上的用途较大,在气象上称为 EOF 方法(吴洪宝,2005)。

对气象要素场的分解,目前已有多种方法,如谐波分析、球函数分解等。与它们相比,经验正交函数分解更有其优越性:①没有固定的函数形式,因而无需许多数学假设,更易符合实际;②能在不规则分布站点使用;③既可以在空间不同点进行分解,也可在同一站点对不同时间点分解,还可对同一站点不同要素做分解。通过对四季、生长季及月尺度 SPI 分别进行经验正交分析,从而从空间上反映东北地区干旱转移过程。

(1)春季特征向量。根据 EOF 变换结果,通过显著性检验的结果可得出春季前 12 个特征向量能够最大限度地表征黑龙江、吉林、辽宁这 3 个省干旱变量场的变率分布特征,见表 4.2。书中特征值向量选取过程中同时考虑了特征值值域及特征向量方差贡献率。根据特征值结果分别计算了对应特征向量,并基于 IDW 方法进行空间插值以期从空间上反映春季干旱变率分布结构。

表 4.2　　　　　　　　　　　春季特征向量累计方差贡献率

| 特征向量 | 特征值 | 方差贡献率/% | 累计方差贡献率/% |
|---|---|---|---|
| 1 | 22.72 | 33.92 | 33.92 |
| 2 | 8.41 | 12.56 | 46.47 |
| 3 | 7.23 | 10.79 | 57.27 |
| 4 | 4.44 | 6.62 | 63.89 |
| 5 | 3.07 | 4.59 | 68.48 |
| 6 | 2.13 | 3.18 | 71.66 |
| 7 | 1.99 | 2.96 | 74.62 |
| 8 | 1.62 | 2.42 | 77.04 |
| 9 | 1.43 | 2.14 | 79.18 |
| 10 | 1.17 | 1.75 | 80.93 |
| 11 | 1.12 | 1.67 | 82.60 |
| 12 | 1.07 | 1.59 | 84.19 |

研究发现每个特征向量呈正负相间的情势,除第一特征向量外,其余特征向量空间大部分地区负值中心值变化特征较为明显,且干旱中心从辽宁省西南部地区向黑龙江地区逐步转移,同时特征值正值中心与负值中心变异显著。但综合春季特征向量空间变化特征可以看出,除黑河市地区春季干旱相对较弱,其余地区春季干旱均较为明显,且干旱风险明显大于雨涝风险。出现这一结果的主要原因是黑龙江省西北部黑河市地区处于高纬地区,且积雪明显多于其他地区。

(2)夏季特征向量。夏季干旱空间分布特征变化中心变化趋势与春季干旱变化情况较为相似,但是夏季 SPI 第一特征向量主要揭示的是雨涝特征,且雨涝风险呈现由南向北减小的趋势。其余特征向量虽然同时出现正负向量场,但是负值中心呈现由西向东转移的趋势,而且空间差异显著。各特征值及其贡献率详见表 4.3。

表 4.3 夏季特征向量累计方差贡献率

| 特征向量 | 特征值 | 方差贡献率/% | 累计方差贡献率/% |
|---|---|---|---|
| 1 | 19.35 | 28.89 | 28.89 |
| 2 | 9.36 | 13.96 | 42.85 |
| 3 | 5.36 | 8.00 | 50.85 |
| 4 | 3.67 | 5.48 | 56.33 |
| 5 | 2.66 | 3.98 | 60.31 |
| 6 | 2.58 | 3.85 | 64.15 |
| 7 | 2.27 | 3.39 | 67.54 |
| 8 | 1.77 | 2.64 | 70.18 |
| 9 | 1.69 | 2.52 | 72.70 |
| 10 | 1.47 | 2.20 | 74.90 |
| 11 | 1.44 | 2.15 | 77.04 |
| 12 | 1.25 | 1.87 | 78.91 |
| 13 | 1.12 | 1.68 | 80.59 |

对比夏季各特征向量空间分布结果不难看出，夏季干旱发生风险低于雨涝发生风险。辽东半岛地区为雨涝风险高发地区，该地区与黑河市呈相反分布类型，即黑河市夏季雨涝发生风险相对较小。

（3）秋季特征向量。秋季 SPI 空间第一特征向量空间上特征向量均为正值，方差贡献率高达 37.65%，见表 4.4。这表明该特征向量主要集中体现雨涝空间分布特征，但是其余特征向量主要表现为负值区域。第二特征向量表明黑龙江省大部分地区与吉林、辽宁两省空间分布类型相反，即黑龙江省干旱严重时，其余两省干旱风险相对较低。第三特征向量则体现出正值向量场为主导的情况，而第四向量场变化特征则与之相反。

表 4.4 秋季特征向量累计方差贡献率

| 特征向量 | 特征值 | 方差贡献率/% | 累计方差贡献率/% |
|---|---|---|---|
| 1 | 25.23 | 37.65 | 37.65 |
| 2 | 9.16 | 13.67 | 51.32 |
| 3 | 5.99 | 8.94 | 60.25 |
| 4 | 3.22 | 4.81 | 65.06 |
| 5 | 2.24 | 3.35 | 68.41 |
| 6 | 2.04 | 3.05 | 71.45 |
| 7 | 1.72 | 2.57 | 74.03 |
| 8 | 1.45 | 2.17 | 76.19 |
| 9 | 1.44 | 2.16 | 78.35 |
| 10 | 1.29 | 1.93 | 80.28 |
| 11 | 1.18 | 1.76 | 82.04 |
| 12 | 1.04 | 1.55 | 83.59 |

空间结构特征表明第一特征向量呈现正负值交错的情况，即旱涝分布中心变异性较大。但是综合各特征向量场变化结果表明：东北地区秋季干旱发生频率相对较高，且干旱主要集中在黑龙江省。

（4）冬季特征向量。冬季 $SPI$ 前两个特征向量贡献率高达 62%（表 4.5）。这两个特征向量能反映实际干旱空间向量场分布特征。冬季第一特征向量场空间变化差异较小，其值主要集中在 0.1～0.2。第二特征向量场空间分布特征呈现辽宁省大部分地区及吉林省东南部地区空间场为负值，而其他地区以正值为主的特征。

表 4.5　　　　　　　　　　冬季特征向量累计方差贡献率

| 特征向量 | 特征值 | 方差贡献率/% | 累计方差贡献率/% |
| --- | --- | --- | --- |
| 1 | 31.17 | 46.53 | 46.53 |
| 2 | 10.36 | 15.47 | 62.00 |
| 3 | 4.60 | 6.87 | 68.87 |
| 4 | 2.55 | 3.81 | 72.68 |
| 5 | 2.25 | 3.36 | 76.04 |
| 6 | 1.70 | 2.54 | 78.59 |
| 7 | 1.53 | 2.29 | 80.87 |
| 8 | 1.31 | 1.95 | 82.82 |
| 9 | 1.18 | 1.76 | 84.58 |

其余特征向量空间分布均呈现正负相间的空间分布类型，但是前 5 个特征向量空间分布特征均表明黑龙江省与其余两省空间变量场存在相反的变化趋势。综合冬季 9 个特征向量空间分布特征可以发现，东北地区中干旱变量场变化最为显著的是吉林省，其次为黑龙江省。主要原因可能是辽宁省面积及纬度差在三个省中均最小，且该地区均属于温带大陆性季风区。

（5）生长季特征向量。黑龙江省、吉林省、辽宁省均属于温带季风气候，主要以种植一季作物为主。由于降水减少引起的干旱对农作物产量具有显著影响，SPI6 能够反映中长尺度区域干旱演变特征。书中基于 1958—2013 年作物生长季（4—9 月）的 SPI 值能直观反映出东北地区历史干旱空间向量场的变化特征。根据特征向量空间变量场能直观发现研究区干旱高发地区，同时也能为农业干旱预警。表 4.6 中的特征向量与其余四季相比，生长季特征向量个数最多，在一定程度上表明了生长季干旱特征空间分布变异性更为显著。从特征向量方差贡献率可得：前 4 个特征向量对干旱空间反映能力相对较强，但是各特征向量呈现的向量场差异显著。特征向量 1 空间分布表明空间场变化趋势一致，其余特征向量场均呈正负相间的变化趋势。

（6）年代际特征向量。除了对作物生长季及四季干旱特征向量场变化特征分析外，本书选取 SPI 值进行年代际 EOF 分析计算，根据计算结果选取最能反映东北三省空间干旱变化特征的 9 个特征向量进行分析（表 4.7）。长序列 SPI1 值变化过程中存在显著的季节变化特征，为了能够凸显这一特征，在 EOF 分解过程中并非采用季节 EOF 分解时所采用的原始变量法，而是采用协方差的形式，该处理方法能够有效识别变量中存在的季节波

表 4.6                              生长季特征向量累计方差贡献率

| 特征向量 | 特征值 | 方差贡献率/% | 累计方差贡献率/% |
|---|---|---|---|
| 1 | 22.23 | 33.18 | 33.18 |
| 2 | 8.59 | 12.82 | 46.01 |
| 3 | 5.50 | 8.21 | 54.21 |
| 4 | 3.91 | 5.83 | 60.04 |
| 5 | 2.64 | 3.94 | 63.98 |
| 6 | 2.10 | 3.14 | 67.12 |
| 7 | 1.97 | 2.94 | 70.06 |
| 8 | 1.63 | 2.44 | 72.50 |
| 9 | 1.57 | 2.35 | 74.85 |
| 10 | 1.30 | 1.94 | 76.78 |
| 11 | 1.20 | 1.79 | 78.57 |
| 12 | 1.17 | 1.75 | 80.32 |
| 13 | 1.08 | 1.61 | 81.93 |
| 14 | 1.01 | 1.50 | 83.43 |

动，从而更能直观反映出年代际中东北地区干旱空间变化趋势。年代际特征向量数量上显著少于其余时间尺度，但是第一特征向量与其余时间尺度对应特征向量空间特性较为一致，均反映出三省均呈相同的变化趋势。结合目前已有研究，结果表明东北三省存在湿化趋势。但是第二特征向量空间分布表明辽宁省与吉林省大部分地区的干旱风险呈增加趋势，但是该趋势相对较弱。

表 4.7                              年代际特征向量累计方差贡献率

| 特征向量 | 特征值 | 方差贡献率/% | 累计方差贡献率/% |
|---|---|---|---|
| 1 | 24.84 | 39.03 | 39.03 |
| 2 | 7.57 | 11.89 | 50.93 |
| 3 | 4.79 | 7.53 | 58.45 |
| 4 | 2.81 | 4.41 | 62.86 |
| 5 | 1.91 | 3.00 | 65.86 |
| 6 | 1.68 | 2.64 | 68.50 |
| 7 | 1.55 | 2.43 | 70.93 |
| 8 | 1.27 | 1.99 | 72.92 |
| 9 | 1.09 | 1.71 | 74.63 |

**3. 东北三省四季 SPI 干旱分区**

为了能够客观反映东北地区干旱分区特征，基于 K-mean 聚类方法对研究区进行分区，并采用自然数对聚类分区的结果进行编号。聚类分析前首先基于 Calinski-Harabasz 指标（简称 CH 指标）对聚类分析中的分类数目进行评价，CH 指标通过计算类中各点与类中心的距离平方和来度量类内的紧密度，通过计算各类中心点与数据集中心点距离平方和来度量数据集的分离度，CH 指标由分离度与紧密度的比值得到。CH 指标越大代表类自身越紧密，类与类之间越分散，即更优的聚类结果。根据聚类评估结果得到春季、夏季、秋季及冬季的最优聚类数分别为 12 类、6 类、9 类、9 类。结合东北地区干旱频率特征与不同时间尺度 SPI 空间聚类结果可以更加明确东北地区干旱易发区。研究发现：

（1）春季。东北地区春季干旱空间聚类可分为 12 类，对比土地利用类型及干旱发生频率可发现：黑龙江省大兴安岭地区与黑河市干旱风险最大，该区容易发生森林干旱。东北地区耕地多集中在 8—12 区，而与之对应春季干旱频率相对低于林地，但是从行政区空间分布上，黑龙江省耕地受干旱影响最为明显，其次分别为辽宁省和吉林省。

（2）夏季。夏季分区图类别最少，东北地区绝大部分地区分区值均集中在 3 区。结合前文干旱季节频率结果可知夏季干旱风险相对较小，且干旱等级在四季中最低。其主要原因是夏季降水相对较多，而 SPI 对应的干旱等级，本质上是对降水赤字程度的描述。因此，夏季空间分区数量较少。结合土地利用类型空间分布特征可知：东北三省耕地发生干旱的风险最大，其次为林地。但是从行政区上，辽宁省、吉林省的夏季发生干旱的频率整体上明显高于黑龙江省。

（3）秋季。秋季分区图明显发现，黑龙江与吉林接壤地区干旱风险最大，而该省其余地区空间分布较为一致，即干旱风险均较小。而辽宁省空间分布也较为一致，但是该省易旱特征明显。而结合不同土地利用类型，东北三省秋季干旱频率最高的为耕地，林地的干旱频率相对较小。行政区范围呈现的特征为：齐齐哈尔市、佳木斯市、长春市、四平市及铁岭市干旱频率大，干旱发生的风险最大。

（4）冬季。分区结果表明黑龙江省和吉林省冬季易旱特征显著，但是由于这两个省主要以单季作物为主，且耕地对应的冬季干旱频率较低，所以冬季干旱对农业生产影响较小。结合东北三省冬季种植特征及干旱频率空间分布可知：辽宁省冬季干旱频率最高，且农业受干旱影响更大，而吉林省和黑龙江省冬季干旱频率较低，且农业受干旱影响程度相对较低。

## 4.2　基于标准化降水蒸散指数的干旱时空演变特征分析

### 4.2.1　研究方法

Vicente - Serrano（2010）提出了标准化降水蒸散指数（Standardized Precipitation Evapotranspiration Index，SPEI），其计算方法如下：

（1）潜在蒸散量。

$$PET = 16K \left( \frac{10T}{I} \right)^m \tag{4.4}$$

式中：$T$ 为月平均气温，℃；$I$ 为年热指数；$m$ 为系数；$K$ 为维度和月份函数的校正系数。

（2）不同时间尺度上月降水量和潜在蒸散量的差值。

$$D_i = P_i - PET_i \tag{4.5}$$

式中：$D_i$ 为不同时间尺度的净降水量。第 $j$ 年第 $i$ 月 $D_i^k$，$j$ 取决于所选择的时间尺度 $k$。

例如，12 个月时间尺度上第 $j$ 年第 $i$ 月的累积差计算公式为

$$X_{i,j}^k = \sum_{l=13-k+j}^{12} D_{i-1,l} + \sum_{l=1}^{j} D_{i,l}, if\ j < k\ and$$
$$X_{i,j}^k = \sum_{l=j-k+1}^{j} D_{i,j}, if\ j \geqslant k \tag{4.6}$$

式中：$D_{i,j}$ 为第 $j$ 年第 $i$ 月 $P$ 和 $PET$ 之差，mm。

（3）利用对数逻辑斯特（log-logistic）概率分布标准化 D 序列，以获得 SPEI 指数序列，概率密度函数为

$$f_{(x)} = \frac{\beta}{\alpha}\left(\frac{x-\gamma}{\alpha}\right)\left(1+\frac{x-r}{\alpha}\right)^{-2} \tag{4.7}$$

式中：$\alpha$，$\beta$ 和 $\gamma$ 分别为尺度，形状和位置参数。

因此，D 序列的概率分布函数由下式给出：

$$F_{(x)} = \left(1+\frac{\alpha}{x-\gamma}\right)^{-1} \tag{4.8}$$

由 $F(x)$ 的标准化值可以计算 $SPEI$：

$$SPEI = W - \frac{C_0 + C_1 W + C_2 W^2}{1 + d_1 W + d_2 W^2 + d_3 W^3} \tag{4.9}$$

式中：当 $P \leqslant 0.5$ 时，$W = \sqrt{-2\ln P}$，$P$ 为超过 D 值的概率，$P = 1 - F(x)$；当 $P > 0.5$ 时，$P$ 替换为 $1-P$，将所得 SPEI 值反转。常数 $C_0 = 2.515517$，$C_1 = 0.802853$，$C_2 = 0.010328$，$d_1 = 1.432788$，$d_2 = 0.189269$ 和 $d_3 = 0.001308$。基于 $SPEI$ 值将干旱划分为 7 个等级，见表 4.8。

表 4.8　　　　　　　　　　　　基于 SPEI 的旱涝等级划分

| 干旱等级 | SPEI 值 | 干旱等级 | SPEI 值 |
|---|---|---|---|
| 极旱 | $SPEI \leqslant -2.00$ | 中润 | $1.00 \leqslant SPEI < 1.50$ |
| 重旱 | $-2.00 < SPEI \leqslant -1.50$ | 重润 | $1.50 \leqslant SPEI < 2.00$ |
| 中旱 | $-1.50 < SPEI \leqslant -1.00$ | 极润 | $SPEI \geqslant 2.00$ |
| 基本正常 | $-1.00 < SPEI < 1.00$ | | |

### 4.2.2　东北地区干旱时间分布特征

基于东北地区 86 个基本气象站点 1960—2014 年逐月降水和平均气温数据进行标准化降水蒸散指数计算。

1. 季节干旱时间分布特征

按照春季（3—5 月）、夏季（6—8 月）、秋季（9—11 月）和冬季（12 月至次年 2 月）对东北地区不同时间尺度下季节干旱发生频率进行统计分析，结果如图 4.3 所示。

各季节干旱发生频率结果分析如下。

（1）春季：SPEI 极旱发生频率随时间尺度增加而升高，发生频率在 1.37%~1.77%；除 1 个月时间尺度外，SPEI 重旱发生频率也随时间尺度增加而升高，发生频率在 5.11%~5.56%；而 SPEI 中旱发生频率随时间尺度增加而降低，发生频率在 10.32%~11.28%。

（2）夏季：SPEI3 和 SPEI6 极旱发生频率最高，约为 1.7%；除 1 个月时间尺度外，

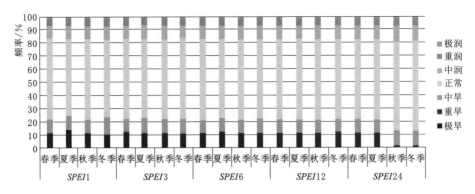

图 4.3　不同时间尺度下东北地区季节干旱发生频率

SPEI 重旱发生频率随时间尺度增加而升高，发生频率在 5.51%～5.99%；SPEI 中旱发生频率基本随时间尺度的增加而降低，发生频率在 10.47%～11.07%，但 24 个月时间尺度下中旱发生频率有所升高，为 10.79%。

（3）秋季：SPEI 极旱发生频率随时间尺度增加而升高，发生频率为 1.21%～1.68%；1 个月和 3 个月时间尺度下 SPEI 重旱发生频率相对较低，分别为 5.05% 和 5.12%；6 个月时间尺度以上，SPEI 重旱发生频率相对较高，为 5.66%～5.87%，且重旱发生频率随时间尺度的增加而降低。1 个月和 3 个月时间尺度下 SPEI 中旱发生频率相对较高，分别为 11.03% 和 11.65%，6 个月时间尺度以上，SPEI 中旱发生频率相对较低，为 10.47%～10.62%，且中旱发生频率随时间尺度增加而升高。

（4）冬季：SPEI 极旱发生频率基本随时间尺度增加而降低，1 个月时间尺度下发生频率最小，为 0.22%，12 个月时间尺度下发生频率最大，为 1.83%；SPEI 重旱发生频率随时间尺度增加而升高，发生频率 3.21%～5.62%；而 SPEI 中旱发生频率基本随时间尺度增加而降低，发生频率 10.49%～14%。

2. 年际干旱时间分布特征

不同时间尺度下东北地区 SPEI 值年际变化过程如图 4.4 所示。由图 4.4 可以看，SPEI 值在 1 个月、3 个月和 6 个月时间尺度下，旱情年际变化不明显；而 SPEI12 和 SPEI24 值表明东北地区在 2000—2002 年发生连续干旱。

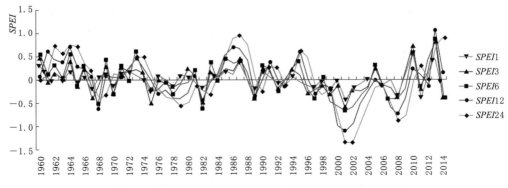

图 4.4　不同时间尺度下东北地区 SPEI 值年际变化过程

### 3. 年代际干旱时间分布特征

不同时间尺度下东北地区年代际干旱发生频率如图 4.5 所示。由图 4.5 可以看出，不同时间尺度下极旱，重旱和中旱发生频率均在 20 世纪 60 年代最小，在 21 世纪最初十年达到最大值，且重旱和中旱发生频率最大值均随年代变化而升高。

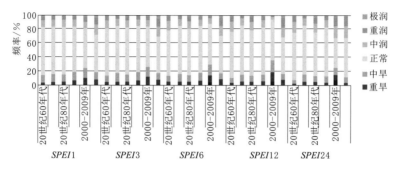

图 4.5　不同时间尺度下东北地区年代际干旱发生频率

### 4. 干旱趋势分析

根据 Mann‐Kendall（MK）趋势分析方法计算得到各站点 $Z$ 统计量见表 4.9、表 4.10。

表 4.9　　　　　　　　　　　**各站点 MK 趋势检验 $Z$ 统计量**

| 省份 | 站点名 | $Z$ 统计量 | 省份 | 站点名 | $Z$ 统计量 |
|---|---|---|---|---|---|
| 黑龙江 | 安达 | 0 | 黑龙江 | 孙吴 | 0 |
|  | 宝清 | −0.0344 |  | 塔河 | 0.052327 |
|  | 北安 | 0.021779 |  | 泰来 | 0.014135 |
|  | 富锦 | −0.01867 |  | 铁力 | 0 |
|  | 富裕 | 0.034419 |  | 伊春 | 0.026832 |
|  | 哈尔滨 | 0 |  | 依兰 | 0.036298 |
|  | 海伦 | −0.01867 | 吉林 | 白城 | 0.017793 |
|  | 黑河 | −0.02178 |  | 长白 | 0.034419 |
|  | 虎林 | 0.020652 |  | 长春 | −0.02966 |
|  | 呼玛 | 0.038268 |  | 长岭 | −0.01867 |
|  | 佳木斯 | −0.04152 |  | 东岗 | 0.020652 |
|  | 鸡西 | 0.041518 |  | 桦甸 | 0 |
|  | 克山 | 0.017793 |  | 集安 | 0.038268 |
|  | 明水 | 0.018669 |  | 蛟河 | −0.00593 |
|  | 嫩江 | 0.005931 |  | 吉林 | −0.02751 |
|  | 齐齐哈尔 | −0.02966 |  | 靖宇 | 0 |
|  | 尚志 | 0 |  | 罗子河 | −0.10846 |
|  | 绥化 | 0 |  | 梅河口 | 0 |

| 省份 | 站点名 | Z 统计量 | 省份 | 站点名 | Z 统计量 |
| --- | --- | --- | --- | --- | --- |
| 吉林 | 乾安 | 0 | 辽宁 | 阜新 | -0.00593 |
| | 前郭尔罗斯 | -0.00622 | | 黑山 | 0 |
| | 三岔河 | 0.006223 | | 桓仁 | 0.018669 |
| | 四平 | -0.00593 | | 锦州 | -0.01779 |
| | 松江 | 0.014135 | | 开原 | 0.032697 |
| | 天池 | -0.02514 | | 宽甸 | 0.012756 |
| | 通化 | 0 | | 皮口 | 0.036291 |
| | 汪清 | 0 | | 清原 | 0.006884 |
| | 烟筒山 | 0.025144 | | 沈阳 | -0.01779 |
| | 延吉 | -0.00622 | | 绥中 | 0.040248 |
| 辽宁 | 鞍山 | 0.041518 | | 兴城 | -0.00593 |
| | 本溪 | -0.04025 | | 新民 | 0.020847 |
| | 草河口 | 0.023302 | | 熊岳 | -0.01215 |
| | 长海 | 0 | | 叶柏寿 | -0.04356 |
| | 朝阳 | -0.01867 | | 营口 | -0.06524 |
| | 丹东 | 0.029655 | | 彰武 | 0.006223 |

**表 4.10　各省份站点变化趋势数量统计**

单位：个

| 省份 | 上升 | 下降 | 无趋势 |
| --- | --- | --- | --- |
| 黑龙江 | 12 | 6 | 6 |
| 吉林 | 7 | 9 | 6 |
| 辽宁 | 11 | 9 | 2 |

研究发现，呈现上升趋势的站点有 30 个，呈下降趋势的有 24 个，无趋势的有 14 个。所有站点的 Z 统计量绝对值均小于 0.1，未超过 90% 置信度，说明各站点表现出的上升或下降趋势并不明显。从各站点变化趋势的空间分布图来看，呈现上升或下降趋势的站点无明显空间分布规律，交错分布，未呈现空间集聚特征。

### 4.2.3　东北地区干旱空间分布特征

**1. 东北地区干旱季节空间变化**

本节以 SPEI3 为例，以 5 月、8 月、11 月以及次年 2 月的干旱发生频率分别代表春季，夏季，秋季和冬季的干旱发生频率，分析东北地区季节干旱发生频率空间分布。

分析可知：春季极旱主要发生在辽宁西部，吉林几乎没有极旱发生；夏秋两季极旱发生频率较高且主要集中在黑龙江中部和西部，吉林东西部；冬季极旱只发生在黑龙江中部。东北中部在春夏两季发生重旱频率较高，秋冬两季除黑龙江中部，吉林和辽宁西部外其他地区重旱发生频率相差不大。中旱四季发生频率在吉林较小，春季黑龙江北部发生频率较高，夏季黑龙江东部发生频率较高，秋冬两季主要集中在辽宁西部以及黑龙江与吉林交界处。

2. 东北地区干旱年代际空间变化

分析了东北地区不同时间尺度下不同年代际的 *SPEI* 值空间分布，结果显示：20 世纪 60 年代，东北地区 *SPEI* 值基本在正常范围内，干旱程度较弱；70 年代，在不同时间尺度下东北地区均有干旱趋势，对于 *SPEI*3 而言，黑龙江大部以及吉林东部干旱情况较显著；80 年代，东北地区干旱程度稍有加重，但是干旱区域有所改变，除黑龙江中部外，黑龙江其他地区干旱程度得到缓解，辽宁东部和西部干旱程度加重；90 年代，1 个月、3 个月和 6 个月时间尺度下，黑龙江西北和东北地区，东北中部地区和辽宁西部地区干旱程度有所缓解，其他地区干旱程度稍有加重；21 世纪最初十年，东北地区在不同时间尺度下的干旱程度达到最大值，在 12 个月时同尺度下，东北西部地区干旱程度较重，在 24 个月时间尺度下，黑龙江中部，吉林西部以及辽宁西部少数地区达到极旱程度；2010—2014 年，东北大部分地区的干旱程度有所减弱，其中以黑龙江北部、吉林东南部和辽宁中部地区改善最为明显。

3. 东北地区干旱频率空间变化

分析了东北地区不同时间尺度下干旱发生频率空间分布，研究得出：随着时间尺度的增加，极旱发生范围逐渐扩大，24 个月时间尺度下东北西部地区极旱发生频率较高。1 个月和 3 个月时间尺度下，重旱发生频率在三省基本相同，但黑龙江中南部发生频率稍大于其他省份地区；6 个月、12 个月和 24 个月时间尺度下，黑龙江东部、吉林和辽宁西部地区重旱发生频率较高。1 个月时间尺度下吉林西部和中部、黑龙江西部以及辽宁南部中旱发生频率较高；3 个月时间尺度下各省中旱发生频率相差不大；6 个月时间尺度下吉林大部分地区中旱发生频率较高；12 个月和 24 个月时间尺度下，黑龙江中部和吉林东部中旱发生频率较高。

# 4.3　东北地区 *SPI* 与 *SPEI* 旱灾评估能力分析

## 4.3.1　研究方法

1. Mann - Kendall 趋势检验

在时间序列趋势分析中，Mann - Kendall 检验方法最初由 Mann 和 Kendall 提出，该方法不需要样本遵循一定的分布，也不受少数异常值的干扰，适用于水文、气象等非正态分布的数据，计算方便。

在 Mann - Kendall 趋势检验中，原假设 $H_0$ 为时间序列数据 $(x_1, \cdots, x_n)$ 是 $n$ 个独立的、随机变量同分布的样本；备择假设 $H_1$ 是双边检验，对于所有的 $k, j \leqslant n$，且 $k \neq j$，$x_k$ 和 $x_j$ 的分布是不相同的，检验的统计量 $S$ 计算如下：

$$S = \sum_{k=1}^{n-1} \sum_{j=k+1}^{n} \text{Sgn}(x_j - x_k) \tag{4.10}$$

$$\text{Sgn}(x_j - x_k) = \begin{cases} +1 & (x_j - x_k) > 0 \\ 0 & (x_j - x_k) = 0 \\ -1 & (x_j - x_k) < 0 \end{cases} \tag{4.11}$$

$S$ 为正态分布，其均值为 0，方差 $\text{Var}(S) = n(n-1)(2n+5)/18$。当 $n > 10$ 时，标准

的正态系统变量通过下式计算：

$$Z = \begin{cases} \dfrac{S-1}{\sqrt{\mathrm{Var}(S)}} & S>0 \\ 0 & S=0 \\ \dfrac{S+1}{\sqrt{\mathrm{Var}(S)}} & S<0 \end{cases} \qquad (4.12)$$

对于统计量 $Z$，大于 0 时表示上升趋势，小于 0 时表示下降趋势；$Z$ 的绝对值大于等于 1.28、1.64、2.32 时分别表示通过了信度为 90%、95% 及 99% 的显著性检验。

2. Mann - Kendall 突变检验

采用 Mann - Kendall 方法进行突变检验的步骤如下：针对原始时间序列 $x(t)$ 构造一秩序列 $s_k$：

$$s_k = \sum_{i=1}^{k} r_i \quad (k=2,3,\cdots,n) \qquad (4.13)$$

$$r_i = \begin{cases} 1 & x(i)>x(j) \\ 0 & x(i)\leqslant x(j) \end{cases} \qquad (4.14)$$

假设时间序列具有随机独立特征，定义统计量：

$$UF_k = \frac{s_k - E(s_k)}{\sqrt{Var(s_k)}} \quad (k=2,3,\cdots,n) \qquad (4.15)$$

式中：$UF_1 = 0$，$\mathrm{Var}(s_k)$、$E(s_k)$ 分别为秩序列 $s_k$ 的方差与均值。$UF_k$ 为标准正态分布。将时间序列 $x(t)$ 按照逆序排列，并计算逆序列的检验统计量 $UB_k$，通过对比序列 $UF_k$ 与 $UB_k$ 可以识别序列的突变点。若 $UF_k$ 和 $UB_k$ 这两条曲线出现交点，且交点位于临界区间之内，则该交点对应的时刻即为突变发生的时间。

3. 农业旱灾综合减产成数

农业旱灾等级评估采用的方法即综合减产成数法。该法在 2006 年国家防汛抗旱指挥办公室发布的《干旱评估标准》中有详细说明。计算公式如下：

$$C = I_3 \times 90\% + (I_2 - I_3) \times 55\% + (I_1 - I_2) \times 20\% \qquad (4.16)$$

式中：$C$ 为综合减产成数；$I_1$ 为受灾（减产 1 成以上）面积占播种面积的比例；$I_2$ 为成灾（减产 3 成以上）面积占播种面积的比例；$I_3$ 为绝收（减产 8 成以上）面积占播种面积的比例。

根据综合减产成数结果可将旱灾分为四类，即：轻度旱灾、中度旱灾、严重旱灾及特大旱灾。划分标准见表 4.11。

表 4.11　　　　　　　　　　农业旱灾等级划分表

| 旱灾等级 | 轻度旱灾 | 中度旱灾 | 严重旱灾 | 特大旱灾 |
|---|---|---|---|---|
| 综合减产成数 | $0.10<C\leqslant0.20$ | $0.20<C\leqslant0.30$ | $0.30<C\leqslant0.40$ | $C>0.40$ |

## 4.3.2　趋势分析

为明确 $SPI$ 与 $SPEI$ 对东北地区干旱评估能力，基于年尺度下的 $SPI$ 及 $SPEI$ 对研究区 1960—2014 年多年干旱频率及各站点变化趋势进行对比分析。

从干旱频率上看，基于 *SPI*12 的干旱频率表明东北地区多年干旱频率在 9.1%～21.8%。干旱频率空间上呈由北向南减小的趋势，其中黑龙江省干旱频率最高，其余依次为吉林省及辽宁省。基于 *SPEI*12 的东北地区多年干旱频率范围为 12.7%～25.4%，且大部分地区干旱频率主要集中在 15.0% ～20.0%。黑龙江省干旱频率最高，辽宁省干旱频率整体上略高于吉林省。*SPI*12 与 *SPEI*12 反映出的干旱频率值存在一定差异，*SPEI*12 干旱频率值总体上略高于 *SPI*12，但所反映出的空间特征整体上较为接近。

MK 趋势检验结果表明：48 个站的 *SPI*12 存在干旱化趋势，22 个站点则呈湿润化。但是所有站点中仅 5 个站点存在显著变化趋势，这 5 个站点分别为漠河、长岭、长白、熊岳及岫岩。其中仅漠河站 *SPI*12 值以每 10 年 0.19 的速率增加，即表明该站点湿润化趋势显著。而其余四个站点干旱化趋势显著。与 *SPI*12 结果不同的是，70 个气象站点 *SPEI*12 值仅虎林站无干旱/湿润化趋势，漠河和绥芬河站呈现出略微湿润化趋势，其余 67 个站点均呈现干旱化趋势，而存在显著干旱化趋势的站点高达 19 个。

综合 *SPI*12 与 *SPEI*12 对干旱频率及干旱变化趋势分析结果可得：①东北三省干旱频率最高的为黑龙江省，吉林省与辽宁省干旱频率较为接近；②东北三省整体上存在一定干旱化趋势，该趋势在吉林省和辽宁省更为显著；③*SPEI*12 反映出的干旱频率及干旱等级显著高于 *SPI*12，但是两者对实际干旱的评估能力有待结合旱灾损失进行进一步分析。

### 4.3.3　突变检验

突变检验结果表明：东北三省所有站点 1960—2014 年仅 16 个站点 *SPI*12 值存在显著突变且突变年份差异明显，而这些站点主要分布在吉林省和辽宁省，见表 4.12。各省份 *SPEI* 年值突变率显著高于 *SPI*，吉林省 *SPEI*12 值突变率最为显著，高达 75.0%。从突变率特征上不难发现，*SPI*12 值与 *SPEI*12 值在站点突变率上差异明显，但均反映出吉林省干旱指数值突变率最高，其次分别为辽宁省和黑龙江省。

表 4.12　　　　　　　　　　东北三省 *SPI* 与 *SPEI* 突变特征　　　　　　　　　%

| 项目 | 黑龙江省 | 吉林省 | 辽宁省 | 平均 |
|---|---|---|---|---|
| *SPI* | 11.1 | 35.0 | 21.7 | 21.4 |
| *SPEI* | 51.9 | 75.0 | 56.5 | 60.0 |
| 差值 | 40.7 | 40.0 | 34.8 | 38.6 |

由于各站点 *SPI*12 与 *SPEI*12 值突变年份差异明显，因此较难直观体现东北三省整体的突变特性。为直观对比东北三省 *SPI* 与 *SPEI* 值突变特征，基于 70 个气象站点平均逐月降水及气温计算 5 个不同时间尺度下的 *SPI* 及 *SPEI* 值，并分别对不同时间尺度相应的干旱指数值进行突变检验，结果见表 4.13。突变检验结果表明东北三省整体 *SPI* 值仅在春季、夏季及生长季检测到突变，而 *SPEI* 值则在夏季、秋季、生长季及年尺度上均发生了突变。*SPI* 与 *SPEI* 生长季均在 1998 年检测出显著突变。

对比 *SPI* 及 *SPEI* 在各站点及东北三省整体突变特性可得：*SPI* 显著突变发生频率及影响范围相对较小，产生这一现象的主要原因可能是因为 *SPI* 值仅基于降水计算而得，本

表 4.13　　　　　　　　东北地区 *SPI* 与 *SPEI* 不同时间尺度均值突变年份

| 指数 | 月尺度 | 春季 | 夏季 | 秋季 | 冬季 | 生长季 | 年尺度 | 24 个月尺度 |
|------|--------|------|------|------|------|--------|--------|-------------|
| *SPI* | | 2006 | 1966 | | | 1998 | | |
| *SPEI* | | | 1998 | 2000 | | 1998 | 1998 | |

质上 *SPI* 值所反映的突变特性即降水特性。而 *SPEI* 值则同时反映了降水及气温变化特征，因此其突变特性更为显著。

### 4.3.4　干旱频率特征

基于 1960—2014 年降水和气温资料，计算不同时间尺度下的 *SPI* 值和 *SPEI* 值，结果如图 4.6 所示。1 个月时间尺度下 *SPI* 与 *SPEI* 值对干旱反应能力相近，但整体上 *SPEI* 体现的干旱程度略高于 *SPI*。对比 3 个月时间尺度下 *SPI* 及 *SPEI* 值可知东北三省 1990 年以前干旱发生频率略低于雨涝发生频率，且极端干旱发生次数明显少于极端雨涝事件的发生频率。对比其余 3 个时间尺度发现，*SPI* 值随着时间尺度增加，干旱与雨涝交替发生频率越低，且 *SPEI* 随时间尺度变化的特征与 *SPI* 相近。综合 *SPI* 与 *SPEI* 不同时间尺度变化特征发现，东北地区在 1990 年后干旱发生频次及强度均呈增加趋势，且干旱化趋势强于雨涝化趋势。

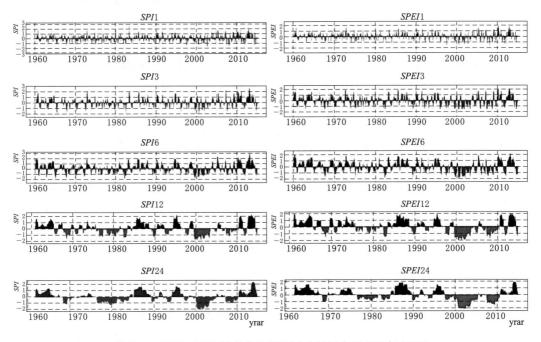

图 4.6　1960—2014 年东北地区不同时间尺度下 SPI 与 SPEI

单一分析不同时间尺度下 *SPI* 与 *SPEI* 值随时间变化的特征较难直观反映出这两个指数对干旱的敏感程度。为能直观体现不同时间尺度下 *SPI* 与 *SPEI* 对干旱的反应能力，基于 *SPI*3 分别统计了春季（3—5 月），夏季（6—8 月），秋季（9—11 月），冬季（12 月至次年 2 月）不同干旱等级发生频率，基于 *SPI*6 和 *SPI*12 分别统计了生长季（4—9 月）

与年（1—12 月）不同等级干旱发生频率，如图 4.7 所示。*SPI* 四季干旱频率结果体现出东北地区春季、冬季干旱发生频率相等，夏季、秋季及生长季雨涝发生频率略高于干旱发生频率，年尺度上则呈现干旱频率（16.4％）高于雨涝频率（14.5％）。*SPEI* 春季、秋季及生长季雨涝发生频率均高于干旱发生频率，而夏季干旱频率（16.4％）则高于雨涝发生频率（14.5％），年尺度上旱涝发生频率相当。

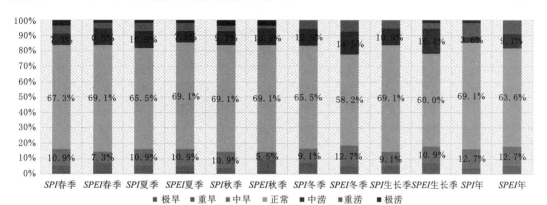

图 4.7　东北三省不同时间尺度下 *SPI* 与 *SPEI* 干旱频率

对比 *SPI* 与 *SPEI* 四季干旱频率发现，夏季与秋季 *SPI* 与 *SPEI* 干旱频率相等；春季 *SPI* 干旱频率（16.5％）显著高于 *SPEI*（14.5％），冬季则与之相反。生长季与年尺度上，*SPEI* 干旱发生频率均高于 *SPI*。由此可见，在不同时间尺度下，*SPI* 与 *SPEI* 整体上对干旱敏感程度相当，但是对个别季节的干旱敏感程度却存在着明显的差异。从气象干旱预警方面上，*SPI* 与 *SPEI* 对干旱预警差异较小。

### 4.3.5　旱灾评价能力评估

为进一步明确 *SPI* 与 *SPEI* 对农业干旱的评估能力，对春季、夏季、秋季、冬季、生长季及年尺度 *SPI* 和 *SPEI* 值分别与综合减产成数（*C* 指数）进行相关性分析，结果如图 4.8 所示。为了客观反映各指数的相关关系，选取 Spearman 这一非参数相关性分析方法。相关性分析结果表明，*C* 指数与 *SPI*/*SPEI* 秋季和冬季无显著相关性质，与其他时间尺度的值均显著相关。*SPI* 与 *SPEI* 同一时间尺度值均显著相关，相关系数值均大于 0.9。这表明 *SPI* 与 *SPEI* 在数值上较为接近，即对干旱敏感性较为接近。对比 *SPI*、*SPEI* 及 *C* 指数相关性特征可得：①*C* 指数与 *SPI* 及 *SPEI* 不同时间尺度值均呈负相关关系，即 *SPI* 与 *SPEI* 值越小，旱灾造成的损失越大，反之亦然；②同一时间尺度 *SPEI* 与 *C* 指数的相关系数略高于 *SPI*，这表明 *SPEI* 对旱灾敏感性略高于 *SPI*。

结合相关性分析结果可知生长季及年尺度 *SPI* 与 *SPEI* 值对旱灾反应能力较强，因此选取这两者时间尺度的指数值进行干旱等级与旱灾等级比较（图 4.9）。*C* 指数结果表明，东北地区 1960—2014 年发生轻度旱灾、中度旱灾、严重旱灾及特大旱灾年数分别为：8 年（1972 年、1977 年、1980 年、1982 年、1992 年、1999 年、2003－2004 年）、5 年（1989 年、1997 年、2001 年、2007 年及 2009 年）及 1 年（2000 年）。*SPI* 生长季对应

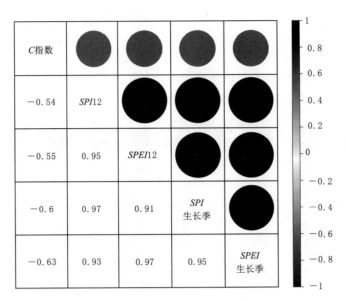

图 4.8 C 指数、SPI 与 SPEI 相关系数

的中度旱灾、重度旱灾对应的年数分别为：5 年（1976 年、1982 年、1989、2002 年及 2007 年）、3 年（1999—2001 年）；SPEI 生长季中旱与重旱对应的年数分别为：5 年（1982 年、1989 年、1997 年、2002 年及 2004 年）、4 年（1999—2001 年及 2007 年）；SPI 年尺度对应的中度旱灾和重度旱灾年数分别为：6 年（1976 年、1978 年、1982 年、1989 年、2000 年及 2011 年）、2 年（1999 年和 2001 年）；SPEI 年值对应中度旱灾及重度旱灾年数则为：6 年（1982 年、1989 年、1997 年、2007 年、2008 年及 2011 年）、3 年（1999—2001 年）。C 指数、SPI 及 SPEI 在 1960—2014 年中均未出现特重旱灾/极旱。从干旱指数负值出现的峰值上看，SPI 与 SPEI 基本上能够体现出旱灾发生年份。

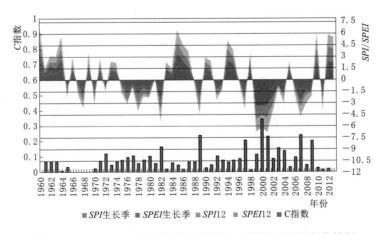

图 4.9 1960—2014 年东北地区 C 指数、SPI 与 SPEI 变化特征

由于 C 指数旱灾等级分为 4 类，而 SPI 与 SPEI 的干旱等级仅分为 3 类，因此在旱灾等级及干旱等级对应上存在一定差异。SPI 与 SPEI 指数主要是对气象干旱进行评估，

而实际应用中更多希望通过 $SPI$ 与 $SPEI$ 值对旱灾进行预警。鉴于上述情况，为了能够体现 $SPI$ 与 $SPEI$ 对旱灾的预估能力，以对农业生产不利为原则，干旱等级与旱灾等级对应关系即：中旱（1）-轻度旱灾（1）、重旱（2）-中度旱灾（2）、极旱（3）-重度旱灾（3）/特重旱灾（4），如图 4.10 所示。对比 3 个指数干旱/旱灾等级对应关系可知，$SPI$ 与 $SPEI$ 对轻度旱灾反映能力相对较弱，导致该情况的原因一方面可能是旱灾损失数据缺测导致 $C$ 指数部分年份数据不确定性较大；另一方面原因是干旱等级与旱灾等级的不对等性造成。除 2009 年外，其余中度/重度旱灾年份均能与 $SPI/SPEI$ 相对应。

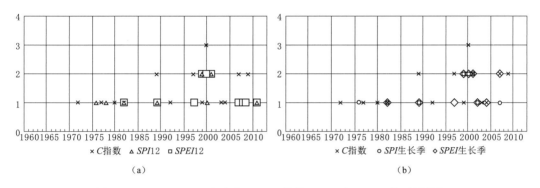

图 4.10　1960—2014 年东北地区 $C$ 指数、$SPI$ 与 $SPEI$ 的干旱等级

结合干旱等级和旱灾等级（图 4.10）对应情况可得：①$SPI$ 与 $SPEI$ 对轻度旱灾评估能力较弱，但均能准确反映中度旱灾及其以上等级的旱灾情况；②$SPI$ 与 $SPEI$ 不同时间尺度中，6 个月时间尺度所对应的作物生长季对旱灾评价能力最强；③$SPEI$ 对旱灾评价能力略强于 $SPI$，且生长季 $SPEI$ 对于旱灾评价能力最强。

## 4.4　小结

（1）基于标准化降水指数 SPI 对东北地区干旱时空特征变化进行分析。时间特征方面，通过分析季节、年际和生长季干旱站次比结果表明，秋季和冬季干旱站次比较高，且局域性干旱发生频率最高；生长季干旱站次比在整体上呈增加趋势，干旱发生范围扩大，但在 1990s 后增幅趋于平缓；年际干旱站次比整体上呈增加趋势，干旱发生范围扩大，但在 1990s 后增幅趋于平缓，且在 2005 年后呈现略微减小趋势。空间特征方面，基于 $SPI3$ 分析干旱空间变化特征，并基于旋转正交分析及聚类分析等方法进行干旱分区，结果表明辽宁省冬季干旱频率最高，且农业受干旱影响更大，而吉林省和黑龙江省冬季干旱频率较低，且农业受干旱影响程度相对较低。

（2）基于标准化降水蒸散指数 $SPEI$ 对东北地区干旱时空特征变化进行分析。时间特征方面，春季和秋季极旱发生频率随时间尺度增加而升高；春季、夏季和冬季重旱发生频率随时间尺度增加而升高，中旱发生频率随时间尺度增加而降低。$SPEI$ 值在 1、4、6 个月时间尺度下，旱情年际变化不明显；而 $SPEI12$ 和 $SPEI24$ 值表明在 2002—2004 年发生连续干旱事件。不同时间尺度下极旱，重旱和中旱发生频率均在 1960s 最小，在 2000s 达到最大值。通过 MK 趋势检验结果表明：东北地区干旱呈现上升趋势的站点有 30

个，呈下降趋势的有 24 个，无趋势的有 14 个。从各站点变化趋势的空间分布图来看，呈现上升或下降趋势的站点无明显空间分布规律，交错分布，未呈现空间集聚特征。空间特征方面，冬季只有黑龙江发生极旱；夏季重旱发生频率较高的地区为吉林和黑龙江交界处；中旱发生频率在各省均较高且分布不均匀。不同时间尺度下干旱发生频率随年代际变化而升高，表明东北地区存在明显的变干旱趋势。

（3）基于趋势分析、突变检验、干旱频率等方法，明确 SPI 和 SPEI 对东北地区干旱评估能力，并与综合减产成数（C 指数）进行相关性分析。结果表明：SPI 和 SPEI 的 6 个月尺度对应的作物生长季对旱灾评价能力最强；SPEI 对旱灾评价能力略强于 SPI，且生长季 SPEI 对于旱灾评价能力最强。

# 参 考 文 献

蔡守华. 论我国农业干旱特点 [J]. 中国减灾，1996，6 (3)：25 - 27.

程叶青，何秀丽. 东北地区粮食生产的结构变动及比较优势分析 [J]. 干旱地区农业研究，2005，23 (3)：1 - 7.

丁裕国，江志红. 气象数据时间序列信号处理 [M]. 北京：气象出版社，2007. 1998

董长虹. Matlab 小波分析工具箱原理与应用 [M]. 北京：国防工业出版社，2004：1 - 29.

符淙斌. 气候突变现象的研究 [J]. 大气科学，1994，18 (3)：373 - 384.

霍路选，高铁英. 黑龙江省旱灾分析 [J]. 黑龙江水专学报，1998 (2).

姜晓艳，刘树华，马明敏，等. 东北地区近百年降水时间序列变化规律的小波分析 [J]. 地理研究，2009，2：354 - 362.

金凤君. 东北地区振兴与可持续发展战略研究 [M]. 北京：商务印书馆，2006.

李崇银，朱锦红，孙照渤. 年代际气候变化研究 [J]. 气候与环境研究，2002，7 (2)：209 - 219.

李鹏，王玉斌，谭向勇. 东北地区粮食生产与贸易分析 [J]. 中国农业大学学报（社会科学版），2006 (1)：57 - 62.

李奇峰，陈阜. 李玉义. 东北地区粮食生产能力研究 [J]. 作物杂志，2005 (4)：3 - 6.

李奇峰，陈阜，李玉义，等. 东北地区粮食生产动态变化及影响因素研究 [J]. 农业现代化研究，2005，26 (5)：340 - 343.

廉毅，高枞亭，任红玲，等. 20 世纪 90 年代中国东北地区荒漠化的发展与区域气候变化 [J]. 气象学报，2001，59 (6)：730 - 736.

刘兴土，佟连军，武志杰，等. 东北地区粮食生产潜力的分析与预测 [J]. 地理科学，1998，18 (6)：501 - 509.

刘颖秋. 干旱灾害对我国社会经济影响研究 [M]. 北京：中国水利水电出版社，2005.

吕婷婷，孙彦坤. 黑龙江省干旱发生规律及成因 [J]. 黑龙江气象，2009，26 (2)：12 - 15.

任国玉，周薇. 辽东半岛本世纪气温变化的初步研究 [J]. 气象学报，1994，52 (4)：493 - 498.

孙力，安刚. 北太平洋海温异常对中国东北地区旱涝的影响 [J]. 气象学报，2003，61 (3)：346 - 353.

谭徐明. 清代干旱档案史料 [M]. 北京：中国书籍出版社，2013.

王洛林，魏后凯. 东北地区经济振兴战略与政策研究 [M]. 北京：社会科学文献出版社，2006：12 - 16.

王遵娅，丁一汇，何金海. 近 50 年来中国气候变化特征的再分析 [J]. 气象学报，2004，62 (2)：228 - 236.

魏凤英. 气候统计诊断与预测方法研究进展——纪念中国气象科学研究院成立 50 周年 [J]. 应用气象学报，2006，17 (6)：736 - 742.

温克刚. 中国气象灾害大典·黑龙江卷 [M]. 北京：气象出版社，2008.

闫敏华. 东北地区器测时期气候变化及其地域差异研究 [M]. 北京：科学出版社，2007.

张耀存，张录军. 东北气候和生态过渡区近 50 年来降水和温度概率分布特征变化 [J]. 地理科学，2005，25（5）：561－566.

赵宗慈. 近 39 年中国的气温变化与城市化影响 [J]. 气象，1991，17（4）：14－17.

周慧秋，王常君. 东北地区粮食综合生产能力分析 [J]. 东北农业大学学报（社会科学版），2006，4（1）：5－8.

朱大威，金之庆. 气候及其变率变化对东北地区粮食生产的影响 [J]. 作物学报，2008，34（9）：1588－1597.

VICENTESERRANO S M，BEGVERIA S，LOPEZMORENO J I. A multiscalar drought index sensitive to global warming：the standardized precipitation evapotranspiration index [J]. Journal of Climate，2010，23（7）：1696－1718.

# 第5章 农业干旱评价指标体系构建及应用

## 5.1 农业干旱评价指标

目前国内外用于评价农业干旱的指标包括很多种类，分别基于气象要素、土壤含水量、作物生理生态、遥感参数以及粮食产量损失数据等。本节重点介绍各类典型农业干旱评价指标的原理及计算方法。

### 5.1.1 基于气象要素的评价指标

基于气象要素的农业干旱评价指标主要采用降水、气温、蒸发等长系列或实时数据计算得出，常见的指标有标准化降水指数，降水量距平指数，帕尔默干旱指数、$Z$指数、标准化降水蒸散指数及$CI$指数等。

1. 降水量距平指数

降水量距平指数是某一时段内降水量与多年同期平均降水量之差占多年同期平均降水量的比值，以百分率表示。降水量距平百分率是表征某时段降水量异常的方法之一，能直观反映降水异常引起的干旱，多用于评估月、季、年尺度发生的干旱事件。

降水距平百分率按下式计算：

$$D_p = \frac{P - \overline{P}}{\overline{P}} \times 100\% \tag{5.1}$$

式中：$D_p$为降水量距平百分率，%；$P$为计算时段内降水量，mm；$\overline{P}$为多年同期平均降水量，mm，宜采用近30年的平均值。

降水量距平百分率干旱等级划分阈值见表5.1。

表 5.1 　　　　　　　　　降水量距平百分率干旱等级划分表

| 干旱等级 | 降水量距平百分率 $D_p$ | | |
| --- | --- | --- | --- |
| | 月尺度 | 季尺度 | 年尺度 |
| 轻旱 | $-60 < D_p \leqslant -40$ | $-50 < D_p \leqslant -25$ | $-30 < D_p \leqslant -15$ |
| 中旱 | $-80 < D_p \leqslant -60$ | $-70 < D_p \leqslant -50$ | $-40 < D_p \leqslant -30$ |
| 重旱 | $-95 < D_p \leqslant -80$ | $-80 < D_p \leqslant -70$ | $-45 < D_p \leqslant -40$ |
| 特旱 | $D_p \leqslant -95$ | $D_p \leqslant -80$ | $D_p \leqslant -45$ |

降水量距平百分率以历史平均水平为基础确定干旱程度，计算简单、所需资料容易获得，应用广泛，但其不能反映干旱的内在机理。该指标只考虑了当时的降水量，而

没有考虑前期干旱持续时间对后期干旱程度的影响。另外，该旱情等级标准适用于我国半湿润、半干旱地区，平均气温高于 10℃ 的时段。因此该指标在实际应用中具有很大的局限性。

### 2. 帕尔默干旱指数（PDSI）

帕尔默（Palmer，1965）提出了一项用于衡量土壤水补给亏缺量大小的指数。帕尔默不仅考虑了某地区的缺雨情况，还综合考虑了水量平衡方程中的供水与需水要素。PDSI 指标是将土壤含水量标准化作为衡量指标，进行时空比较。PDSI 为气象干旱指标，可反映非正常干旱和湿润天气状况。当判断干旱是否结束，进入正常或湿润状况时，可用 PDSI 指标进行衡量，而不需要考虑河道径流、湖泊、水库水位，以及其他长期水文要素的影响。利用降水、温度、田间持水量数据计算 PDSI 指标时，输入数据包括蒸散发量、土壤水补给量、径流量、表层土壤水损失量，而没有考虑人类活动，如灌溉影响。PDSI 指数是根据某地区土壤水供给与需求关系计算得出的。其中，土壤供水量等于土壤初始含水量加上降雨补给土壤的水量，而需水量的确定比较复杂，因为土壤中损失的水量取决于多种因素，如湿度、土壤含水量等。方法是将土壤分为两层，上层为土壤表层，当需水量大于供给时，首先使用上层土壤的水，若存在多余的水分，也首先补给该层。上层土壤含水量用尽后，开始损失下层土壤的水。根据上下土层中的水量平衡方程，分各种情况，逐级考虑确定每个土层获得或损失的水量，进而计算土壤湿度异常值，即可计算出 PDSI 指标值。

该指数基于月值资料数据，经标准化处理，可对不同地区、不同时间的土壤水分状况进行比较，在计算水分收支平衡时，考虑了前期降水量和水分供需，物理意义明确。安顺清等针对我国的情况进行了修改，计算方法如下：

$$\left.\begin{aligned} x_i &= 0.805 x_i + z_i / 57.136 \\ K' &= 4.011g\left[\frac{\overline{E_p} + \overline{R} + \overline{F}}{(\overline{P} + \overline{L})\overline{D}} \times 25.0 + 1.0\right] + 0.5 \end{aligned}\right\} \tag{5.2}$$

$$K = \frac{584.08}{\sum_1^{12}(D K')} K'$$

式中：$x_i$ 为第 $i$ 个月的帕尔默干旱指数；$K$ 为权重因子；$\overline{E_p}$ 为某个月长期平均可能蒸散量；$\overline{R}$ 为某个月长期平均土壤水补水量；$\overline{F}$ 为某个月长期平均月径流量；$\overline{P}$ 为某个月长期平均降水量；$\overline{L}$ 为某个月长期平均土壤水失水量；$\overline{D}$ 为月水分偏差的绝对值平均。

PDSI 指标在美国备受瞩目并得到了广泛应用，该指标可以更有效地监测土壤含水量的大小。PDSI 指标的三个显著特征是：①为决策者提供某地区近期天气状况是否出现异常信息；②当前状况与历史条件对比；③反映过去发生干旱的时空分布情况。该指标考虑前期降水、水分供给、水分需要及实际蒸散发等因素，不仅可以反应干旱程度，而且包含了干旱的起止时间，到目前为止，它是应用最广泛、最成功的干旱指标。但我国站点稀少，地表结构复杂，有关参数的选取和计算存在一定的制约，不便于推广、检测和应用该指标。PDSI 干旱等级划分见表5.2。

表 5.2　　　　　　　　　　　　　　　　　**PDSI 干旱等级划分**

| PDSI 值 | 干湿等级 | PDSI 值 | 干湿等级 |
|---|---|---|---|
| ≥4.00 | 极端湿润 | −0.99～−0.50 | 干旱初期 |
| 3.00～3.99 | 非常湿润 | −1.99～−1.00 | 轻度干旱 |
| 2.00～2.99 | 中度湿润 | −2.99～−2.00 | 中度干旱 |
| 1.00～1.99 | 轻度湿润 | −3.99～−3.00 | 非常干旱 |
| 0.50～0.99 | 湿润初期 | ≤−4.00 | 极端干旱 |
| −0.49～0.49 | 正常 | | |

**3. Z 指数**

Z 指数是我国使用最为广泛的气象干旱指标之一，它是在假定降水量服从 Pearson - Ⅲ型（简称 P - Ⅲ型）分布的基础上提出的。通过对降水量进行正态化处理，可将概率密度函数 P - Ⅲ型分布转换为以 Z 为变量的标准正态分布。在进行干旱评估时 Z 指数没有考虑到降水量年内分配不均。另外，Z 指数只能评估某一特定时段内的旱涝情况，不能判定干旱的起止时间和发生过程，其计算方法如下：

$$Z_i = \frac{6}{C_s}\left|\frac{C_s}{2}\Phi_i + 1\right|^{1/3} - \frac{6}{C_s} + \frac{C_s}{6} \tag{5.3}$$

其中　$C_s = \dfrac{\sum_{i=1}^n (X_i - \overline{X})^3}{n\sigma^3}$　$\Phi_i = \dfrac{X_i - \overline{X}}{\sigma}$　$\sigma = \sqrt{\dfrac{1}{n}\sum_{i=1}^n (X_i - \overline{X})^2}$　$\overline{X} = \dfrac{1}{n}\sum_{i=1}^n X_i$

式中：$C_s$ 为偏态系数；$\Phi_i$ 为标准变量。

根据 Z 指数的正态分布曲线，可将旱涝情况划分为 7 个等级，标准见表 5.3。

表 5.3　　　　　　　　　　　　　　　　　**Z 指数的旱涝等级划分阈值**

| Z 指数值 | 旱涝等级 | Z 指数值 | 旱涝等级 |
|---|---|---|---|
| ≥1.96 | 重涝 | −1.44～−0.84 | 轻旱 |
| 1.44～1.96 | 中涝 | −1.96～−1.44 | 中旱 |
| 0.84～1.44 | 轻涝 | ≤−1.96 | 重旱 |
| −0.84～0.84 | 正常 | | |

**4. 综合气象指数**

综合气象指数（CI）是利用近 30d（月尺度）和近 90d（季尺度）降水量标准化降水指数，以及近 30d 相对湿润度指数综合而得。该指标既反映短时间尺度和长时间尺度降水量气候异常情况，又反映短时间尺度水分亏欠情况。该指标适用于实时气象干旱监测和历史同期气象干旱评估。计算方法如下：

$$CI = aZ_{30} + bZ_{90} + cM_{30} \tag{5.4}$$

式中：$Z_{30}$、$Z_{90}$ 为近 30 天和近 90 天标准化降水指数 SPI 值；$a$ 为近 30 天标准化降水系数，由达到轻旱以上级别 $Z_{30}$ 的平均值除以历史出现最小 $Z_{30}$ 值，平均取 0.4；$b$ 为近 90 天标准化降水系数，由达到轻旱以上级别 $Z_{90}$ 的平均值除以历史出现最小 $Z_{90}$ 值，平均取 0.4；$c$ 为近 30 天相对湿润系数，由达到轻旱以上级别 $M_{30}$ 的平均值除以历史出现最小 $M_{30}$ 值，平均取 0.8。

旱情等级的划分见表5.4。

表 5.4　　　　　　　　　综合气象指数的干旱等级划分标准

| CI 值 | 干旱等级 | CI 值 | 干旱等级 |
|---|---|---|---|
| ≥−0.6 | 无旱 | −2.4～−1.8 | 重旱 |
| −1.2～−0.6 | 轻旱 | ≤−2.4 | 特旱 |
| −1.8～−1.2 | 中旱 | | |

## 5.1.2　基于土壤含水量的评价指标

土壤相对湿度是反映土壤含水量的指标之一，适用于某时刻土壤水分盈亏监测，是最主要的农业干旱评价指标。常采用0～40cm深度的土壤相对湿度数据进行计算分析，该深度适用于旱地农作物。由于不同土壤性质的土壤相对湿度存在一定差异，使用时应根据当地土壤性质，对等级划分范围进行适当调整。土壤相对湿润度的计算公式为

$$W = \frac{\theta}{F_c} \times 100\% \tag{5.5}$$

式中：$W$ 为土壤相对湿度，%；$\theta$ 为土壤平均重量含水量，%；$F_c$ 为土壤田间持水量，%。

土壤相对湿度干旱等级划分见表5.5。

表 5.5　　　　　　　　　土壤相对湿度旱情等级划分表

| 旱情等级 | 轻旱 | 中旱 | 重旱 | 特旱 |
|---|---|---|---|---|
| 土壤相对湿度 $W$/% | 50<$W$≤60 | 40<$W$≤50 | 30<$W$≤40 | $W$≤30 |

## 5.1.3　基于作物生理生态参数的评价指标

根据田间实验结果，提出基于作物生理生态参数的农业干旱评价指标——冠气温度比指标，即冠层温度和大气温度的比值。

不同作物的标准不一样，以玉米和大豆两种作物为例，将干旱等级划分为4个等级（不含无旱），结果见表5.6和表5.7。

表 5.6　　　　　　　冠气温度比指标干旱划分标准（玉米）

| 项　目 | 干　旱　等　级 | | | |
|---|---|---|---|---|
| | 特旱 | 重旱 | 中旱 | 轻旱 |
| 土壤水分/(cm³/cm³) | ≤0.10 | 0.10～0.149 | 0.15～0.169 | 0.17～0.20 |
| 冠气温度比 | ≥1.2 | 1.1～1.2 | 1.09～1.0 | ≤1.0 |

表 5.7　　　　　　　冠气温度比指标干旱划分标准（大豆）

| 项　目 | 干　旱　等　级 | | | |
|---|---|---|---|---|
| | 特旱 | 重旱 | 中旱 | 轻旱 |
| 土壤水分/(cm³/cm³) | ≤0.12 | 0.12～0.149 | 0.15～0.169 | 0.17～0.20 |
| 冠气温度比 | ≥1.2 | 1.1～1.2 | 1.09～1.0 | ≤1.0 |

### 5.1.4 基于遥感参数的评价指标

本研究提出了基于遥感参数的农业干旱评价指标——归一化差异红外指数（Normalized Difference Infrared Index，NDII）。该指标是根据植被冠层反射率反映区域植被干旱情况。指数的计算步骤如下：

（1）识别土地覆盖类型，提取农田栅格。

（2）提取农田栅格的遥感反射率产品相应波段（波长为 1650nm 和 850nm 波段）。

（3）计算农田栅格的 $NDII$。

$$NDII = \frac{\rho_{1.65} - \rho_{0.85}}{\rho_{1.65} + \rho_{0.85}} \tag{5.6}$$

式中：$\rho_{1.65}$ 和 $\rho_{0.85}$ 分别为波长为 $1.65\mu m$ 和 $0.85\mu m$ 的波段的反射率。

$NDII$ 在 $-1$ 和 $1$ 之间变化，$NDII$ 越高，表示波长为 $1.65\mu m$ 的波段反射率越大于波长为 $0.85\mu m$ 的波段反射率，植被冠层受到的水分胁迫越大，受到干旱的影响越大。可采用 MOD09A1 地表反射率产品对 $NDII$ 进行计算，该产品空间分辨率为 $500m \times 500m$，时间分辨率为 1 天。该指数用于提取作物信息，被证实好于 NDVI 指数（李华朋等，2013）。在干旱评估方面，$NDII$ 为正值时，处于干旱状态；$NDII$ 为负值时，处于湿润状态；但目前还没有得到能够划分干旱程度的具体指数范围。

### 5.1.5 基于粮食损失的评估指标

#### 1. 指标的计算

对于作物减产率的计算主要是建立日土壤相对含水量与粮食相对产量的关系。先根据水量平衡计算日土壤相对含水量，再基于此计算粮食相对产量。

（1）粮食相对产量的计算。

1）玉米相对产量的计算。

当土壤相对含水量 $\theta \geqslant 65\%$ 时，相对产量 $Y=1$。

当土壤相对含水量 $27\% \leqslant \theta < 65\%$ 时，相对产量 $Y$ 计算公式为

$$Y = 3.65 \times 10^{-4}\theta^2 + 5.71 \times 10^{-2}\theta^{-1.25} \tag{5.7}$$

当土壤相对含水量 $\theta < 27\%$ 时，相对产量 $Y=0$。

2）大豆相对产量的计算。

当土壤相对含水量 $\theta \geqslant 65\%$ 时，相对产量 $Y=1$。

当土壤相对含水量 $27\% \leqslant \theta < 65\%$ 时，相对产量 $Y$ 计算公式为

$$Y = -4.16 \times 10^{-4}\theta^2 + 5.81 \times 10^{-2}\theta^{-1.04} \tag{5.8}$$

（2）土壤相对湿度的计算。

1）玉米。试验期间假定玉米主要根系层深度平均为 60cm，此时日土壤相对含水量（$\theta_{i+1}$）计算公式为

$$\theta_{i+1} = \frac{\theta_i \times f_c - \dfrac{ET_i}{600} + \dfrac{P_i}{600}}{f_c} \times 100 \tag{5.9}$$

式中：$\theta_{i+1}$ 和 $\theta_i$ 为第（$i+1$）和 $i$ 天 0～60cm 土层内的平均土壤相对含水量；$P_i$ 为第 $i$ 天降水量；600 为 0～60cm 土层；$ET_i$ 为第 $i$ 天的植物蒸散发量，mm/d；$f_c$ 为田间持水量；若 $\theta_{i+1}$ 大于田间持水量，则 $\theta_{i+1}$ 取田间持水量。不同土壤的田间持水量见表 5.9。

2）大豆。对于大豆，主要根层深度取 40cm，日土壤相对含水量计算公式为

$$\theta_{i+1}=\left(\theta_i\times f_c-\frac{ET_i}{400}+R/400\right)/f_c\times100 \tag{5.10}$$

其中，每天的日蒸散量计算为

$$ET=K_s\times K_c\times ET_o \tag{5.11}$$

式中：$K_c$ 为作物系数；$ET_o$ 为参考作物蒸散发，mm/day；$K_s$ 为考虑土壤水分的修正系数。

要计算日土壤相对含水量需要给定初始土壤相对含水量，初始土壤相对含水量即播种时的含水量。冬季过后土壤含水量总体充足，在没有资料的情况下可设置为田间持水量（即相对含水量为 100%）；实测情况下可设置为实际测量的相对含水量。

农业干旱灾害评估指标是粮食因旱损失率指标。主要适用于夏粮、秋粮和全年粮食因旱损失评估。

$$P_{gl}=\frac{W_{gl}}{W_{gt}}\times100\% \tag{5.12}$$

式中：$P_{gl}$ 为评估区粮食因旱损失率，%；$W_{gl}$ 为评估区粮食因旱损失量，t；$W_{gt}$ 为评估区正常年份的夏（秋）粮总产量，t。

基于粮食损失的农业旱灾等级划分标准见表 5.8。

表 5.8　　　　　　　　　**基于粮食损失的农业旱灾等级划分标准**　　　　　　　单位：%

| 旱灾等级 | 粮食因旱损失率 $P_{gl}$ | | | |
|---|---|---|---|---|
| | 全国 | 省（自治区、直辖市） | 市（地、州、盟） | 县级行政区 |
| 轻旱 | $4.5\leqslant P_{gl}<6.0$ | $10\leqslant P_{gl}<15$ | $15\leqslant P_{gl}<20$ | $20\leqslant P_{gl}<25$ |
| 中旱 | $6.0\leqslant P_{gl}<7.5$ | $15\leqslant P_{gl}<20$ | $20\leqslant P_{gl}<25$ | $25\leqslant P_{gl}<30$ |
| 重旱 | $7.5\leqslant P_{gl}<9.0$ | $20\leqslant P_{gl}<25$ | $25\leqslant P_{gl}<30$ | $30\leqslant P_{gl}<35$ |
| 特旱 | $9.0\leqslant P_{gl}$ | $25\leqslant P_{gl}$ | $30\leqslant P_{gl}$ | $35\leqslant P_{gl}$ |

（3）日蒸散发的计算。日蒸散发计算根据作物系数、水分修正系数及参考作物蒸散发确定。

1）作物系数 $K_c$ 选择。

玉米和大豆在生育期内的作物系数如图 5.1 所示。

2）土壤水分修正系数 $K_s$ 计算。

玉米的土壤水分修正系数 $K_s$ 计算公式为

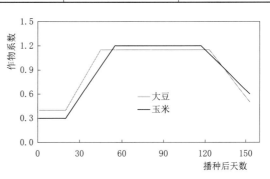

图 5.1　玉米与大豆生育期内的作物系数

$$K_s = 2.783 \times 10^{-4} \times \theta^2 - 1.710 \times 10^{-4} \times \theta^{-0.2132} \tag{5.13}$$

玉米 $K_s$ 曲线拟合结果如图 5.2 所示。

大豆的土壤水分修正系数 $K_s$ 由下式计算

$$K_s = 0.0294 \times \theta^{-0.919} \tag{5.14}$$

大豆 $K_s$ 曲线拟合结果如图 5.3 所示。

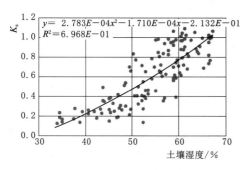

图 5.2 玉米 $K_s$ 曲线拟合

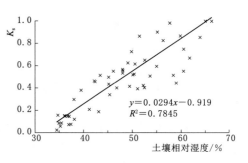

图 5.3 大豆 $K_s$ 曲线拟合

3）参考作物蒸散发。

参考作物蒸散发 $ET_0$ 计算公式如下

$$ET_0 = \frac{0.408(R_n - G) + \gamma \dfrac{900}{T+273} U_2 (e_s - e_a)}{\Delta + \gamma(1 + 0.34 U_2)} \tag{5.15}$$

其中 $$\lambda = 2.501 - 0.002361 T_{mean}$$

式中：$ET_0$ 为参考作物蒸散发，mm/d；$R_n$ 为净辐射，MJ/(m²·d)；$G$ 为土壤热通量，MJ/(m²·d)，如以天计算蒸散量，则可认为 $G=0$；$\gamma$ 为湿度计常数，kPa/℃；$U_2$ 为 2m 处的风速，m/s；$e_s$、$e_a$ 为计算时段的饱和水汽压和实际水汽压，kPa；$\Delta$ 为饱和水汽压-温度曲线上的斜率，kPa/℃；$T$ 为日平均气温，℃；$\lambda$ 为汽化潜热，MJ/kg。

a）$e_s - e_a$ 为饱和水汽压差，计算公式为

$$e_s - e_a = 0.6108 \exp\left(\frac{17.27T}{T+237.3}\right) \times (1 - RH) \tag{5.16}$$

式中：$T$ 为日平均温度，℃；$RH$ 为日平均相对湿度，%。

$\Delta$ 为饱和水汽压-温度曲线上的斜率，计算公式为

$$\Delta = \frac{4098\left[0.6108 \exp\left(\dfrac{17.27 \times T}{T+237.3}\right)\right]}{(T+237.3)^2} \tag{5.17}$$

干湿计常数 $\gamma$ 计算公式为

$$\gamma = 0.0008P \tag{5.18}$$

式中：$P$ 为当地的大气压，kPa。

b）净辐射 $R_n$ 计算。

首先计算地外辐射 $R_a$：

$$R_a = 31.34 \times \left[1 + 0.033\cos\left(\frac{2\pi}{365}J\right)\right]\left[\omega_s\sin(\varphi)\sin(\delta) + \cos(\varphi)\cos(\delta)\sin(\omega_s)\right]$$

$$(5.19)$$

式中：$R_a$ 为地外辐射，MJ/(m² · d)；$J$ 为每年的日序数，每年的 1 月 1 日为 1；$\omega_s$ 为日出角。计算公式为

$$\omega_s = \arccos[-\tan(\varphi)\tan(\delta)] \tag{5.20}$$

式中：$\varphi$ 为纬度，以弧度表示；$\delta$ 为太阳倾角（弧度），计算公式为

$$\delta = 0.409\sin\left(\frac{2\pi}{365}J - 1.39\right) \tag{5.21}$$

计算太阳辐射 $R_s$：

$$R_s = \left(a_s + b_s\frac{n}{N}\right)R_a \tag{5.22}$$

式中：$R_s$ 为太阳辐射，MJ/(m² · d)；$a_s$ 和 $b_s$ 为回归常数，在无资料地区 $a_s = 0.25$，$b_s = 0.5$；$N$ 为每天可能的最大日照时间，$n$ 为每天观测的日照时间，h。$N$ 的计算公式为

$$N = \frac{24}{\pi}\omega_s \tag{5.23}$$

计算净短波辐射 $R_{ns}$[MJ/(m² · d)]：

$$R_{ns} = (1-\alpha)R_s = 0.77R_s \tag{5.24}$$

计算净长波辐射 $R_{nl}$[MJ/(m² · d)]：

$$R_{nl} = 4.903 \times 10^{-9}\left[\frac{T_{\max}^4 + T_{\min}^4}{2}\right](0.34 - 0.14\sqrt{e_a})\left(1.35\frac{R_s}{R_{so}} - 0.35\right) \tag{5.25}$$

式中：$T_{\max}$ 和 $T_{\min}$ 为日最高温度和最低温度，K；$e_a$，日实际水汽压，kPa；$R_s/R_{so}$ 为相对短波辐射，$R_{so}$ 为晴朗条件下的短波辐射，MJ/(m² · d)，计算公式为

$$R_{so} = (0.75 + 2 \times 10^5 z)R_a \tag{5.26}$$

式中：$z$ 为海拔，m。

计算日净辐射 $R_n$：

$$R_n = R_{ns} - R_{nl} \tag{5.27}$$

由计算公式可知，粮食因旱损失率计算所需数据、主要包括气象站经纬度、海拔、平均气温、最高气温、最低气温、相对湿度、风速和日照时数。

（4）田间持水量的确定。将重点研究区土壤归类为三种土壤（根据美国土壤系统分类），分别为沙壤土、粉黏壤土和粉壤土，土壤参数见表 5.9。

表 5.9　　　　　　　　　　**土壤类型及对应的水力参数**　　　　　　单位：cm³/cm³

| 土壤类型 | 饱和含水量 | 田间持水量 | 凋萎含水量 |
|---|---|---|---|
| 沙壤土 | 38.6 | 16 | 4.1 |
| 粉黏壤土 | 48.1 | 31 | 9.0 |
| 粉壤土 | 44.2 | 29 | 8.5 |

### 2. 旱灾等级划分

根据以上公式分别计算出玉米及大豆的相对产量和粮食相对减产率。根据减产率旱灾等级标准（表 5.10）对东北粮食主产区各区县进行旱灾程度评估和干旱等级划分。

表 5.10　　　　　　　　　　　　减产率旱灾等级划分

| 指　　标 | 干　旱　等　级 | | | |
|---|---|---|---|---|
| | 特旱 | 重旱 | 中旱 | 轻旱 |
| 玉米减产率/% | >80 | 35～80 | 10～35 | <10 |
| 大豆减产率/% | >50 | 25～50 | 10～25 | <10 |

## 5.2　农业干旱评价指标筛选和集成

国内外用于评价旱灾的指标多种多样，但是由于干旱自身的复杂性，单一指标很难达到时空上的普遍适用性，迄今为止还未找到一种普遍适用于不同地区、不同时间段的干旱指标。因此对旱灾评价指标做筛选和集成，对于准确描述旱灾严重程度具有重要意义。

### 5.2.1　农业旱灾评价指标筛选

针对常用于评价旱灾的标准化降水指数（SPI）、标准化降水蒸散指数（SPEI）、帕尔默干旱指数（PDSI）、降水 Z 指数（Z）、降水距平百分率（$D_p$）和综合气象干旱指数（CI）6 种指标，进行不同地区、不同季节的指标适用性分析。通过指标识别结果与历史资料的对比，将干旱指标识别出历史资料干旱准确性 T 的高低作为指标适用性好坏的评价依据。

$$T = n/N \tag{5.28}$$

式中：n 为干旱指标准确识别出干旱资料中干旱事件数；N 为干旱资料中总的干旱事件数。

PDSI 指数具有明确的物理意义和普遍的适用性，但在干旱识别上具有一定的延迟性。SPI 指数具有计算稳定性，能够有效地衡量各个时段的旱涝状况。SPEI 指数与 SPI 指数类似，但是引入了气温，考虑了蒸散对干旱的作用。$D_p$ 指数是表征某时段降雨量较常年值偏多或偏少的指标之一，能直接反映降水异常引起的旱涝情况。Z 指数将概率密度函数 Person-Ⅲ型分布转化为以 Z 为变量的标准正态分布。CI 指数既能反映中长期干旱，又能反映不同时间尺度降水异常。各指标的阈值参考《气象干旱等级标准》（GB/T 20481—2006）中的干旱等级划分依据。

### 5.2.2　基于统计方法的干旱指标分析

#### 1. 理论方法和步骤

基于统计方法的干旱指标分析是参照《气象干旱等级标准》GB/T 20481—2006 中给出的降水量距平百分率指标（$D_p$）、标准化降水指数（SPI）、帕尔默指数（PDSI）3 个干旱指标的计算方法和等级划分标准以及常用的 Z 指数划分阈值来对干旱进行识别。首先搜集相应地级行政区历史干旱资料（以季为尺度），然后根据各指标识别结果与历史干旱资料进行对比分析，即该干旱指标是否能准确的识别出历史资料记载的干旱事件以及干旱严重程度。其中对于季节划分按照春季（3月、4月、5月）、夏季（6月、7月、8月）、秋季（9月、10月、11月）、冬季（12月、次年1月、2月）。

2. 数据处理

对于干旱事件的记载，一般是以区县为单位，国家防汛抗旱总指挥部办公室相应的报表统计也是以区县为单位，但考虑到降雨及温度站点（特别是降雨站点）的分布特点，一般情况下，每个地级行政区含有1～4个站点，故空间尺度的选取以地级行政区为单位。干旱资料包括该行政区所有区县资料记载的所有干旱。与之相对比的干旱识别结果数据也包括该行政区所有的降雨站点。

历史干旱事件资料来源于《中国历史干旱》、《中国水旱灾害》、国家及地方各级防办的统计报表。

由于秋旱及冬旱对作物产量影响不大，所以各种资料中记载的秋旱较少，冬旱则没有，分析其原因有两点：

（1）冬季降水量较少，一旦偏少一些，指标就会很大。

（2）冬季只种植小麦，冬季少许的缺水对粮食产量影响不大。

降雨及温度数据来源于中国气象科学数据共享网，其中由于七台河市数据相对缺失，此处未做分析，具体指标适用性可参考相邻的鸡西市；大兴安岭地区由于是山区、林区，人口稀少，干旱灾害影响较小，因此干旱事件记录较少，故本书未对该地区进行指标适用性分析。资料记载黑龙江各地市干旱发生次数见表5.11。

**表 5.11　　　　　资料记载黑龙江各地市干旱发生次数**

| 地市 | 春旱 | 夏旱 | 秋旱 | 地市 | 春旱 | 夏旱 | 秋旱 |
|---|---|---|---|---|---|---|---|
| 哈尔滨市 | 34 | 18 | 6 | 大庆市 | 22 | 16 | 1 |
| 齐齐哈尔市 | 23 | 21 | 2 | 伊春市 | 7 | 6 | 0 |
| 鸡西市 | 11 | 8 | 0 | 佳木斯市 | 13 | 22 | 2 |
| 鹤岗市 | 5 | 15 | 1 | 牡丹江市 | 17 | 17 | 0 |
| 双鸭山市 | 11 | 10 | 0 | 黑河市 | 13 | 13 | 2 |

3. 结果分析

本研究选取了帕尔默干旱指数（$PDSI$）、标准化降水指数（$SPI$）、$Z$指数、降水距平百分数（$D_p$）及综合气象干旱指数（$CI$）。各指标阈值采用《气象干旱等级》（GB/T 20481—2017）规定的阈值。

哈尔滨市干旱指标适应性分析见表5.12。从表5.12可以看出，该地区共发生春旱34次，夏旱18次，秋旱6次。对于春旱来说识别较好的有$SPI$及$Z$指数；对于夏旱来说识别较好的为$SPI$指数及$D_p$指数；由于秋旱资料记录太少，故$PDSI$、$SPI$及$D_p$都识别出来了这6次秋旱。从整体上来看，$SPI$指数在哈尔滨地区的干旱识别中效果最好。

齐齐哈尔市干旱指标适应性分析见表5.13。从表5.13来看，$D_p$指数、$Z$指数、$CI$指数识别春旱效果较好；$PDSI$、$D_p$指数识别夏旱效果最好；秋旱资料记载相对较少，资料数据只记录了两次秋旱，所有干旱指标均识别出来了。综合来说，$D_p$指数对于齐齐哈尔地区干旱识别有较好的适用性。

表 5.12　哈尔滨市干旱指标适应性分析

| 干旱指标 | 春旱 | 夏旱 | 秋旱 |
|---|---|---|---|
| $PDSI$ | 29/34 | 17/18 | 6/6 |
| $SPI$ | 34/34 | 18/18 | 6/6 |
| $Z$ | 34/34 | 14/18 | 5/6 |
| $D_p$ | 33/34 | 18/18 | 6/6 |
| $CI$ | 33/34 | 14/18 | 5/6 |

注　/前数值表示哈尔滨市实际干旱发生次数；/后数值表示对应干旱指标识别出来的干旱发生次数。

表 5.13　齐齐哈尔市干旱指标适应性分析

| 干旱指标 | 春旱 | 夏旱 | 秋旱 |
|---|---|---|---|
| $PDSI$ | 21/23 | 21/21 | 2/2 |
| $SPI$ | 21/23 | 20/21 | 2/2 |
| $Z$ | 23/23 | 19/21 | 2/2 |
| $D_p$ | 23/23 | 21/21 | 2/2 |
| $CI$ | 23/23 | 20/21 | 2/2 |

注　/前数值表示齐齐哈尔市实际干旱发生次数；/后数值表示对应干旱指标识别出来的干旱发生次数。

鸡西市干旱指标适应性分析见表 5.14。从表 5.14 可以看出，对于夏旱来说各个干旱指标识别程度都较高；而春旱识别中以 $Z$ 指数、$D_p$ 指数、$CI$ 指数最好。

鹤岗市干旱指标适应性分析见表 5.15。从表 5.15 可以看出，鹤岗市夏旱发生次数较多，识别效果最好的是 $CI$ 指数。

表 5.14　鸡西市干旱指标适应性分析

| 干旱指标 | 春旱 | 夏旱 | 秋旱 |
|---|---|---|---|
| $PDSI$ | 8/11 | 8/8 | |
| $SPI$ | 9/11 | 8/8 | |
| $Z$ | 11/11 | 7/8 | |
| $D_p$ | 10/11 | 8/8 | |
| $CI$ | 10/11 | 8/8 | |

注　/前数值表示鸡西市实际干旱发生次数；/后数值表示对应干旱指标识别出来的干旱发生次数。

表 5.15　鹤岗市干旱指标适应性分析

| 干旱指标 | 春旱 | 夏旱 | 秋旱 |
|---|---|---|---|
| $PDSI$ | 2/5 | 13/15 | 1/1 |
| $SPI$ | 5/5 | 13/15 | 1/1 |
| $Z$ | 5/5 | 10/15 | 1/1 |
| $D_p$ | 5/5 | 12/15 | 1/1 |
| $CI$ | 5/5 | 15/15 | 0/1 |

注　/前数值表示鹤岗市实际干旱发生次数；/后数值表示对应干旱指标识别出来的干旱发生次数。

双鸭山市干旱指标适应性分析见表 5.16。从表 5.16 可以看出，双鸭山市的春旱识别中，各指标之间差异不大；但是夏旱识别却存在明显不同，其中 $PDSI$、$Z$ 指数夏旱识别效果较差，只识别出不到一半的干旱事件。综合来看，$CI$ 指数在双鸭山市干旱识别有较好的适用性。

伊春市干旱指标适应性分析见表 5.17。从表 5.17 可以看出，伊春市由于干旱事件记录不多，各指标间的差异不明显。

表 5.16　双鸭山市干旱指标适应性分析

| 干旱指标 | 春旱 | 夏旱 | 秋旱 |
|---|---|---|---|
| $PDSI$ | 11/11 | 4/10 | |
| $SPI$ | 9/11 | 10/10 | |
| $Z$ | 11/11 | 4/10 | |
| $D_p$ | 9/11 | 9/10 | |
| $CI$ | 11/11 | 10/10 | |

注　/前数值表示双鸭山市实际干旱发生次数；/后数值表示对应干旱指标识别出来的干旱发生次数。

表 5.17　伊春市干旱指标适应性分析

| 干旱指标 | 春旱 | 夏旱 | 秋旱 |
|---|---|---|---|
| $PDSI$ | 5/7 | 6/6 | |
| $SPI$ | 5/7 | 6/6 | |
| $Z$ | 7/7 | 5/6 | |
| $D_p$ | 6/7 | 6/6 | |
| $CI$ | 7/7 | 6/6 | |

注　/前数值表示伊春市实际干旱发生次数；/后数值表示对应干旱指标识别出来的干旱发生次数。

佳木斯市干旱指标适应性分析见表 5.18。从表 5.18 可以看出，对于佳木斯市，除去 $PDSI$ 和 $Z$ 指数分别在春旱、夏旱识别效果略差，其他指数效果都很好。

牡丹江市干旱指标适应性分析见表 5.19。从表 5.19 可以看出，牡丹江市的结果与佳木斯市类似，$PDSI$ 和 $Z$ 指数在识别春旱和夏旱时效果一般。

**表 5.18　佳木斯市干旱指标适应性分析**

| 干旱指标 | 春旱 | 夏旱 | 秋旱 |
|---|---|---|---|
| $PDSI$ | 9/13 | 20/20 | 2/2 |
| $SPI$ | 13/13 | 20/20 | 2/2 |
| $Z$ | 13/13 | 16/20 | 2/2 |
| $D_p$ | 13/13 | 20/20 | 2/2 |
| $CI$ | 13/13 | 20/20 | 2/2 |

注　/前数值表示佳木斯市实际干旱发生次数；/后数值表示对应干旱指标识别出来的干旱发生次数。

**表 5.19　牡丹江市干旱指标适应性分析**

| 干旱指标 | 春旱 | 夏旱 | 秋旱 |
|---|---|---|---|
| $PDSI$ | 14/17 | 16/17 | |
| $SPI$ | 16/17 | 17/17 | |
| $Z$ | 17/17 | 14/17 | |
| $D_p$ | 16/17 | 17/17 | |
| $CI$ | 17/17 | 17/17 | |

注　/前数值表示牡丹江市实际干旱发生次数；/后数值表示对应干旱指标识别出来的干旱发生次数。

黑河市干旱指标适应性分析见表 5.20。从表 5.20 可以看出，黑河市与佳木斯和牡丹江市结果一致。

绥化市干旱指标适应性分析见表 5.21 所示。从表 5.21 可以看出，绥化市 $PDSI$ 和 $Z$ 指数分别在春旱和秋旱识别中效果差于其他指数。

**表 5.20　黑河市干旱指标适应性分析**

| 干旱指标 | 春旱 | 夏旱 | 秋旱 |
|---|---|---|---|
| $PDSI$ | 7/13 | 13/13 | 2/2 |
| $SPI$ | 13/13 | 13/13 | 2/2 |
| $Z$ | 13/13 | 11/13 | 1/2 |
| $D_p$ | 13/13 | 13/13 | 2/2 |
| $CI$ | 13/13 | 11/13 | 1/2 |

注　/前数值表示黑河市实际干旱发生次数；/后数值表示对应干旱指标识别出来的干旱发生次数。

**表 5.21　绥化市干旱指标适应性分析**

| 干旱指标 | 春旱 | 夏旱 | 秋旱 |
|---|---|---|---|
| $PDSI$ | 18/23 | 19/19 | 4/4 |
| $SPI$ | 23/23 | 19/19 | 4/4 |
| $Z$ | 23/23 | 19/19 | 3/4 |
| $D_p$ | 22/23 | 19/19 | 4/4 |
| $CI$ | 23/23 | 19/19 | 4/4 |

注　/前数值表示绥化市实际干旱发生次数；/后数值表示对应干旱指标识别出来的干旱发生次数。

从上述不同指标在不同地区的不同季节干旱识别中，可得到以下结论：

（1）黑龙江省的春旱、夏旱记录较多，对于指标的适用性分析具有较好的参考性。

（2）在选取分析的五个指标中，$SPI$ 指数对于旱情识别具有较好的有效性和准确性，春旱、夏旱、秋旱识别准确度都较高，全部干旱综合识别准确率高达 92.3%；$CI$ 指数识别出的夏旱事件相对较多，这是因为 $CI$ 指数考虑了蒸散发，而蒸散发的计算主要基于温度数据，故夏旱的识别准确性优于其他指数，$CI$ 的综合识别结果为 89.4%，但对于秋旱的识别准确性一般；$D_p$ 指数对夏旱的识别效果优于春旱，综合识别准确度为 91.5%，仅次于 $SPI$。整体来说，$PDSI$ 指数和 $Z$ 指数对于干旱事件识别效果较差。

（3）资料记载的干旱事件相对少于指标识别的干旱事件，这主要是由于资料记载的一般都是由干旱形成旱灾并造成一定损失，而干旱指标识别的干旱只是对干旱本身，采用的阈值也是轻旱及以上干旱级别。

4. 粮食损失率指标适用性分析

收集东北三省各县级行政区1990—2015年逐年粮食损失数据,其中,1990—2007年数据来源于各省抗旱规划基础数据,2008年以后的数据来源于各省年终抗旱统计报表。利用《干旱灾害等级标准》中粮食损失率指标对典型干旱灾害年份进行等级确定,来验证该指标及阈值是否适用于东北地区。

1990—2015年逐年粮食因旱损失量如图5.4所示。由图可知,粮食总损失量最多的年份依次为2009年(56.82亿kg)、2014年(46.41亿kg)、2000年(39.67亿kg)、2001年(23.31亿kg)和1997年(22.38亿kg),平均损失量为14.48亿kg。

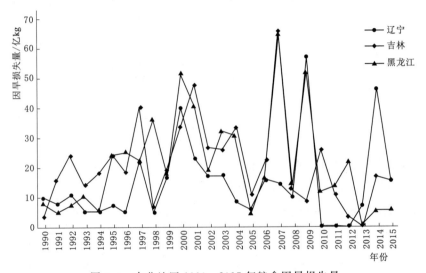

图5.4　东北地区1990—2015年粮食因旱损失量

吉林省粮食总损失量最多的年份依次为2007年(65.82亿kg)、2001年(47.45亿kg)、1997年(39.86亿kg)、2000年(34.24亿kg)和2004年(33.40亿kg),平均损失量为21.02亿kg。

黑龙江粮食总损失量最多的年份依次为2007年(64.28亿kg)、2009年(51.67亿kg)、2000年(51.36亿kg)和2001年(40.78亿kg),平均损失量为21.21亿kg。

东北地区因旱造成粮食损失量最多的年份分别为1997年、2000年、2001年和2007年,因此选取该四年作为典型干旱年进行分析比较。

东北地区1990—2007年粮食因旱损失率如图5.5所示。由图可知,辽宁省粮食平均损失率为11.26%,损失率最多的年份依次为2000年(56.05%)、2009年(31.88%)、2001年(28.18%)、2014年(25.75%)和1997年(20.02%)。

吉林省粮食平均损失率为9.63%,损失率最多的年份依次为2007年(26.15%)、2001年(21.26%)、1997年(20.47%)和2000年(19.56%)。

黑龙江省粮食平均损失率为6.11%,损失率最多的年份依次为2000年(16.68%)、2007年(16.62%)、2001年(15.44%)和2009年(11.87%)。

综合分析东北各省份粮食损失率对应的干旱年份,结合粮食损失量较多的干旱年,最终选用了1997年、2000年、2001年和2007年作为典型干旱年,并对其进行空间分析。

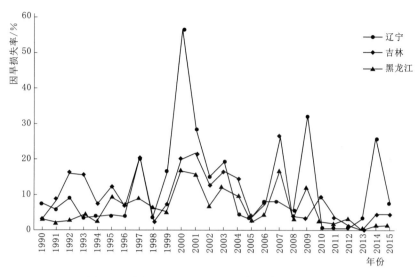

图 5.5　东北地区 1990—2007 年粮食因旱损失率

5. 东北地区典型干旱年空间分析

（1）1997 年。在 1997 年 4—8 月期间，吉林省的四平市、白城市、松原市、辽源市以及吉林市、长春市的部分市县出现了严重的旱情，受灾面积高达八成及以上，农作物大面积枯萎，部分地区减产过半甚至绝收。

辽宁省的春旱、夏旱、伏旱和秋旱极为严重。从 1 月初开始，全省的降水量明显低于往年同期，6 月中旬后又出现了两个月的高温天气，尤其是辽西、辽南地区，并伴有 3~4 次的干热风，加剧了旱灾的严重程度。

依据统计分析，吉林省的白城市、四平市、辽源市和辽宁省的朝阳市、阜新市、铁岭市、本溪市在 1997 年出现特大旱灾，吉林松原市出现严重旱灾，黑龙江牡丹江市出现了中度旱灾，与当地的旱灾记录基本保持一致。

（2）2000 年。2000 年为辽宁省的特大干旱年，受灾范围涉及 14 个市 59 个县（市、区）。重灾发生在辽西的锦州市、朝阳市、阜新市、葫芦岛市和大连市的瓦房店、旅顺区，营口市，沈阳市的康平县、法库县，铁岭市的昌图县。2000 年全省地区生产总值为 4669 亿元，由于旱灾影响，导致粮食、蔬菜、经济作物等农业直接经济损失达 90.5 亿元。

2000 年 5 月，吉林省出现持续 2 个多月的高温少雨天气，中、西部大部分县（市）遭受历史罕见的干旱灾害，致使大面积农作物发育缓慢，植株矮小，严重的地块植株已干枯死亡，其灾害程度之重，干旱时间之长为历史同期所少见。据农业部门截止到 8 月 8 日的统计，全省旱灾总面积 345.13 万 $hm^2$，其中严重受旱面积 280.25 万 $hm^2$，绝收面积 100.93 万 $hm^2$。白城市同时还伴有高温、大风、沙尘暴等恶劣天气。通榆县全县受灾面积 22.6 万 $hm^2$，成灾面积 18.5 万 $hm^2$，绝收面积 8.2 万 $hm^2$。松原市 6 月下旬至 7 月中旬持续出现高温少雨天气，玉米植株器官受害率达到 100%；由于春夏干旱严重，作物植株高低不齐，瘦弱矮小，干物质积累缓慢，籽粒瘦小，农作物大幅减产。

根据统计分析，2000 年出现特大旱灾的地区有吉林省的白城市、松原市、四平市和辽宁省的铁岭市、本溪市、营口市、朝阳市、阜新市、葫芦岛市和锦州市，严重旱灾主要发生在黑龙江省的绥化市，中度旱灾则发生在黑龙江的齐齐哈尔市和辽宁的鞍山市。与当地的旱情记录作对比，结果较为一致。

（3）2001 年。根据记录，2001 年辽宁省发生了严重的干旱，因旱减少供水量 1500 万 m³，其中铁岭市昌图县、锦州市义县、沈阳市法库县和朝阳市建平县受影响较大，导致可供水量大幅减少。

2001 年东北地区有旱灾记录的只有辽宁省，但是根据以粮食因旱损失率制定的旱灾等级标准，吉林省的白城市、辽源市和黑龙江省的齐齐哈尔市也发生了特大旱灾，长春市、四平市和绥化市发生了严重旱灾，大庆市和松原市也发生了中度旱灾。

（4）2007 年。根据记录，2007 年黑龙江省气候异常，春季降水偏多，夏季降水少，加之 6 月至 8 月上旬全省持续高温，致使黑龙江省普遍受旱，严重的区域有佳木斯、鹤岗、双鸭山、七台河地区，黑河的爱辉、孙吴、逊克，齐齐哈尔的讷河、富裕、拜泉，绥化的明水、海伦、青冈等县（市）。据统计全省有 60 个县（市、区）发生了不同程度的旱情，有 47 个市县出现严重干旱，全省农作物受旱面积 647 万 hm²，受灾面积 467 万 hm²，分别占农作物总播种面积的 55% 和 39.7%，绝产面积近 60 万 hm²。

吉林省虽然没有旱灾记录，但是根据粮食因旱损失率对应的旱灾等级，白城市、松原市、长春市均发生了特大旱灾，延边朝鲜族自治州也发生了中度旱灾。

基于因旱粮食损失率评估指标的时空分析结果可见：①选取粮食因旱损失量和因旱损失率最大的前几个年份为典型干旱年，分别为 1997 年、2000 年、2001 年和 2007 年，与当地有旱灾记录的年份作对比是匹配的，说明在东北地区，粮食因旱损失率指标用来表征旱灾是可行的；②利用粮食因旱损失率划分不同干旱等级的旱灾分布，与旱灾记录对比，大部分的受旱地市是比较吻合的，有个别地市可能由于资料缺失、标准不同等原因，旱灾等级不匹配，不过整体来说，旱灾等级的阈值划分是基本符合实际情况的。

### 5.2.3 基于层次分析法的指标分析

1. 理论方法

单个指标不能全面地反映干旱情况，需要将不同指标综合起来形成一个综合指标，可以对干旱进行较全面地分析。现阶段，关于综合指数的研究有很多，例如上述的《气象干旱等级》（GB/T 20481—2006）中提到的综合气象指数，而本研究尝试采用如下的方法计算新的综合指标，计算公式如下：

$$CI = \sum_{i=1}^{n} a_i x_i \tag{5.29}$$

$$\sum_{i=1}^{n} a_i = 1$$

式中：$a_i$ 为第 $i$ 个指标的权重；$x_i$ 为第 $i$ 个指标值。

指标权重的计算，采用层次分析法（Analytic Hierarchy Process 简称 AHP），是美国运筹学家 T. L. Saaty 于 20 世纪 70 年代初提出的一种多目标决策分析方法。具体而言，层次分析法是将一个复杂的多目标决策问题作为一个系统，将目标分解为多个目标或准则，进而分解为多指标（或准则、约束）的若干层次，通过定性指标模糊量化方法算出层次单排序（权数）和总排序，以作为目标（多指标）、多方案优化决策的系统方法。层次分析法是一种定性和定量相结合的、系统化的、层次化的分析方法，本书中采用该方法确定各指标的权重。

层次分析法将决策问题按总目标、各层子目标、评价准则直至具体的备投方案的顺序分解为不同的层次结构，然后用求解判断矩阵特征向量的办法，求得每一层次的各元素对上一层次某元素的优先权重，最后再用加权和的方法递阶同归并确定各备择方案对总目标的最终权重，此最终权重最大者即为最优方案。这里所谓"优先权重"是一种相对的量度，它表明各备择方案在某一特点的评价准则或子目标，用于标记优越程度的相对量度，以及各子目标对上一层目标而言重要程度的相对量度。

2. 计算步骤

（1）建立层次结构模型。在深入分析实际问题的基础上，将有关的各个因素按照不同属性自上而下地分解成若干层次，同一层的诸因素从属于上一层的因素或对上层因素有影响，同时又支配下一层的因素或受到下层因素的作用。最上层为目标层，通常只有 1 个因素，最下层通常为方案或对象层，中间可以有一个或几个层次，通常为准则或指标层。当准则过多时（譬如多于 9 个）应进一步分解出子准则层。

（2）构造判断矩阵。从层次结构模型的第 2 层开始，对于从属于（或影响）上一层每个因素的同一层诸因素，用成对比较法和 $1 \sim 9$ 比较尺度构造判断矩阵，直到最下层。设有 $n$ 个因素 $X = (x_1, x_2, \cdots, x_n)$，要比较它们对上一层某一准则（或目标）的影响程度，确定在该层中相对于某一准则所占比重。

$$U = \begin{bmatrix} u_{11} & u_{12} & \cdots & u_{1n} \\ u_{21} & u_{22} & \cdots & u_{2n} \\ \vdots & \vdots & \vdots & \vdots \\ u_{n1} & u_{n2} & \cdots & u_{nn} \end{bmatrix} \tag{5.30}$$

$$u_{ij} = \frac{1}{u_{ji}} \tag{5.31}$$

式中：$U$ 为判断矩阵；$u_{ij}$ 为比例标度，表示第 $i$ 个因素相对于第 $j$ 个因素的比较结果，取 $1 \sim 9$ 的 9 个等级，$u_{ji}$ 取 $u_{ij}$ 的倒数。判断矩阵元素取值及其描述见表 5.22。

表 5.22　　　　　　　　　　　　判断矩阵元素取值及其描述

| 标　　度 | 含　　义 |
| --- | --- |
| 1 | 表示两个因素相比，一个因素与另一个因素同样重要 |
| 3 | 表示两个因素相比，一个因素比另一个因素稍微重要 |
| 5 | 表示两个因素相比，一个因素比另一个因素明显重要 |
| 7 | 表示两个因素相比，一个因素比另一个因素强烈重要 |
| 9 | 表示两个因素相比，一个因素比另一个因素极端重要 |
| 2，4，6，8 | 上述两相邻判断的中值 |

（3）计算权向量并做一致性检验。对于每一个判断矩阵，计算最大特征根及对应特征向量，特征向量为各评价因素重要性排序，即权值。判断矩阵最大特征根所对应的特征向量 $w$ 为

$$w = (w_1, w_2, \cdots, w_n)^T \tag{5.32}$$

$$w_i = \sqrt[n]{\prod_{j=1}^{n} u_{ij}} \Big/ \sum_{i=1}^{n} \sqrt[n]{\prod_{j=1}^{n} u_{ij}} \tag{5.33}$$

其中

$$\sum_{i=1}^{n} w_i = 1 \tag{5.34}$$

用如下公式检验判断矩阵的一致性：

$$\frac{\lambda_{\max} - n}{n - 1} \cdot \frac{1}{RI} \tag{5.35}$$

$$\lambda_{\max} = \frac{1}{n} \sum_{i=1}^{n} \frac{(UW)_i}{W_i} \tag{5.36}$$

式中：$w$ 为权重向量，$w_i$ 为第 $i$ 指标的权重；$u_{ij}$ 为判断矩阵中判断标度；$R$ 为检验系数；$\lambda_{\max}$ 为判断矩阵的最大特征根；$UW$ 为矩阵 $U$ 与向量 $w$ 相乘所得向量，$(UW)_i$ 为向量 $UW$ 的第 $i$ 个元素；$n$ 为指标个数；$RI$ 为判断矩阵的随机一致性指标，取值见表 5.23。

表 5.23　　　　　　　　判断矩阵的随机一致性指标

| 阶数 $n$ | 1 或 2 | 3 | 4 | 5 | 6 | 7 | 8 | 9 |
|---|---|---|---|---|---|---|---|---|
| $RI$ | 0 | 0.58 | 0.9 | 1.12 | 1.24 | 1.32 | 1.41 | 1.45 |

当 $R$ 小于或等于 0.1 时，认为矩阵具有满意一致性，说明确定指标的权重是合理的，否则需对矩阵进行调整，直至具有满意的一致性为止。

计算最下层对目标的组合权向量，并根据公式做组合一致性检验，若检验通过，则可按照组合权向量表示的结果进行决策，否则需要重新考虑模型或重新构造那些一致性比率较大的成对比较阵。

3. 计算过程及结果分析

分别选取同一空间点，不同时间尺度，以及同一时间尺度，不同空间站点两套数据尝试层次分析法。

（1）区域及典型年份的选取。根据东北地区的干旱灾害记录，选取黑龙江省佳木斯站点（编号为 50873），1989 年 4—5 月的实测数据（表 5.24）并进行指标计算。1989 年春季发生严重春旱，且黑龙江省佳木斯地区春旱程度较重。

表 5.24　　　　　　　　1989 年 4 月佳木斯站点的实际数据

| 干旱指数 | 月尺度 | 季尺度 | 半年尺度 | 年尺度 |
|---|---|---|---|---|
| $D_p$ | −58.35 | −60.82 | −29.91 | −3.57 |
| $SPI$ | −0.92 | −1.55 | −0.76 | −0.1 |
| $Z$ | −0.578 | −1.018 | −1.387 | −0.093 |
| $PDSI$ | −1.12 | | | |

另外再选取 1982 年 6 月的 5 个不同站点，同一时间尺度的数据。

（2）计算过程。

1）权重计算。研究中，选取降水距平指数（$D_p$）、$SPI$ 指数、$Z$ 指数、$PDSI$ 指数，结合专家经验打分和指标的适用性分析，这四个指标的比较矩阵见表 5.25。

表 5.25　　　　　　　　　　　　　四个指标的重要性判断矩阵

| 干旱指数 | $D_p$ | $SPI$ | $Z$ | $PDSI$ |
|---|---|---|---|---|
| $D_p$ | 1 | 1 | 2 | 2 |
| $SPI$ | 1 | 1 | 2 | 2 |
| $Z$ | 1/2 | 1/2 | 1 | 1 |
| $PDSI$ | 1/2 | 1/2 | 1 | 1 |

由表中可知，四个指标相对于综合指数的权重分别是 0.333、0.333、0.167、0.167。

2）一致性检验。认为判断矩阵和所得权重具有一致性。

$$R = \frac{\lambda_{\max} - n}{n - 1} \cdot \frac{1}{RI} \tag{5.37}$$

3）数据标准化。由于各指标数据量纲不一致，数据间往往相差很大，没有可比性，需要进行标准化，使数据之间具有可比性。标准化是将指标原始数据与等级划分结合起来，将无旱的取 0，特大干旱取 4，其余的由内插得到。基于等级划分结果进行标准化处理。

$$y = \begin{cases} \dfrac{x}{A_0} & A_0 < x < 0 \\ 1 + \dfrac{x - A_0}{A_1 - A_0} & A_1 < x \leqslant A_0 \\ 2 + \dfrac{x - A_1}{A_2 - A_1} & A_2 < x \leqslant A_1 \\ 3 + \dfrac{x - A_2}{A_3 - A_2} & A_3 < x \leqslant A_2 \\ 4 & x \leqslant A_3 \end{cases} \tag{5.38}$$

式中：$x$ 为样本指标原值；$y$ 为该数值标准化的值；$A_i$ 为干旱数等级划分阈值区间上下限，分别是轻度、中度、严重，特大干旱等级的下限（所选指标的阈值都是负值）。

根据累积频率法重新划定的等级标准，将每个指标对应的数据进行标准化后，结果见表 5.26。

表 5.26　　　　　　　　　　　　不同时间尺度下指标标准化结果

| 干旱指数 | 月尺度 | 季尺度 | 半年尺度 | 年尺度 |
|---|---|---|---|---|
| $D_p$ | 1.885 | 4.000 | 2.159 | 0.325 |
| $SPI$ | 1.759 | 3.081 | 1.368 | 0.175 |
| $Z$ | 0.963 | 3.077 | 3.639 | 0.173 |
| $PDSI$ | 1.120 | | | |

由表 5.26 可知，0、1、2、3、4，分别代表无旱、轻旱、中旱、重旱、特旱，中间数值代表干旱程度位于两种等级之间。从表中结果可见，不同指标、不同时间尺度下，评价的结果不一致，例如月尺度时，$D_p$ 和 $SPI$ 指数判断这个月是轻度到中度干旱，接近于中度；而 $Z$ 指数却显示处于无旱和轻旱之间，接近于轻旱，半年尺度下结果也是如此，单一指标很难综合反映该月的干旱程度。因此需要用综合的方法对其进行评价。

（3）结果分析。

根据综合评价指数计算公式，以及上述利用层次分析法计算得到的各指标权重，得到不同时间尺度下，该指标的综合评价结果，见表 5.27。

表 5.27　　　　　　　　　　　　综 合 指 标 评 价 结 果

| 干旱指数 | 月尺度 | 季尺度 | 半年尺度 | 年尺度 |
|---|---|---|---|---|
| $D_p$ | 1.885 | 4.000 | 2.159 | 0.325 |
| $SPI$ | 1.759 | 3.081 | 1.368 | 0.175 |
| $Z$ | 0.963 | 3.077 | 3.639 | 0.173 |
| $PDSI$ | 1.120 | | | |
| $I$ | 1.561833 | 3.059833 | 1.968833 | 0.382167 |

从表 5.27 可知，在月、季、半年、年尺度下，评价 1989 年 4 月的旱情，分别是轻度到中度之间、严重、中度、接近无旱。将此结果与实际干旱情况进行比较分析，结果表明季尺度、半年尺度的评价结果较为准确。

另外，为分析东北地区干旱空间差异性，根据东北地区典型干旱年份资料，选择 1982 年，吉林省部分站点 6 月的季尺度实测数据，站点包括双辽站、四平站、通化站、白城站、通榆站，见表 5.28。

表 5.28　　　　　　　　　　　　不同站点指标实际数据

| 站点 | $D_p$ | $SPI$ | $Z$ | $PDSI$ |
|---|---|---|---|---|
| 双辽 | −56.69 | −2.02 | −0.357 | −2.11 |
| 四平 | −35.39 | −1.07 | −0.102 | −1.43 |
| 通化 | 41.26 | 1.4 | 0.761 | −0.35 |
| 白城 | −18.76 | −0.29 | 0.193 | −1.45 |
| 通榆 | −53 | −1.82 | −0.24 | −2.11 |

1）标准化处理：将表 5.28 中实际数据进行标准化处理，结果见表 5.29。

表 5.29　　　　　　　　　　　　各站点指标标准化结果

| 站点 | $D_p$ | $SPI$ | $Z$ | $PDSI$ |
|---|---|---|---|---|
| 双辽 | 1.985 | 3.762 | 0.523 | 2.11 |
| 四平 | 0.983 | 2.145 | 0.149 | 1.43 |
| 通化 | 0 | 0.58 | 0 | 0.35 |
| 白城 | 0.521 | 0 | 0 | 1.45 |
| 通榆 | 1.810 | 3.444 | 0.351 | 2.11 |

2）结果分析：根据层次分析法计算得到的四个指标的权重系数，得到 5 个站点的综合评价结果见表 5.30。

表 5.30 各站点综合评价结果

| 站点 | $D_p$ | SPI | Z | PDSI | I | 等　　级 |
|---|---|---|---|---|---|---|
| 双辽 | 1.985 | 3.762 | 0.523 | 2.11 | 2.3545 | 中度与严重之间，偏中度 |
| 四平 | 0.983 | 2.145 | 0.149 | 1.43 | 1.305833 | 轻度与严重之间，偏轻度 |
| 通化 | 0 | 0.58 | 0 | 0.35 | 0.251667 | 无旱与轻度之间，偏无旱 |
| 白城 | 0.521 | 0 | 0 | 1.45 | 0.415333 | 无旱与轻度之间 |
| 通榆 | 1.810 | 3.444 | 0.351 | 2.11 | 2.1615 | 中度与严重之间，偏中度 |

从表 5.30 可知，双辽、通榆两站旱情较重，四平次之，通化和白城最轻。

4. 结论

利用基于层次分析法的综合系数对旱情进行分析，不受指标具体数值的影响，可以有效地区分空间和时间差异。

### 5.2.4　基于主成分分析法的指标分析

1. 理论方法

在对某一事物进行实证研究中，为了更全面、准确地反映出事物的特征及其发展规律，人们会考虑相关的多个指标要素，但是随着指标的增多，增加了问题的复杂性，同时由于各指标均是对同一事物的反映，不可避免地造成信息的大量重叠，这种重叠甚至掩盖事物的真正特征与内在规律。因此，人们希望在定量研究中涉及较少的变量，而得到较多的信息。主成分分析法正是研究如何通过少数几个变量的线性组合来解释原来绝大多数信息的一种多元统计方法。

主成分分析法是一种常用的多元统计方法。由于其降维的思想与多指标评价指标序化的要求非常接近，近年来更多地被应用于社会学、经济学、管理学的评价中，逐渐成为一种独具特色的多指标评价技术。但直接将主成分分析方法应用于评价存在不少问题，这主要是由于统计分析作为一种"由表及里"的数学手段，强调的是它的客观性，而评价理论对客观事物的看法则建立在评价者价值判断的基础上。故主成分分析法运用到评价时，应接受多指标评价理论框架的指导和改造，需换一个角度来看问题。

多指标评价的理论框架包括：①评价指标的筛选和评价指标体系的构建；②原始评价值的规格化；③多指标评价值的单值化（合成）；④权系数的确定。其中，①、④是由评价者确定的，体现其价值判断；②、③则分别对应数学上的相似变换和降维投影，反映了被评价对象的客观属性及其综合。统计学意义上的主成分分析法只能完成中间两部分的客观性工作，而另两项主观性任务还有待完成。即只有①、②、③、④才能构成完全意义上的主成分分析运用于多指标评价的方法体系—主成分评价。

主成分分析法的思想是在保证原有信息损失很少的前提下，通过降维将原有的多个指标转化为一个或几个综合指标，即主成分，每个主成分都是原始变量的线性组合，并且各个主成分之间互不相关。

**2. 主要步骤**

（1）数据指标矩阵。设评价指标为 $n$ 个，区划的地区个数为 $m$ 个，数据矩阵为 $X$，$X_{ij}$ 为第 $i$ 个地区、第 $j$ 个指标的数值。

$$X = \begin{matrix} x_{11} & \cdots & x_{m1} \\ x_{12} & \cdots & x_{ij} \\ \vdots & & \\ x_{1n} & \cdots & x_{mn} \end{matrix} \tag{5.39}$$

（2）指标标准化处理。由于各指标数据量纲不一致，数据间往往相差很大，没有可比性，需要进行标准化，使数据之间具有可比性。标准化是将指标原始数据与等级划分结合起来，将无旱的取 0，特大干旱取 4，其余的由内插得到。

（3）相关系数矩阵计算。设 $r_{ij}$ 为标准化后第 $i$ 个指标与第 $j$ 个指标之间的相关系数，计算公式为

$$r_{ij} = \frac{\sum_{k=1}^{n} |(x_{ki} - \overline{x_i})| |(x_{kj} - \overline{x_j})|}{\sqrt{\sum_{k=1}^{n} (x_{ki} - \overline{x_i})^2 \sum_{k=1}^{n} (x_{kj} - \overline{x_j})^2}} \tag{5.40}$$

最终得到相关系数矩阵 $R$。

（4）特征值和特征向量计算。利用上述步骤计算得到的相关系数矩阵 $R$，求出矩阵的 $n$ 个特征值 $\lambda_i$，并按大小顺序排列，然后分别求出特征向量 $ei$。方差大的新变量对模型的贡献大，方差小的新变量对模型贡献小。新变量 $y_1$，$y_2$，$\cdots$，$y_n$ 分别称为第一主成分、第二主成分、$\cdots\cdots$ 第 $n$ 主成分。

（5）计算主成分贡献率及累计贡献率。

主成分贡献率：

$$H_i = \frac{\lambda_i}{\sum_{i=1}^{n} \lambda_i} \tag{5.41}$$

累计贡献率：

$$TH_i = \frac{\sum_{i=1}^{q} \lambda_i}{\sum_{i=1}^{n} \lambda_i} \tag{5.42}$$

式中：$H_i$ 为主成分 $H_i$ 的贡献率；$\lambda_i$ 为特征值；$q$ 为主成分的个数；$TH_i$ 为多个主成分贡献率的和。

（6）主成分的选取。一般情况，如果前 $q$ 个主成分的累计贡献率达到 85%，表示提供了 85% 的信息量，变量由 $n$ 个降维为 $q$ 个主成分，由这 $q$ 个新变量代替 $n$ 个。

（7）综合评价。归一化后每个指标的公共性方根 $h_i$ 作为该变量的权重，构成一个综合评价指标。

$$Y = \sum_{i=1}^{n} h_i x_i \tag{5.43}$$

其中：$h_i$ 为归一化后的各指标权重，由公共性方根求得；$x_i$ 为各指标数据标准化后的值。

$$h_j = \frac{\sqrt{\lambda_i}\, e_j^i}{\sum_{i=1}^{q}(e_j^i \sqrt{\lambda_i})^2} \tag{5.44}$$

式中：$q$ 为满足累计贡献率超过 85% 的主成分个数。

3. 结果分析

（1）区域及典型年份的选取。根据东北地区典型干旱年份资料，选择 1982 年，吉林省部分站点 6 月的季尺度实测数据，站点包括双辽站、四平站、通化站、白城站、通榆站，结果见表 5.31。

表 5.31　　　　　　　　　　　　　各站点指标实际数据

| 站点 | $D_p$ | $SPI$ | $Z$ | $PDSI$ |
|---|---|---|---|---|
| 双辽 | $-56.69$ | $-2.02$ | $-0.357$ | $-2.11$ |
| 四平 | $-35.39$ | $-1.07$ | $-0.102$ | $-1.43$ |
| 通化 | $41.26$ | $1.4$ | $0.761$ | $-0.35$ |
| 白城 | $-18.76$ | $-0.29$ | $0.193$ | $-1.45$ |
| 通榆 | $-53$ | $-1.82$ | $-0.24$ | $-2.11$ |

先对指标数据进行标准化处理，结果见表 5.32。

表 5.32　　　　　　　　　　　　　各站点指标标准化后结果

| 站点 | $D_p$ | $SPI$ | $Z$ | $PDSI$ |
|---|---|---|---|---|
| 双辽 | 1.985 | 3.762 | 0.523 | 2.11 |
| 四平 | 0.983 | 2.145 | 0.149 | 1.43 |
| 通化 | 0 | 0.58 | 0 | 0.35 |
| 白城 | 0.521 | 0 | 0 | 1.45 |
| 通榆 | 1.810 | 3.444 | 0.351 | 2.11 |

系数矩阵为

$$A = \begin{vmatrix} 0.4190 & 0.3740 & 0.4664 & 0.6834 \\ 0.8460 & -0.4768 & -0.2092 & -0.1151 \\ 0.1128 & 0.0015 & 0.7867 & -0.6069 \\ 0.3098 & 0.7955 & -0.3461 & -0.3891 \end{vmatrix}$$

矩阵中的四列分别是第一、第二、第三、第四主成分的系数。

贡献率计算公式为

$$L = [3.8465, 0.2348, 0.0055, 0.0001]$$

从表 5.33 可知，第一主成分占到 $3.8465/(3.8465+0.2348+0.0055+0.0001)=94\%$ 的贡献率，因此第一主成分已经可以代表原始数据。从系数大小可见，$SPI$ 指数所占权重较大（50%），$D_p$ 和 $PDSI$ 次之（24%，18%），$Z$ 指数权重为 7%。

表 5.33 主成分分析法评价结果

| 站点 | $D_p$ | SPI | Z | PDSI | 第一主成分 | 等级评价 |
|------|-------|-----|---|------|-----------|---------|
| 双辽 | 1.985 | 3.762 | 0.523 | 2.11 | 2.801043 | 接近严重干旱 |
| 四平 | 0.983 | 2.145 | 0.149 | 1.43 | 1.591828 | 轻度与中度之间 |
| 通化 | 0 | 0.58 | 0 | 0.35 | 0.355007 | 无旱与轻度之间，接近无旱 |
| 白城 | 0.521 | 0 | 0 | 1.45 | 0.395537 | 无旱与轻度之间，接近无旱 |
| 通榆 | 1.810 | 3.444 | 0.351 | 2.11 | 2.586682 | 中度与严重之间，接近严重 |

（2）结果分析。运用主成分分析法对双辽、四平、通化、白城、通榆 5 个站点的 1989 年 6 月、季时间尺度的 $D_p$、SPI、Z、PDSI，4 个指标原始数据进行了线性变换，形成一个主成分 $y$。由 $y$ 代表四个指标，得出综合评价结果，结果比较符合实际情况。主成分分析法依赖于指标数值的大小，不包含主观成分。不过，从各指标的系数来看，也可以得出，SPI 指数权重大，效果好，Z 指数权重小，效果较差，这与层次分析法的结论一致，也与指标筛选结果一致。

## 5.3 农业干旱评价指标阈值确定

由于我国地理位置特殊，气候气象、地形地貌等复杂多变，因此对农业旱灾评价指标进行筛选和集成后，还要确定其阈值范围，才能用于各地区的旱灾评价。

### 5.3.1 累积频率法

在《区域旱情等级》（GB/T 32135—2015）及《气象干旱等级》（GB/T 20481—2006）两个标准中，都有干旱指标等级划分的相关规定，但是由于我国幅员辽阔，跨越不同气候带，各地区气候差异较大，为使各指标在东北地区具有良好的适用性，本研究中对干旱指标的等级划分区间进行修订。

研究采用累积频率法对研究区域的各指标进行干旱等级重新划分，即将所有站点的该指标所有数据进行排频，结合累积频率的划分阈值，对该指标的干旱等级进行划分，划分频率见表 5.34。

表 5.34 累积频率法划分等级依据

| 所占比重/% | 累积频率/% | 干旱等级 | 所占比重/% | 累积频率/% | 干旱等级 |
|-----------|-----------|---------|-----------|-----------|---------|
| 2 | 0~2 | 特大干旱 | 15 | 15~30 | 轻度干旱 |
| 5 | 2~7 | 严重干旱 | 70 | 30~100 | 无旱 |
| 8 | 7~15 | 中度干旱 | | | |

### 5.3.2 计算结果与分析

分别计算黑龙江、吉林两省所有站点的指标值，然后进行排频计算，取 2%、7%、15%、30% 对应的指数值为划分阈值，所得结果见表 5.35~表 5.42。

表5.35　　　　　　　　　　　黑龙江省 *SPI* 干旱等级划分标准

| 干旱等级 | 月尺度 | 季尺度 | 半年尺度 | 年尺度 |
|---|---|---|---|---|
| 轻度干旱 | $-0.480\sim-1.060$ | $-0.530\sim-1.080$ | $-0.550\sim-1.120$ | $-0.570\sim-1.120$ |
| 中度干旱 | $-1.060\sim-1.560$ | $-1.080\sim-1.500$ | $-1.120\sim-1.500$ | $-1.120\sim-1.770$ |
| 严重干旱 | $-1.560\sim-2.200$ | $-1.500\sim-2.120$ | $-1.500\sim-2.290$ | $-1.770\sim-2.410$ |
| 特大干旱 | $<-2.200$ | $<-2.120$ | $<-2.290$ | $<-2.410$ |

表5.36　　　　　　　　　　黑龙江省 *Z* 指数干旱等级划分标准

| 干旱等级 | 月尺度 | 季尺度 | 半年尺度 | 年尺度 |
|---|---|---|---|---|
| 轻度干旱 | $-0.600\sim-0.756$ | $-0.737\sim-0.931$ | $-0.810\sim-1.267$ | $-0.539\sim-1.072$ |
| 中度干旱 | $-0.756\sim-0.845$ | $-0.931\sim-1.012$ | $-1.167\sim-1.309$ | $-1.072\sim-1.430$ |
| 严重干旱 | $-0.845\sim-0.920$ | $-1.012\sim-1.090$ | $-1.309\sim-1.431$ | $-1.430\sim-2.007$ |
| 特大干旱 | $<-0.920$ | $<-1.090$ | $<-1.431$ | $<-2.007$ |

表5.37　　　　　　　　　　　黑龙江省 $D_p$ 干旱等级划分标准　　　　　　　　　%

| 干旱等级 | 月尺度 | 季尺度 | 半年尺度 | 年尺度 |
|---|---|---|---|---|
| 轻度干旱 | $-61\sim-38$ | $-40\sim-22$ | $-28\sim-16$ | $-22\sim-11$ |
| 中度干旱 | $-75\sim-61$ | $-50\sim-40$ | $-40\sim-28$ | $-28\sim-22$ |
| 严重干旱 | $-91\sim-75$ | $-60\sim-50$ | $-49\sim-40$ | $-37\sim-28$ |
| 特大干旱 | $<-91$ | $<-60$ | $<-49$ | $<-37$ |

表5.38　　　　　　　　　　　黑龙江省 *PDSI* 干旱等级划分标准

| 干旱等级 | 月尺度 | 干旱等级 | 月尺度 |
|---|---|---|---|
| 轻度干旱 | $-1.96\sim-1.06$ | 严重干旱 | $-3.99\sim-2.69$ |
| 中度干旱 | $-2.69\sim-1.96$ | 特大干旱 | $<-3.99$ |

表5.39　　　　　　　　　　　吉林省 *SPI* 干旱等级划分标准

| 干旱等级 | 月尺度 | 季尺度 | 半年尺度 | 年尺度 |
|---|---|---|---|---|
| 轻度干旱 | $-0.550\sim-0.990$ | $-0.500\sim-0.990$ | $-0.460\sim-1.080$ | $-0.430\sim-1.060$ |
| 中度干旱 | $-0.990\sim-1.340$ | $-0.990\sim-1.540$ | $-1.080\sim-1.510$ | $-1.060\sim-1.780$ |
| 严重干旱 | $-1.340\sim-1.700$ | $-1.540\sim-2.170$ | $-1.510\sim-2.410$ | $-1.780\sim-2.880$ |
| 特大干旱 | $<-1.700$ | $<-2.170$ | $<-2.410$ | $<-2.880$ |

表5.40　　　　　　　　　　　吉林省 *Z* 指数干旱等级划分标准

| 干旱等级 | 月尺度 | 季尺度 | 半年尺度 | 年尺度 |
|---|---|---|---|---|
| 轻度干旱 | $-0.476\sim-0.549$ | $-0.683\sim-0.812$ | $-0.774\sim-1.100$ | $-0.413\sim-0.965$ |
| 中度干旱 | $-0.549\sim-0.568$ | $-0.812\sim-0.850$ | $-1.100\sim-1.215$ | $-0.965\sim-1.456$ |
| 严重干旱 | $-0.568\sim-0.571$ | $-0.850\sim-0.870$ | $-1.215\sim-1.282$ | $-1.456\sim-2.087$ |
| 特大干旱 | $-0.571$ | $-0.870$ | $-1.282$ | $-2.087$ |

表 5.41　　　　　　　　　吉林省分 $D_p$ 干旱等级划分标准　　　　　　　　　　　%

| 干旱等级 | 月尺度 | 季尺度 | 半年尺度 | 年尺度 |
|---|---|---|---|---|
| 轻度干旱 | $-82\sim-62$ | $-57\sim-36$ | $-43\sim-24$ | $-29\sim-15$ |
| 中度干旱 | $-95\sim-82$ | $-74\sim-57$ | $-58\sim-43$ | $-41\sim-29$ |
| 严重干旱 | $-97\sim-95$ | $-90\sim-74$ | $-73\sim-58$ | $-59\sim-41$ |
| 特大干旱 | $<-97$ | $<-90$ | $<-73$ | $<-59$ |

表 5.42　　　　　　　　　吉林省 $PDSI$ 干旱等级划分标准

| 干旱等级 | 月尺度 | 干旱等级 | 月尺度 |
|---|---|---|---|
| 轻度干旱 | $-2.27\sim-1.33$ | 严重干旱 | $-4.15\sim-3.03$ |
| 中度干旱 | $-3.03\sim-2.27$ | 特大干旱 | $<-4.15$ |

### 5.3.3　合理性分析与对比检验

《区域旱情等级》（GB/T 32135—2015）中，降水距平百分率旱情等级划分见表 5.1。

不同时间尺度下，基于降水量距平干旱等级划分标准与基于累积频率法干旱等级划分标准结果对比如图 5.6 所示。由图中可知，两种结果之间稍有出入，但是差距不大。

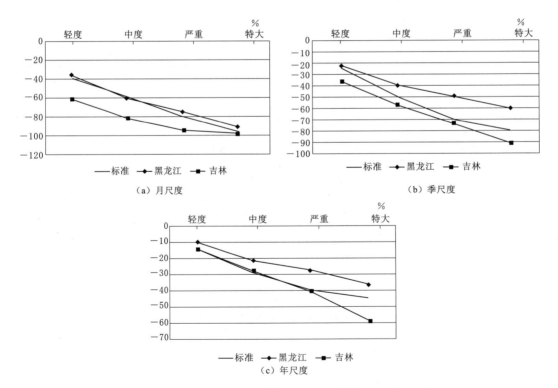

图 5.6　不同时间尺度降水量距平标准与累积频率法结果对比

《气象干旱等级》（GB/T 20481—2006）中，$SPI$ 指数的干旱等级划分见表 5.43。

表 5.43 SPI 干旱等级划分标准

| 干旱类型 | SPI 值 | 干旱类型 | SPI 值 |
|---|---|---|---|
| 无旱 | >−0.5 | 严重干旱 | −2.0～−1.5 |
| 轻度干旱 | −1.0～−0.5 | 特大干旱 | <−2.0 |
| 中度干旱 | −1.5～−1.0 | | |

不同时间尺度下，基于 SPI 干旱等级划分标准与基于累积频率法干旱等级划分标准结果对比如图 5.7 所示。由图中可见，由累积频率法计算的 SPI 干旱等级划分中，各时间尺度的差异不大，与标准划分相比，也是在较小的范围内。

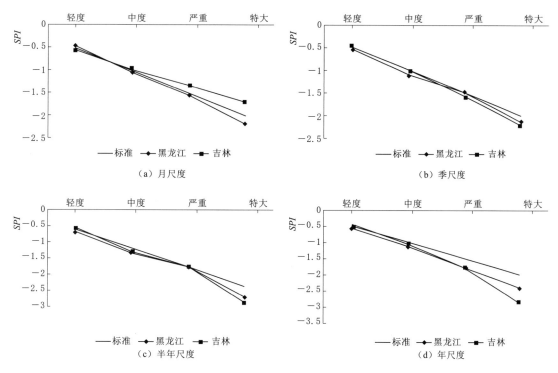

图 5.7　不同时间尺度 SPI 干旱标准与累积频率法结果对比

《气象干旱等级》（GB/T 20481—2006）中，PDSI 指数的干旱等级划分见表 5.2。

PDSI 干旱等级标准与累积频率法结果对比如图 5.8 所示。由图中可见，用累积频率法计算的干旱等级划分阈值与标准中的阈值非常接近。

对于 Z 指数，目前还没有统一的干旱等级划分标准，选取其中一种划分标准的阈值进行对比，见表 5.4。不同时间尺度下，基于 Z 指数干旱等级划分标准与基于累积频率法等级划分标准结果对比如图 5.9 所示。由图中可见，累积频率法计算的阈值与这个标准相差较远。

干旱等级指标阈值重新确定之后，根据等级划分结果对样本数据进行标准化处理。假设无旱、轻度干旱、中度干旱、严重干旱和特大干旱几个等级分别对应 0、1、2、3 和 4，样本数据处于区间之间的，采用线性插值的方法进行赋值。

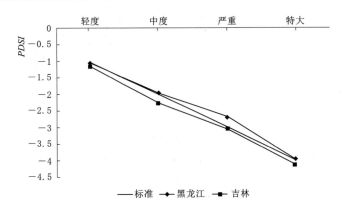

图 5.8　PDSI 干旱等级标准与累积频率法结果对比

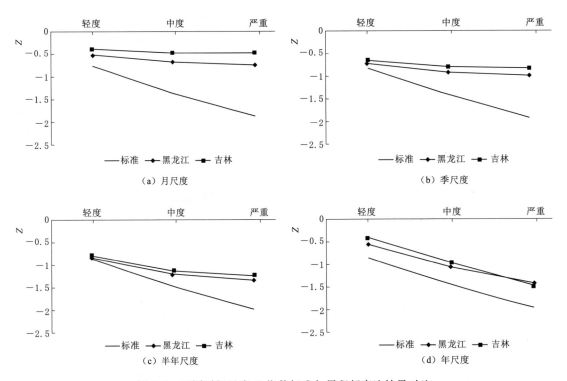

图 5.9　不同时间尺度 Z 指数标准与累积频率法结果对比

$$
y =
\begin{cases}
\dfrac{x}{A_0}, & A_0 < x < 0 \\[2mm]
1 + \dfrac{x - A_0}{A_1 - A_0}, & A_1 < x \leqslant A_0 \\[2mm]
2 + \dfrac{x - A_1}{A_2 - A_1}, & A_2 < x \leqslant A_1 \\[2mm]
3 + \dfrac{x - A_2}{A_3 - A_2}, & A_3 < x \leqslant A_2 \\[2mm]
4, & x \leqslant A_3
\end{cases}
\tag{5.45}
$$

式中：$x$ 代表样本指标原值；$y$ 代表该数值标准化后的值；$A_i$ 代表干旱等级划分阈值区间上下限，分别是轻度、中度、严重、特大干旱等级的下限（所选指标的阈值都是负值）。

从式（5.41）可以看出，在样本数据没有达到轻度干旱时，只要发生降水偏少的情况，也会赋予 0～1 之间的数值，处于轻度到中度之间的情况，会赋予 1～2 之间的数值，依此类推。

## 5.4　研究区农业旱灾评估与分析

利用层次分析法和主成分分析法对东北地区 1989 年和 2007 年的历史旱灾进行评估分析，并根据季尺度和半年尺度的指标对其进行划分等级。

### 5.4.1　1989 年农业旱灾评价

根据东北地区历史干旱灾害情况，选择 1989 年春旱、伏旱，分别利用层次分析法和主成分分析法，得出季尺度和半年尺度的综合指标并对旱情进行等级分析。

研究发现，两种方法得到的旱情空间分布基本一致，表明综合指数的思路是适用的。4 月，在季尺度上中东部较重，西部较轻；在半年尺度上黑龙江省东部最重，大兴安岭最轻。与季尺度相比，中东部与南部的旱情程度差距较小，旱情分布范围更大。8 月，在季尺度上西北部较重，东南部较轻；在半年尺度上中部、北部较重，东南部较轻。

### 5.4.2　2007 年农业旱灾评价

选择 21 世纪以来东北地区比较严重的一次干旱灾害作为案例分析，即 2007 年。该年 3—8 月，发生了较严重的春夏连旱。

1. 计算结果

基于两种分析方法计算了 2007 年 8 月旱情等级分布，发现两种分析方法所得旱情空间分布一致。整体上，黑龙江地区较重。另外，由于主成分方法对较小值的指标赋予较小的权重，因此，主成分分析法的结果在空间分布上比较连续。

2. 单指标效果评价

利用线性回归方法，计算单个指标与综合指标结果之间的相关性，结果见表 5.44。

表 5.44　　　　　　　　　　两种方法单指标与综合指标结果相关性

| 时间尺度 | 方法 | P | SPI | Z | PDSI | 平均 |
|---|---|---|---|---|---|---|
| 3 月季尺度 | AHP | 0.7298 | 0.7293 | 0.7053 | 0.6391 | 0.700875 |
| | PCA | 0.3658 | 0.3656 | 0.9364 | 0.6566 | 0.5811 |
| 3 月半年尺度 | AHP | 0.9366 | 0.806 | 0.7089 | 0.5941 | 0.7614 |
| | PCA | 0.8736 | 0.6843 | 0.8051 | 0.6866 | 0.7624 |
| 4 月季尺度 | AHP | 0.9377 | 0.8884 | 0.8329 | 0.6792 | 0.83455 |
| | PCA | 0.906 | 0.8441 | 0.8717 | 0.7276 | 0.83735 |

续表

| 时间尺度 | 方法 | P | SPI | Z | PDSI | 平均 |
|---|---|---|---|---|---|---|
| 4 月半年尺度 | AHP | 0.9506 | 0.939 | 0.7019 | 0.6897 | 0.8203 |
| | PCA | 0.9207 | 0.9041 | 0.7479 | 0.7383 | 0.82775 |
| 5 月季尺度 | AHP | 0.5205 | 0.6747 | 0 | 0.6555 | 0.462675 |
| | PCA | 0.1666 | 0.2273 | 0 | 0.992 | 0.346475 |
| 5 月半年尺度 | AHP | 0.8269 | 0.7323 | 0.7362 | 0.6385 | 0.733475 |
| | PCA | 0.5616 | 0.4368 | 0.8548 | 0.8469 | 0.675025 |
| 6 月季尺度 | AHP | 0.8039 | 0.9048 | 0 | 0.3884 | 0.524275 |
| | PCA | 0.7305 | 0.9177 | 0 | 0.426 | 0.51855 |
| 6 月半年尺度 | AHP | 0.9238 | 0.9146 | 0.8202 | 0.4954 | 0.7885 |
| | PCA | 0.8787 | 0.8733 | 0.7721 | 0.5967 | 0.7802 |
| 7 月季尺度 | AHP | 0.806 | 0.885 | 0 | 0.5045 | 0.548875 |
| | PCA | 0.7484 | 0.8959 | 0 | 0.5594 | 0.550925 |
| 7 月半年尺度 | AHP | 0.8646 | 0.8952 | 0 | 0.5568 | 0.57915 |
| | PCA | 0.8214 | 0.8743 | 0 | 0.6403 | 0.584 |
| 8 月季尺度 | AHP | 0.8808 | 0.9053 | 0 | 0.6354 | 0.605375 |
| | PCA | 0.8315 | 0.8735 | 0 | 0.7335 | 0.609625 |
| 8 月半年尺度 | AHP | 0.9219 | 0.936 | 0 | 0.7654 | 0.655825 |
| | PCA | 0.8725 | 0.8955 | 0 | 0.8569 | 0.656225 |
| 平均 | AHP | 0.841925 | 0.850883 | 0.37545 | 0.6035 | 0.66794 |
| | PCA | 0.723108 | 0.7327 | 0.415667 | 0.705067 | 0.644136 |

　　由上表可见，不同月份下，4 月 $R^2$ 最大，而 5 月季尺度相关系数最小。不同指标时，$SPI$ 与两种综合指标的相关性最好，其次是 $D_p$，$Z$ 指数相关性最差。

# 参 考 文 献

中国历史干旱（1949—2000）[J]. 水科学进展，2009（2）：53.

安顺清，邢久星. 修正的帕默尔干旱指数及其应用 [J]. 气象，1985（12）：17 - 19.

董振国. 对土壤水分指标的研究 [J]. 气象，1985，1：32 - 33.

董振国. 怎样判断植物缺水 [J]. 植物杂志，1985，4：31.

方修琦，王媛，朱晓禧. 气候变暖的适应行为与黑龙江省夏季低温冷害的变化 [J]. 地理研究，2005，24（5）：664 - 672.

李华明，张树清，高自强，孙妍. MODIS 植被指数监测农业干旱的运宜性评价 [J]. 光谱光与光谱分析，2013.33（3）：756 - 761.

李世奎. 中国农业气候资源和农业气候区划 [M]. 北京：科学出版社，1988.

李星敏，杨文峰，高蓓，等. 气象与农业业务化干旱指标的研究与应用现状 [J]. 西北农林科技大学学报，2007，35（7）：111 - 116.

马柱国，符淙斌. 1951—2004 年中国北方干旱化的基本事实 [J]. 科学通报，2006，51（20）：2429 - 2439.

宋扬，房世波，卫亚星. 农业干旱遥感监测指数及其适用性研究进展 [J]. 科技导报，2016，5：45 - 52.

王密侠，胡彦华. 陕西省作物旱情预报系统的研究 [J]. 水资源与水工程学报，1996 (2)：52 - 56.

王晓红，胡铁松，吴凤燕，等. 灌区农业干旱评估指标分析及应用 [J]. 中国农村水利水电，2003，7：4 - 6.

王晓丽，栗希. 自然灾害对吉林省经济增长的影响 [J]. 当代经济研究，2013 (11)：47 - 51.

魏凤英，张婷. 东北地区干旱强度频率分布特征及其环流背景 [J]. 自然灾害学报，2009，18 (3)：1 - 7.

吴正方，靳英华，刘吉平，等. 东北地区植被分布全球气候变化区域响应 [J]. 地理科学，2003，23 (5)：564 - 570.

谢安，孙永罡，白人海. 中国东北近 50 年干旱发展及对全球气候变暖的响应 [J]. 地理学报，2003，58 (s1)：75 - 82.

元来福，王继琴. 从农业需水量评价我国的干旱状况 [J]. 应用气象学报，1995 (3)：356 - 360.

袁文平，周广胜. 干旱指标的理论分析与研究展望 [J]. 地球科学进展，2004，19 (6)：982 - 989.

张海仑. 中国水旱灾害 [M]. 北京：中国水利水电出版社，1997.

张倩，赵艳霞，王春乙. 我国主要农业气象灾害指标研究进展 [J]. 自然灾害学报，2010 (6)：40 - 54.

张养才，何维勋，李世奎. 中国农业气象灾害概论 [M]. 北京：气象出版社，1991：272 - 282，348 - 353.

张叶，罗怀良. 农业气象干旱指标研究综述 [J]. 资源开发与市场，2006，22 (1)：50 - 52.

中央气象局气象台. 1950—1971 年我国灾害性天气概况及其对农业生产的影响 [M]. 北京：农业出版社，1972.

CHEN Z，HE X，COOK E R，et al. Detecting dryness and wetness signals from tree - rings in Shenyang，Northeast China [J]. Palaeogeography Palaeoclimatology Palaeoecology，2011，302 (302)：301 - 310.

HENRY F. DIAZ. Some aspect of major dry and wet periods in the contiguous United States (1895—1981) [J]. Journal of Climate and Applied Meteorology，1983，22 (1)：3 - 16.

KARL T R，QUAYLE R G. The 1980 summer heat wave and drought in historical perspective [J]. Monthly Weather Review，1981，109 (10)：2055 - 2073.

KOGAN F N. Application of vegetation index and brightness temperature for drought detection [J]. Advances in Space Research，1995，15 (11)：91 - 100.

MCGUIRE JK，PALMER WC. The 1957 drought in the eastern United States [J]. Mon. Wea. Rev.，1957，85：305 - 314.

MORAN M S，CLARKE T R，INOUE Y，et al. Estimating crop water deficit using the relation between surface air temperature and spectral vegetation index [J]. Remote Sensing of Environment，1994，49：246 263.

PALMER W C. Keeping track of crop moisture conditions，nationwide：The new crop moisture index [J]. Weather Wise，1968，21：156 161.

VICENTE - SERRANO S M，BEGUERIA S，LOPEZ - MORENO J I. A multiscalar drought index sensitive to global warming：The standardized precipitation evapotranspiration index [J]. Journal of Climate，2010，23 (7)：1696 - 1718.

WAYNE. C. Palmer，Meteorological Drought [R]. Research Paper，NO45 U S Weather Bureau，1965.

YU M，LI Q，HAYES M J，et al. Are droughts becoming more frequent or severe in China based on the Standardized Precipitation Evapotranspiration Index：1951—2010 [J]. International Journal of Climatology，2014，34 (3)：545 - 558.

# 第6章　农业旱灾致灾机理及主要作物对干旱响应过程模拟

## 6.1　玉米和大豆对干旱的响应研究及其过程模拟

### 6.1.1　试验设计和观测

1. 研究区概况

研究区位于吉林省四平市梨树县（123°45′～124°53′E、43°02′～43°46′N），四季变化明显，雨热同期，属于大陆性季风气候。作物在生长期受到的日照时数、降雨量满足作物需求。年平均气温 5.8℃，活动积温 3207℃，平均年日照时数为 2698.5h，无霜期约152d，年平均降水量为 577.2mm，降雨量主要集中在 6～8 月，雨热同季，一般情况下可以满足一年一熟农业作物的生长需求。

梨树县土壤种类以棕壤、黑土、黑钙土、新积土、风沙土等为主，基本覆盖了东北黑土区的主要土类，在东北黑土区有典型代表性。由于土壤肥沃，光热资源充足，雨季和作物需水基本一致，因此梨树县是我国粮食生产重点县和商品粮生产基地，主要农作物有玉米、大豆等，有黄金玉米带的美誉。因此本书以梨树县为试验点，研究玉米和大豆的水分生产效应。

2. 试验设计

（1）玉米试验设计。本试验春玉米播种日期为 2014 年 5 月 6 日和 2015 年 5 月 1 日，选取的试验品种为当地典型种植品种——良玉 11。

1）盆栽试验设计。本试验选用高 60cm、直径 50cm 的柱状圆桶用以种植玉米，每个圆桶用土填至 45cm 高处，种植一株玉米。根据计算作物需水量以及其他研究成果，对玉米同一生育期设计 4 个不同的亏水处理，即在不同亏水天数后再进行复水至土壤田间持水量。处理名称以及亏水天数 $D$ 见表 6.1。

表 6.1　　　　　　　　　　试验处理及亏水天数

| 处理 | $T_1$ | $T_2$ | $T_3$ | $T_4$ |
|---|---|---|---|---|
| 亏水天数 $D$/d | 1 | 3 | 5 | 7 |

玉米共五个生育期，分别为苗期（a）、拔节期（b）、抽雄期（c）、灌浆期（d）和成熟期（e）。由于成熟期的水分亏缺对产量影响不大，所以在该时期不进行水分亏缺处理。结合表 6.1 的亏水天数，整个试验共划分 16 组处理，每组处理设 3 盆玉米做重复，共用盆 48 个。图 6.1 为盆栽试验布置，其中 e 组的 12 个盆作为备用。

试验设施及管道结构如图 6.1 所示。整个盆栽试验布置分为两部分，水源部分和试验区部分。水源采用井水，将井水首先储存在体积为 0.6m³ 的圆形塑料水桶内，后依次设有水泵（16 m 扬程）、过滤器、压力表、水表以及阀门。整个试验区部分整体选用直径为 32mm 的 PVC 管链接，每组处理均有独立的支管控水单元，支管为 25mm 的 PE 管，每个 PE 支管上连接有 3 个 1.0L/h 规格的滴箭，用以控制每个处理三个重复的灌水。焊接 1 个 3m 高、5m 长、5m 宽的铁架子，上覆有 0.5mm 的蓝色彩钢板，在架子的两边彩钢板分别突出 0.3m，在下雨时可以很好地防止雨水浇灌到盆栽的玉米，在架子下面连有万向轮，在晴天时把架子推走，以便玉米植株接受很好的光照。架子的具体参数如图 6.2 所示。

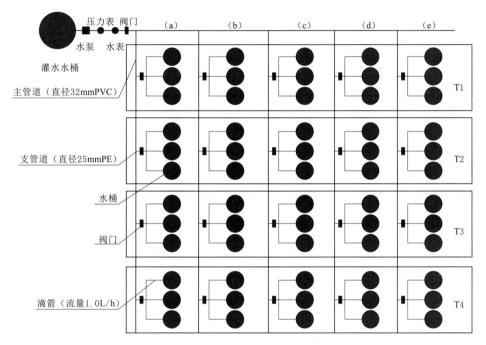

图 6.1　盆栽试验以及主要设备布置图
（a）苗期；（b）拔节期；（c）抽雄期；（d）灌浆期；（e）成熟期

每个水桶中种有一颗玉米植株。为防止土壤蒸发对试验数据造成影响，在播种后用地膜覆膜，用以保水保温，并能减少杂草生长。在玉米种植时根据当地种植玉米的施肥量施一次底肥（含氮量 0.23%）12g/盆，并在玉米生长至抽雄期中段施一次肥料，选用尿素，22.8g/盆。

在玉米苗期的时候，对出苗期［图 6.1（a）］处理时，其他时期始终保持充分灌溉。先把（a）时期处理复水至田间持水量，后不进行水分灌溉，每天用红外线摄像仪对

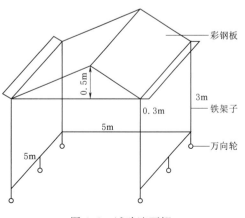

图 6.2　试验遮雨棚

a 处理进行拍摄，结合土壤含水量监测系统（ECH$_2$O，美国）所得的土壤水分数据确定水分亏缺点，调节相应的阀门对 a-T$_1$、a-T$_2$、a-T$_3$、a-T$_4$ 进行亏水处理，其中亏水程度 a-T$_1$<a-T$_2$<a-T$_3$<a-T$_4$。另外 b、c、d 时期处理都是在其相应的玉米生育期内处理，处理方式和 a 时期的处理方法一样。

在对每一个生育期进行处理时，利用电子秤对正在处理的盆栽进行称重，结合 ECH$_2$O 的土壤水分数据，根据计算的植株和土壤日蒸散量来确定灌水量。

对进行亏缺水处理的植株用光合仪测定植物的生态指标，并定期测量叶面积、株高和茎粗等，直至收获时测量生物量及产量。

2) 大田试验布置。大田试验与盆栽试验的生育期处理划分一致，共分 16 组处理，但不设重复组，如图 6.3 所示。在地头设有灌水管道，并设有压力表、水表用以控制水量。

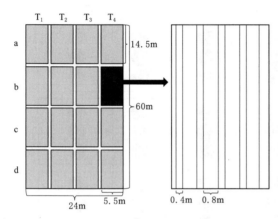

图 6.3 大田试验处理布置图

另对每个处理都进行保护，即在每个处理边缘用土堆建 20cm 高的田埂，以防止灌水时水从地表面流出处理区。根据当地种植模式，玉米采用宽窄行种植。宽行和窄行的间距分别为 80cm 和 40cm，株间距为 25cm，每个试验处理种植 5 个宽窄行，玉米的种植密度是 7 株/m$^2$。施肥方式与当地保持一致，即在种植时施加 N、P、K 含量分别为 24%、13%、15% 的底肥 800kg/hm$^2$，在玉米整个生育期内不再进行追肥。

试验布置阶段，在玉米拔节期（b）处理中选一植株定株，进行 Trime 管（PVC 材质，2m 长，地下部分约 170cm）的布设，用于观测整个生育期玉米根系附近不同土层水分的动态变化，如图 6.4（a）所示，在其他生育期内随机在两窄行植株间打入一根 Trime 管，用于观测整个生育期内大田土壤各层的水分变化趋势。同理，在拔节期（b）处理中选择另外一株玉米定株，埋设根管（PVC 材质，1m 长，地下部分约 80cm），如图 6.4（b）所示，用于监测植株整个生育期根系生长动态变化，在其他生育期内随机某一玉米根部附近打入一根根管。

2014 年，由于设备等一些客观现实的原因只进行了抽雄期与灌浆期两个生育期的盆栽试验，并无叶水势数据，2014 年未发生干旱，故大田试验无水分处理，并且该年大田试验未进行根管以及 Trime 管的埋设。2015 年，由于现实原因，盆栽试验未进行苗期试验，此后在拔节期进行了两次试验，即拔节初期和拔节后期，在抽雄期和灌浆期分别进行了一次试验。2015 年只在 7—8 月出现旱情，进行非灌水处理和灌水处理。

（2）大豆试验设计。大豆试验也分为盆栽试验和大田试验。大豆的盆栽试验和玉米的盆栽试验同时进行，试验处理、布置方式、灌溉方式和日常管理等均相同。因为大豆的植株相对比较小，每盆盆栽中的大豆留苗 4 株。

大豆的大田试验和玉米的大田试验也是同步进行。研究区大豆生育期一般从 5 月初至

9月底，约140d。大豆采用宽窄行种植。日常的田间管理和灌溉等与玉米同步进行。

3. 观测数据

（1）气象数据。利用 HOBO U30/NRC 小型气象监测站，采集每日温湿度、风速、降水、饱和水汽压差和土壤热通量等数据。使用 20cm 的标准蒸发皿测量日水面蒸发量，根据各气象因素数据算得参考作物蒸散发 $ET_0$。

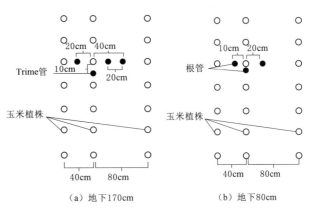

图 6.4  大田试验 Trime 管和根管的布设

（2）灌溉水量量测。大田试验：利用 20cm 的蒸发皿测得日水面蒸发量，以及通过计算得到的作物蒸腾量，综合进行灌水量计算。

盆栽试验：在处理初期每盆植株都灌水至田间持水量，保证植株的供水需求，对正在处理的植株每天测量桶重，确定每天植株的蒸腾量，根据植株的蒸腾量、$ECH_2O$ 测得的数据以及处理方案对在处理中的植株进行灌水，非处理植株灌水要保证植株水量充足。

（3）土壤指标。在试验开始前测定试验地土壤的本底值，包含土壤质地、田间持水量、凋萎点、干容重、氮磷钾含量、有机质含量、各层土壤土壤含水量变化等指标。土壤质地需打土钻进行取土，在 2014 年玉米种植之前，在试验田中随机选取 3 点进行取样，首先将土样风干、经研磨成沫后过 2mm 筛，再进行颗粒分析实验。田间持水量和容重的测定需挖出 180cm 深的土壤剖面后，用环刀取原状土进行测定。

在试验进行期间通过两种方法监测大田试验的土壤各层水分变化：①Trime 测定：TRIME-PICO-IPH TDR 剖面土壤水分测定系统，对已埋设的 Trime 管进行测量，20cm 为一层，每 10d 测量一次，监测土壤水分动态变化以及定株植株根系附近水分情况；②打土钻取土测定：在玉米和大豆试验田里对不同处理的每个小区都进行打土钻取土，土钻打至 2m 深，每 20cm 为一层，用铝盒取土，采用烘干法（对铝盒、铝盒加湿土以及铝盒加干土进行称重）测土壤含水量。而盆栽试验中土壤含水量采用 $ECH_2O$ 进行测量，观测频率为 30min 一次。

（4）作物生长生理指标测量。

1）生长指标：大田试验每个小区选择两株植株进行定株，每 10～15d 测量一次；盆栽试验对正在处理的玉米植株 2～3d 测量一次。测量包括株高、茎粗、叶片个数、叶片长宽。测量到玉米植株生长量稳定并趋于减小为止，在测量过程中不进行破坏性试验。

2）生理指标：在盆栽玉米进行处理前用气孔导度仪器测量，测量方法为每日 12 点测量玉米自上向下第三片叶子，测量 3 点（1/4、2/4、3/4 处）取均值，确定玉米在充分灌溉条件下的气孔导度数据正常标准，正在处理的盆栽玉米，每天都需进行气孔导度测量，在处理完成后仍要进行测量，观测玉米的气孔导度是否回归正常。

用红外热像仪对植株冠层温度进行拍照测量，主要测量玉米上半部，即对处理的玉米植株用红外热像仪测量，包括处理前（测两次）、处理中和处理后（测两次）。利用专业软件 SmartView 对拍摄照片进行处理，得到每株的冠层温度均值。

利用叶水势仪器对玉米植株进行叶水势测量，测量时间为每天中午。

3）生物量（即干物质重量）：大田试验对每个小区取 3 株完整地上部分，并测量植株株高、茎粗、叶片个数和叶片长宽，分别称量茎、叶重量，烘干（105℃杀青烘干 30 min，然后再 75℃烘 12h）后再次称重，可得植株生物含水率。可建立株高与干物质重量之间的关系。盆栽试验在收获后对每株植株地上部分与地下部分进行取样，特别对地下部分要进行洗根，然后进行烘干，建立根冠比等关系。

4）根系分布：大田试验采用根系扫描仪（CI－600 根系监测系统）对已经布设在玉米试验田的根管进行扫描测定，15d 测量一次。盆栽试验在收获阶段对植株的根部进行清洗、烘干、称重等步骤。

5）测产：至玉米植株叶片及茎秆完全枯黄，果实外皮枯黄时收获，进行测产。大田试验：每小区随机选择 20 株，测量其果粒重、果长、果直径，以及果粒混合后测量百粒重，并测量取回植株的地上部分干物质重量。盆栽试验：对每个植株都分别测量其果实的果粒重、果长、果直径等指标。

2014 年、2015 年和 2016 年玉米都在 9 月末收获，由于 2014 年和 2016 年未划分小区，所以于试验田中随机取回 25 株果实进行测产，2015 年在每个小区随机取回 20 个果实测产。对每个玉米果实测量其果实长、果实直径、突尖长，对玉米籽粒进行考种，即对玉米果实进行脱离，把籽粒放在阳光下晾晒 3～7d，等玉米籽粒的水分不再变化后再进行称重处理。

同样 2014 年、2015 年和 2016 年大豆也在 9 月末收获。收获时每个小区取三个两米长的行进行测量，每个 2m 长是一个样方。将收割后的大豆放在水泥地面上晾晒，晾晒后测量每个样方的生物量和籽粒重量。同时在每个样方内随机选取 100 粒大豆称重，测量百粒重，每个样方测量 5 次百粒重。同时测量每个样方的生物量重量，测量晾晒后大豆的含水量。

4. 计算公式

（1）参考作物蒸散量 $ET_0$。参考作物蒸散量（Reference crop evapotranspiration，$ET_0$）是指开阔矮草地（草高 8～15cm）的蒸散量。草地生长的条件为：土壤含水量充足、地面被完全的覆盖、草的生长状况正常、高矮整齐，且只与当地的气象条件有关。目前有许多计算参考作物蒸散量的方法，本文采用联合国粮食与农业组织推荐使用的 Penman－Monteith 方法计算。

FAO 提出用日气象数据计算 $ET_0$ 的公式为

$$ET_0 = \frac{0.408\Delta(R_n - G) + \gamma\dfrac{900}{T+273}U_2(e_s - e_a)}{\Delta + \gamma(1 + 0.37U_2)} \tag{6.1}$$

式中：$ET_0$ 为参考作物蒸散量，mm/d；$R_n$ 为净辐射，MJ/(m²·d)；$G$ 为土壤的热通量，MJ/(m²·d)，如按天计算蒸散量，可以认为 $G$ 的值为 0；$\gamma$ 为湿度计常数，kPa/℃；$T$ 为日平均温度，℃；$U_2$ 为风速（离地 2m 处），m/s；$e_s$、$e_a$ 分别代表计算时段的饱和水汽压和实际水汽压，kPa，即 $e_s - e_a$ 为饱和水气压差（VPD）；$\Delta$ 为饱和水汽压和温湿度曲线的斜率，kPa/℃。

（2）环刀法测容重。利用环刀获取自然状态的土样，通过烘干称量后计算单位体积的土壤重量。计算公式为

$$土壤容重(d_v) = \frac{(G_1 - G_0) \times 100}{V(100 + W)} \tag{6.2}$$

$$环刀容积(V) = \pi r^2 h \tag{6.3}$$

式中：$W$ 为土壤含水量，%；$h$ 为环刀高度，cm；$r$ 为环刀有刃口一端的内半径，cm；$V$ 为环刀的容积，$cm^3$；$G_0$ 为铝盒的重量，g；$G_1$ 为铝盒及湿土的重量，g。

（3）叶面积及叶面积指数 LAI。对每株进行试验的玉米测量其叶片的长度和宽度，单株叶面积的计算公式如下

$$LA = \sum_{i=1}^{n}(L_i \cdot W_i \times 0.74) \tag{6.4}$$

式中：$LA$ 为单株叶面积，$cm^2$/株；$L_i$ 为第 $i$ 片叶片的长，cm；$W_i$ 为第 $i$ 片叶片最宽处宽度，cm；$n$ 为单株叶片数。

$LAI$ 计算公式为

$$LAI = \frac{LA}{A} \tag{6.5}$$

本研究大田试验玉米的种植密度为 67000 株/$hm^2$，因此 $A = 1500 cm^2$。

（4）作物实际蒸散量 $ET_a$ 及作物系数 $K_c$。

作物的实际蒸散量是通过土壤水量平衡法计算得到，具体公式如下

$$ET_a = IW + P - D - R \pm \Delta S + C_u \tag{6.6}$$

式中：$IW$ 为作物灌水量，mm；$P$ 为有效降雨量，mm；$D$ 为根系层以外的深层渗漏，mm；$R$ 为地表径流，mm；$\Delta S$ 为根系层内的储水量变化量，mm；$C_u$ 为地下水上升量，mm。其中 $IW$ 由记录所得，降水量的渗漏达不到土壤 1m 以下，地下水深度 10 m 以上故没有地下水补给量，所以 $D$、$R$、$C_u$ 均为 0。考虑到到玉米的根系主要分布在表层 1m 的土层内，这时根系层土壤含水量变化量 $\Delta S$ 可用下式计算：

$$\Delta S = 1000 Z_{rt}\left[\theta_{Z(t_2)} - \theta_{Z(t_1)}\right] \tag{6.7}$$

式中：$Z_{rt}$ 为根区深度，m；$\theta_{Z(t_1)}$、$\theta_{Z(t_2)}$ 分别为 $t_1$ 和 $t_2$ 时刻根区土壤体积含水量的平均值。

作物系数计算公式为

$$K_c = ET_a / ET_0 \tag{6.8}$$

（5）水分利用效率。水分利用效率表示单位耗水量所生产的玉米产量，单位 kg/$m^3$，计算公式为

$$WUE = \frac{Y}{ET_a} \tag{6.9}$$

式中：$Y$ 为作物产量，kg/$hm^2$；$ET_a$ 为作物实际蒸散发蒸腾量，$m^3$/$hm^2$。

### 6.1.2　大田试验玉米生长状况及水分利用效率

试验区的春玉米在 2014 年 5 月 6 日、2015 年 5 月 1 日和 2016 年 5 月 8 日播种，约 15 日左右出苗，苗期约 37d，拔节期约 25d，抽雄期约 15d，灌浆期约 30d，成熟期约 20d。在 2014 年和 2016 年试验区未发生干旱情况，在整个玉米生育期未进行灌水，2015 年试验区 7 月、8 月降水量少，发生旱情，在 7 月 21 日左右对试验区进行灌水处理，灌水量为 60mm。2014—2016 年春玉米生育期划分见表 6.2。

表 6.2　　　　　　　　　　　　　　2014—2016 年春玉米生育期划分

| 生长阶段 | 开始日期 | 结束日期 | 生长阶段 | 开始日期 | 结束日期 |
|---|---|---|---|---|---|
| 苗期 | 5 月 17 日 | 5 月 24 日 | 灌浆期 | 8 月 8 日 | 8 月 12 日 |
| 拔节期 | 6 月 24 日 | 7 月 1 日 | 成熟期 | 9 月 8 日 | 9 月 13 日 |
| 抽雄期 | 7 月 21 日 | 7 月 27 日 | 收获日 | 9 月 30 日 | 9 月 30 日 |

#### 1. 气象数据分析

如图 6.5 描述了 2014 年和 2015 年大田试验玉米生育期内最低气温、最高气温、日平均气温、风速、相对湿度以及降雨量的变化。两年的温度变化均呈现抛物线型，且变化趋势一致，气温在 5 月初开始逐渐增加，在 7 月中下旬达到最大值，之后再逐渐降低。对比两年的风速值可以发现，在 5 月，2015 年的风速要大于 2014 年的风速，在其他月份风速变化基本保持一致，两年的风速变化趋势相似。2014 年平均相对湿度变化相对较平缓，总体上分布在 60%~80%；而 2015 年整体的相对湿度变化幅度较大，在 5 月相对湿度偏

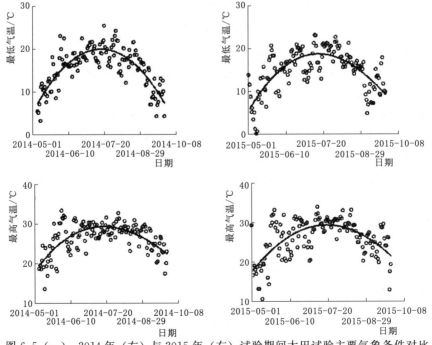

图 6.5（一）　2014 年（左）与 2015 年（右）试验期间大田试验主要气象条件对比

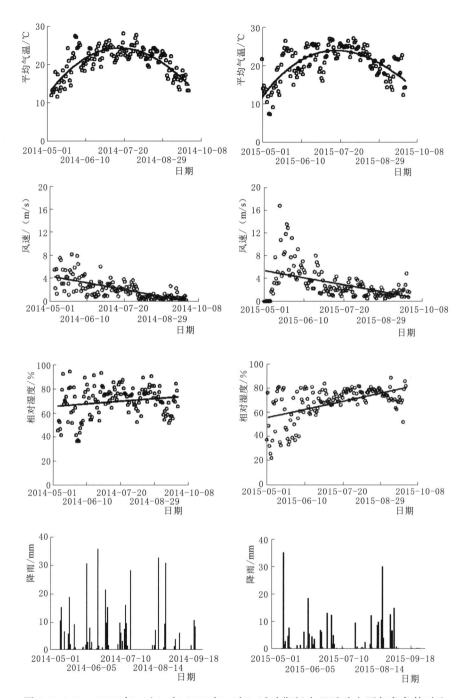

图 6.5（二）　2014 年（左）与 2015 年（右）试验期间大田试验主要气象条件对比

小，低于 60％；而到 6 月之后相对湿度较平缓，在 70％左右。2014 年生育期的降雨量为 407.2mm，明显比 2015 年的降雨量多，且分布较均匀，在 7 月中旬到 8 月中旬降雨量较小，出现干旱情况，但由于这一个月前后均有大降雨，故未对 2014 年的玉米产量造成影响；2015 年玉米生育期内的降雨量为 308.6mm，在玉米快速生长的 7 月初到 8 月中旬降雨量较少，且前后期的降雨量小，在研究区出现明显的干旱情况，2015 年研究区的玉米产量出现明显的减产现象。2016 年降雨量充沛且较均匀，生育期内总降雨量为 570.8mm。

由于在 2015 年出现干旱情况，所以对 2015 年大田玉米进行灌水试验，即设置灌水试验以及不灌水试验进行对比分析。

图 6.6 为生育期内参考作物蒸散量（$ET_0$）变化过程。由图中可知，2014 年与 2015 年研究区玉米生育期内的 $ET_0$ 变化趋势基本一致，峰值出现在 5 月末，之后逐渐降低并趋于稳定。整体上看，2015 年生育期内的 $ET_0$（630.14mm）要大于 2014 年的 $ET_0$（539.29mm）。

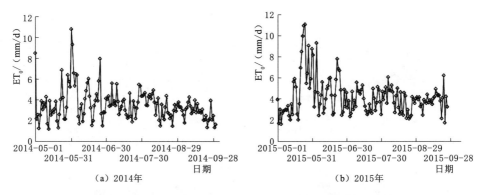

图 6.6　2014 年和 2015 年生育期内参考作物蒸散量（$ET_0$）变化过程

图 6.7 为 2014 年与 2015 年不同生育期内参考作物蒸散发均值。观察两年的 $ET_0$ 发现，2015 年拔节期与抽雄期平均 $ET_0$ 大于 2014 年该时期平均 $ET_0$，而其他几个生育期 2015 年的 $ET_0$ 均小于 2014 年的 $ET_0$。2015 年 7 月初到 8 月中旬试验区发生干旱，对 $ET_0$ 造成影响。

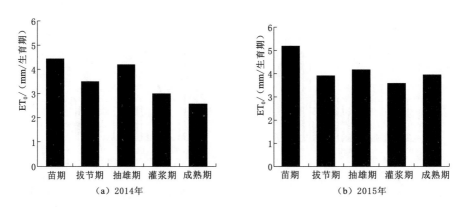

图 6.7　2014 年和 2015 年试验期间不同生育期的参考作物蒸散发（$ET_0$）均值

**2. 土壤理化性质**

在 2014 年播种前，在玉米试验田中随机选取 3 点进行土壤取样，先将土样风干、之后经研磨后过 2mm 筛，进行颗粒分析，获取土壤颗粒组成。土壤容重测量采用环刀法。

图 6.8 为试验田不同土层深度的土壤容重值。由图中可以看出，土层深度在 100cm 以内时土壤容重变化较小，在 $1.4\sim1.5$g/cm$^3$。随着土层加深，土壤容重快速增加，在 160cm 深度处达到最大值 1.7g/cm$^3$，随后稍微有所减小。

表 6.3 为试验地的土壤颗粒组成含量和土壤类别。可以看出，试验地土层深度在 $0\sim$110cm 的土壤为粉沙质黏壤土，土层深度在 110cm 以下的土壤为黏壤土。土壤容重在土层深度在 120cm 以下变化较大，其原因是由于土壤质地的突然变化以及土壤中砂粒和黏粒的比例变化较大。

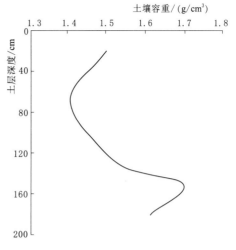

图 6.8　试验区土壤容重

表 6.3　　　　　　　　　　　　试验区土壤颗粒组成

| 土壤深度<br>/cm | 砂粒/%<br>(2.0～0.05mm) | 粉粒/%<br>(0.05～0.002mm) | 黏粒/%<br>(<0.002mm) | 美国制土壤质地分类 |
| --- | --- | --- | --- | --- |
| 0～5 | 16.7 | 45.8 | 37.5 | 粉砂质黏壤土 |
| 5～15 | 17.2 | 46.1 | 36.7 | 粉砂质黏壤土 |
| 15～30 | 14.7 | 47.4 | 37.9 | 粉砂质黏壤土 |
| 30～50 | 15.3 | 44.9 | 39.8 | 粉砂质黏壤土 |
| 50～70 | 12.1 | 50.8 | 37.1 | 粉砂质黏壤土 |
| 70～90 | 13.0 | 53.9 | 33.1 | 粉砂质黏壤土 |
| 90～110 | 14.8 | 54.6 | 30.6 | 粉砂质黏壤土 |
| 110～130 | 21.2 | 48.0 | 30.7 | 黏壤土 |
| 130～150 | 21.5 | 50.9 | 27.5 | 黏壤土 |
| 150～170 | 22.5 | 50.9 | 26.6 | 黏壤土 |
| 170～190 | 20.9 | 49.0 | 30.1 | 黏壤土 |

3. 土壤含水量变化

在 2014 年进行的试验中，由于 Trime 仪器没有及时到位，基于 Trime 仪器连续测量的土壤含水量没有数值，所以土壤含水量只采用取土烘干法进行测定。在整个玉米生育期，共进行了 8 次测量，测量日期分别是 5 月 29 日、7 月 15 日、7 月 20 日、7 月 31 日、8 月 11 日、8 月 21 日、9 月 4 日和 9 月 14 日。由于试验期间降雨量比较充足，因此大田试验没有进行亏水处理。数据处理时，计算每次各深度处平均土壤含水量，结果如图 6.9 所示。可以看出，土壤含水量的变化深度主要在 $0\sim100$cm 深度范围内，100cm 深度以下，尤其是 120cm 以下变化较小。说明作物及灌溉对土壤水分的影响范围主要是 $0\sim$100cm 深度范围。对比 5 月 29 日和收获时 9 月 14 日的土壤水分可以看出，生育期内土壤

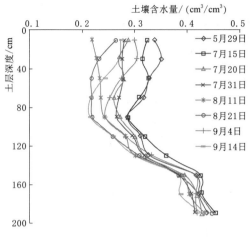

图 6.9 2014 年玉米生育期内土壤含水量变化

水分处于消耗状态，9 月 14 日土壤水分最低。这也说明在东北雨养农业条件下土壤水分对于支撑作物的生长具有重要的作用。

2015 年 7 月和 8 月发生旱情，故在 2015 年进行灌水和非灌水试验进行对照分析，并于 7 月 21 日进行灌水处理，取土的土壤水分变化如图 6.10 所示。同时为了连续观测土壤水分变化，并用 Trime 监测了两种处理下的水分。由于仪器的限制，Trime 仪器只能测量到土层深度 160cm，每 5～10d 测量一次，主要集中在 7 月以后，结果见图 6.11。比较取土和 Trime 得到的结果可知，两种方法获得的土壤水分变化趋势一致，在进行灌水前，灌水处理与非灌水处理的土壤含水量基本保持一致；进行灌水处理后，灌水处理的土壤含水量明显大于非灌水处理的土壤含水量，特别是收获时灌水处理与非灌水处理的土壤含水量有明显差异，灌水处理的土壤含水量生育期内变化幅度明显小于非灌水处理。从图 6.10 和图 6.11 中可以看出灌水前（7 月 11 日）非灌水处理与灌水处理的土壤含水量在 $0.25\sim0.30\text{cm}^3/\text{cm}^3$ 左右，而后灌水处理及时补充土壤含水量，非灌水处理处于持续亏水状态。8 月 1 日的土壤水分显示，未灌溉的处理土壤水分在 $0\sim80\text{cm}$ 深度已经降到了 $0.2\text{cm}^3/\text{cm}^3$ 左右，而灌水处理的土壤含水量还在 $0.25\sim0.30\text{cm}^3/\text{cm}^3$ 之间。从 8 月上旬开始降水量逐渐增加，这时土壤含水量也逐渐增加。

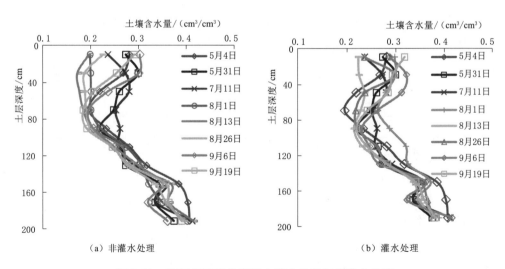

（a）非灌水处理　　　　　　　　　　（b）灌水处理

图 6.10 2015 年玉米生育期内灌水处理与非灌水处理土壤含水量变化对比（取土法测量）

图 6.12 为 2016 年玉米生育期内土壤含水量变化。在作物生长期间内，土层深度在

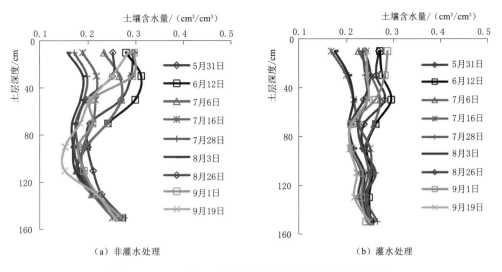

图 6.11　2015 年玉米生育期内灌水处理与非灌水处理
土壤含水量变化对比（Trime 法测量）

80cm 以内的土壤含水量变化较大，在土层深度达到 120cm 以下时，土壤含水量变化较小，这主要是因为 80cm 土层深度内分布大量的玉米根系，玉米根系对水分的吸收使得土壤含水量变化较大。同时在玉米生长阶段内有大量的降水，这些降水也主要储存在 80cm 土层内，使得 80cm 土层深度内的土壤含水量变化较大。对比分析苗期和收获时的土壤含水量可以看出，收获时的土壤含水量要显著低于苗期的土壤含水量，说明土壤含水量经过玉米生长消耗后有所降低。而苗期的土壤含水量和收获时的土壤含水量在 120cm 土层深度以下都比较接近，说明玉米生长基本上没有利用到 120cm 及以下的土

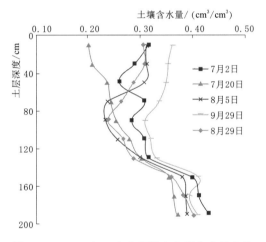

图 6.12　2016 年玉米生育期内土壤含水量变化

壤含水量，也表明作物对水分的吸收主要是在 120cm 以上的土层内，尤其是 60cm 以上的土层内。

4. 玉米生育期内生长指标变化趋势

2014 年由于试验条件等客观原因，只进行了 4 次生长指标测量。2015 年和 2016 年分别进行了 11 次和 5 次的大田生长指标测量。根据公式计算得到 2014—2016 年大田试验叶面积指数 $LAI$，如图 6.13 所示。从整体变化趋势看出，单株叶面积及叶面积指数在 8 月初达到最大，这时单株叶面积为 8000cm²/株，叶面积指数 $LAI$ 为 5.48，而后随着叶片枯黄会逐渐变小，该值与当地其他研究成果基本一致。对比 3 年 $LAI$ 发现，2015 年 $LAI$ 在 7 月前趋势与 2014 年保持一致，7 月后 $LAI$ 要比 2014 年的略小，这可能是由于在 2015

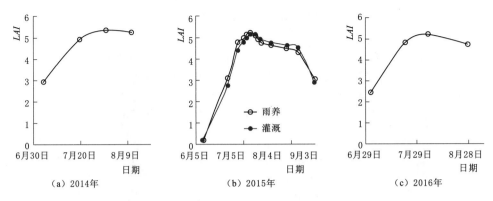

图 6.13　2014—2016 年大田玉米生育期内叶面积指数（LAI）变化趋势

年 7 月、8 月发生干旱导致。2016 年的 LAI 在 8 月底后的变化趋势与 2015 年保持一致。

对比 2015 年非灌水处理和灌水处理的 LAI 发现，在灌水前 LAI 大体上保持一致，灌水后非灌水处理的 LAI 明显小于灌水处理。表明发生旱情时，土壤含水量对植株的叶面积及 LAI 有着显著的影响。

株高作为反映作物生长的指标之一，能够直观反映作物生长快慢。玉米作物的株高在不同水分条件下状态不同，但是在整个生育期内株高的变化趋势相同，都是随着时间的推进，株高逐渐增大至趋于平稳。

图 6.14 为试验区 2014—2016 年玉米株高变化趋势。由图可知，株高随着生育时间增加而逐渐增加，在 8 月初抽雄后株高达到最大。对比三年株高变化趋势发现，研究区玉米株高在 2014 年与 2016 年变化趋势相似，但 2016 年株高平均小于 2014 年。2014 年玉米株高基本达到 300cm，而在 2015 年有较大变化，2015 年非灌水处理株高小于 250cm，灌水处理株高接近 270cm。通过对比分析发现，2015 年在玉米快速生长阶段研究区发生旱情，玉米植株长期处于亏水阶段，因此可能导致玉米株高较低，非灌水处理与灌水处理的株高对比证明了这点。

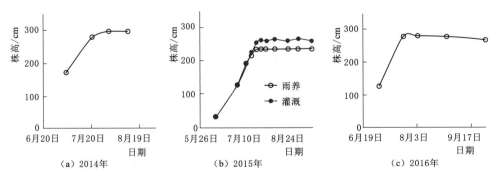

图 6.14　2014—2016 年大田玉米生育期内株高变化趋势

玉米生育期株高和 LAI 的关系如图 6.15 所示。可以看出叶面积指数一般随着株高的增加而增加，两者呈现线性相关。对比 2014 年和 2015 年株高与 LAI 关系可以看出，株高与 LAI 关系基本保持一致，且两者之间的关系与是否发生旱情基本无关。

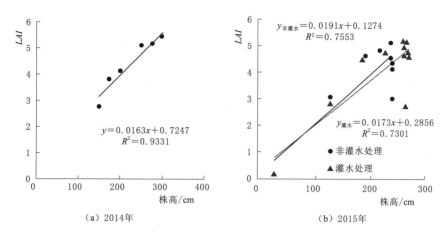

（a）2014年　　　　　　　　（b）2015年

图 6.15　大田玉米株高与 LAI 关系

茎粗作为植株的一项重要生长指标，在玉米快速生长阶段会快速变大。图 6.16 为 2014 年和 2015 年大田玉米生育期内茎粗变化趋势。在 7 月初试验区玉米茎秆周长基本上达到最大值 8.7cm 左右，随着玉米继续长高，茎粗会逐渐变小，直至趋于平稳。对比两年的茎粗变化趋势发现，变化趋势保持一致，说明是否发生旱情对茎粗的变化影响不大。

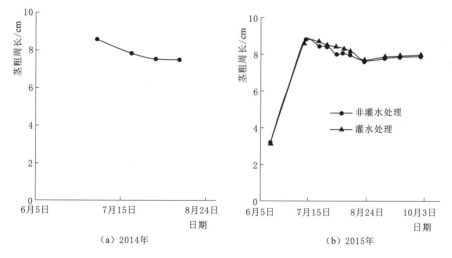

（a）2014年　　　　　　　　（b）2015年

图 6.16　2014 年和 2015 年大田玉米生育期内茎粗变化趋势

图 6.17 为研究区在 2014 年和 2015 年玉米干生物量的积累变化过程。2014 年玉米干生物量在 7 月下旬增长速度较快，这时玉米植株处于快速累积阶段；2015 年由于在 7 月初到 8 月中旬出现干旱情况，所以在 7 月下旬快速累积阶段的干生物量增长较平缓，且干生物量峰值小于 2014 年的干生物量峰值。在 2015 年，非灌水与灌水处理下玉米干生物量均在 8 月初开始变化，灌水处理后，玉米干生物量增长明显加快。

图 6.18 为 2014 年和 2015 年玉米株高和单株干生物量的关系。可以看出，两年株高和单株干生物量的关系相似，随着株高的增加，干生物量也在逐渐增加。但当株高小于

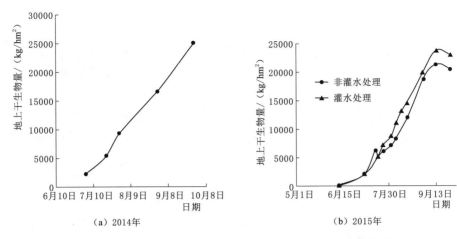

图 6.17　2014 年和 2015 年玉米干生物量在生育期内变化趋势

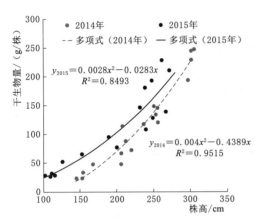

图 6.18　大田玉米单株干生物量与株高的关系

200cm 时，干生物量增加比较缓慢；而当株高大于 200cm 时，玉米植株处于快速生长、积累的阶段，随着株高增加，干生物量迅速增加；当达到最大株高时，单株干生物量达到了约 250g。与 200cm 高度时相比，干生物量增加约 4 倍。

**5. 根系**

2015 年在玉米收获前，采用人工挖坡面方式，在玉米植株下挖剖面观测玉米根系生长情况，并用皮尺测量根系生长长度，非灌水处理的玉米根系长度为 120cm，而灌水处理的为 135cm。利用根系扫描仪观测试验玉米的根系生长情况，如图 6.19 所示。根系主体生长在 60cm 以上，60cm 以下根系开始变得稀少，说明根系主体活动在 60cm 以上的土层内。在玉米生育期共测量四次根系生长情况，时间为 7 月 5 日、7 月 19 日、8 月 26 和 9 月 19 日，从气象数据可知在 2015 年 7 月初到 8 月中旬几乎未发生降雨，在 7 月 21 日进行灌水处理。从图 6.19 中可以看出，在未灌水前（7 月 5 日、7 月 19 日）不同处理的根系生长情况相似，对比 7 月 19 日和 8 月 26 日的非灌水处理根系情况，我们发现随着干旱程度的加深，根系会有一定的萎缩现象；进行灌水后，对比非灌水处理和灌水处理的玉米根系可发现，灌水处理玉米根系密度远远大于非灌水处理的根系密度，说明旱情会影响根系的生长发育。

**6. 产量**

表 6.4 描述了 2014—2016 年玉米的产量及相关考评指标。可以看出，2014 年未发生旱情灾害，试验地产量为 13.31t/hm²，亩产量为 887kg，与当地产量一致。2015 年 7 月、8 月发生过旱情，在整个试验阶段试验田划分为两个处理，即雨养处理和灌水处理，可以

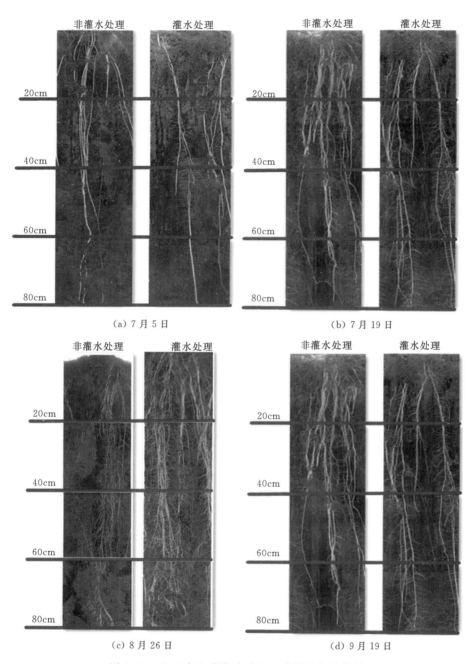

图 6.19　2015 年生育期内大田玉米根系生长情况

看出灌水处理产量为 13.23t/hm², 亩产 881.67kg, 与 2014 年未发生旱情的产量一致。而未灌水处理的产量为 9.9t/hm², 亩产 659.30kg, 减产 25.22%, 且单株果实的果实长、果实直径、突尖长、单株粒重、百粒重指标都明显小于灌水处理的测产指标。2016 年雨水充沛, 光照充足, 使得产量进一步提高, 为 16.0t/hm², 亩产量为 1066.14kg, 该高产与当地产量一致。

**表 6.4** 　　　　　　　　　　**2014—2016 年大田玉米测产指标**

| 年份 | 处理 | 果实长 /cm | 果实直径 /cm | 秃尖长 /cm | 单株粒重 /g | 百粒重 /g | 产量 /(t/hm²) |
|---|---|---|---|---|---|---|---|
| 2014 | 雨养 | 19.7±4.5 | 5.41±0.27 | 2.81±0.70 | 199.6±52.5 | 34.2±0.7 | 13.31±3.5 |
| 2015 | 雨养 | 17.44±4.4 | 5.27±0.14 | 2.35±0.67 | 148.34±25.82 | 31.30±0.33 | 9.9±2.9 |
|  | 灌水 | 19.29±4.2 | 5.62±0.13 | 2.38±0.76 | 196.08±38.74 | 35.68±0.44 | 13.23±2.2 |
| 2016 | 雨养 | 20.31±8.01 | 5.58±1.09 | 1.22±1.18 | 287.86±103.68 | 45.71±2.17 | 17.0±6.1 |

**7. 作物蒸散量**

根据公式对 2014—2016 年的作物实际蒸散量 $ET_a$ 和作物的需水系数 $K_c$ 进行计算，具体计算结果见表 6.5，且 2015 年分为非灌水与灌水两个处理进行计算。可以看出三年玉米生育期的参考作物蒸散量变化较小，在 507～522mm 之间变化，但是降水量差别较大，从 239mm 增加到 571mm，最终造成三年的作物耗水量 $ET_a$ 差别较大，从 389mm 到 476mm，降雨量最大年份的 $ET_a$ 最大。不同生育期作物耗水量不同，作物系数 $K_c$ 也不相同。对比三年总生育期的 $K_c$ 值发现，干旱年份 2015 年雨养条件下玉米 $K_c$（0.77）值要明显低于 2014 年和 2016 年，而灌水处理的 $K_c$（0.83）与 2014 年（0.85）接近，但是要大于非灌水处理的。2016 年 $K_c$ 值最大，这主要是由于当年的降水量总体偏高造成作物耗水量最大（475.7mm）所致。

**表 6.5** 　　　　　　　**2014—2016 年大田玉米实际蒸散发量与 $K_c$ 计算值**

| 年　份 | 降雨 /mm | $ET_0$ /mm | 灌水量 /mm | 作物耗水量 /mm | $K_c$ |
|---|---|---|---|---|---|
| 2014 | 418.1 | 522.22 | 0 | 444.1 | 0.85 |
| 2015（非灌水处理） | 238.6 | 506.6 | 0 | 388.6 | 0.77 |
| 2015（灌水处理） | 238.6 | 506.6 | 60 | 448.6 | 0.83 |
| 2016 | 570.8 | 514.5 | 0 | 475.7 | 0.92 |

**8. 水分利用效率**

根据式（6.9）计算 2014—2016 年的水分利用效率，计算结果见表 6.6。2014 年试验地玉米水分利用效率 WUE＝3.00kg/m³。2015 年非灌水处理玉米水分利用效率 WUE＝2.55kg/m³，灌水处理玉米水分利用效率 WUE＝2.95kg/m³。郝卫平、Henry 等研究认为拔节期和成熟期的干旱对 WUE 影响不大，但抽雄期发生旱情严重影响 WUE。试验地在 2015 年 7 月初到 8 月中旬发生旱情，且在 7 月 20 日对灌水处理进行灌水试验，故非灌水处理在拔节期和抽雄期都发生干旱，其 WUE 比未发生旱情的 2014 年降低了 15％；而在拔节后期对玉米植株进行了灌水试验，灌水处理的植株只在抽雄期发生了旱情，其 WUE 与 2014 年相比变化不大，与郝卫平、Henry 等研究结果相似。

**表 6.6** 　　　　　　　　　**2014—2016 年大田玉米水分利用效率**

| 年　份 | 2014 | 2015 | | 2016 |
|---|---|---|---|---|
|  |  | 非灌水处理 | 灌水处理 |  |
| WUE/(kg/m³) | 3.00 | 2.55 | 2.95 | 3.36 |

9. 小结

研究区在 2014 年和 2015 年的气温、风速、相对湿度变化趋势一致。其中 2015 年 5 月份的风速大于 2014 年同期的风速，2015 年的相对湿度变化幅度大于 2014 年同期的相对湿度。2014 年玉米生育期内降雨量大，为 407.2 mm，且降雨分布较均匀；2015 年生育期内降雨量相对较低，为 308.6 mm，在玉米快速生长的 7 月初到 8 月中旬出现持续干旱，造成根区内土壤水分在 0.2cm³/cm³ 左右，而补充灌溉后土壤水分可达到 0.25～0.3cm³/cm³。

水分亏缺对玉米的株高、叶面积等生长指标影响较大，对茎粗影响不大。玉米生长指标在 2014 年和 2015 年有明显的差别，由于 2015 年出现持续干旱情况，2015 年植株的叶面积、株高均小于 2014 年。2014 年玉米的叶面积和 *LAI* 峰值分别为 8220cm² 和 5.48，而 2015 年的峰值分别为 7710cm² 和 5.14；2014 年玉米株高达到 300cm 左右，而 2015 年非灌水处理植株株高约 230cm，灌水处理株高在 270cm 左右。2014 年干生物量累积达到 25000kg/hm²，而 2015 年非灌水处理干生物量峰值在 23000kg/hm² 左右，灌水处理约 24000kg/hm²。水分亏缺严重影响玉米根系生长，主要体现在根长和根密度两方面。

不同年份的降水和水分状况对玉米产量造成显著影响。2014 年和 2016 年降雨充分，这时雨养条件下产量分别为 13.31t/hm² 和 16.0t/hm²，但是在 2015 年干旱年份，补充灌溉下产量为 13.23t/hm²，为正常年份产量，但是雨养条件下产量为 9.9t/hm²，减产 25.22%，单株果实的果实长、果实直径、单株粒重、百粒重等指标都明显小于补充灌水处理的测产指标。因此在干旱年份要适时补充灌水以提高玉米产量。

三年玉米生育期的参考作物蒸散量变化较小，在 507～522mm 之间变化，而降水量在 239～571mm 之间变化，造成作物耗水量 $ET_a$ 从 389mm 到 476mm，降雨量最大年份的 $ET_a$ 最大。水分充足条件下作物系数为 0.83～0.92。正常年份玉米的水分利用效率在 2.95～3.36kg/m³ 之间，但是干旱会使得水分利用效率降低到 2.55kg/m³。因此干旱年份及时补充灌溉对于保障产量和提高水分利用效率具有重要意义。

## 6.1.3　大田试验大豆生长状况及水分利用率

试验区的大豆在 2014 年 5 月 16 日、2015 年 5 月 12 日和 2016 年 5 月 15 日播种，约 15d 左右出苗，苗期约 30d，开花期约 30d，结荚期约 15d，鼓粒期约 30d，成熟期约 20d。在 2014 年和 2016 年试验区未发生干旱情况，在整个大豆生育期未进行灌水，2015 年试验区在 7 月、8 月降雨量少，发生旱情，在 7 月 21 日左右对试验进行灌水处理，灌水量为 100mm。2014—2016 年春大豆生育期划分见表 6.7。

表 6.7　　　　　　　　　2014—2016 年大豆生育期划分（开始日期）

| 生育期 | 2014 年 | 2015 年 | 2016 年 |
|---|---|---|---|
| 苗期 | 6 月 1 日 | 5 月 28 日 | 5 月 31 日 |
| 开花期 | 7 月 1 日 | 6 月 27 日 | 6 月 30 日 |
| 结荚期 | 7 月 31 日 | 7 月 28 日 | 7 月 30 日 |

续表

| 生育期 | 2014 年 | 2015 年 | 2016 年 |
|---|---|---|---|
| 鼓粒期 | 8 月 14 日 | 8 月 12 日 | 8 月 13 日 |
| 成熟期 | 9 月 11 日 | 9 月 13 日 | 9 月 11 日 |
| 收获日 | 9 月 30 日 | 9 月 30 日 | 9 月 30 日 |

1. 土壤含水量变化

2014 年由于 Trime 仪器没有及时到位，基于 Trime 仪器连续测量的土壤含水量没有进行测量，所以土壤含水量只采用取土烘干法进行测定。在整个大豆生育期内，共进行 8 次测量，测量日期分别是 5 月 29 日、7 月 15 日、7 月 20 日、7 月 31 日、8 月 11 日、8 月 21 日、9 月 4 日和 9 月 14 日。由于试验期间降雨量比较充足，因此大田试验没有进行亏水处理。数据处理时，计算每次采样各深度处平均土壤含水量，结果如图 6.20 所示。从图中可以看出，土壤含水量主要在 1m 以内的土层变化，试验开始时 5 月 29 日的土壤含水量最高，然后逐渐降低。到收获时，60cm 以下的土壤水分已经达到生育期的最低值，表层 0～40cm 土壤含水量较高是由于收获前的一次降水。总体看出生育期土壤含水量在 0.25～0.35cm³/cm³ 之间变化，土壤水分比较充足。

图 6.21 描述了 2015 年大豆试验田土壤含水量的变化。从图中可以看出雨养条件下 0～80cm 的土壤含水量多集中在 0.2～0.3cm³/cm³ 内变化。但是也可以明显看出由于在 7 月底至 8 月初由于没有降水，造成 8 月 1 日和 8 月 13 日的土壤含水量明显下降，后期由于降水逐渐增加，这时土壤的水分也增加，对比初始含水量 5 月 29 日和收获时 9 月 19 日的土壤含水量可知，生育期内土壤含水量处于消耗状态。

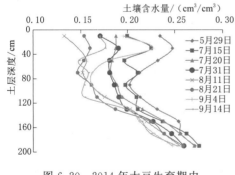

图 6.20　2014 年大豆生育期内
土壤含水量变化

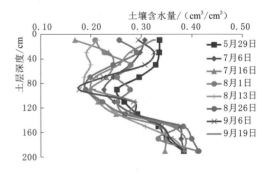

图 6.21　2015 年大豆生育期内
土壤含水量变化

2016 年在整个大豆生育期，采用取土烘干法共测量土壤含水量五次，测量日期分别是 7 月 2 日、7 月 20 日、8 月 5 日、8 月 29 日和 9 月 29 日，结果如图 6.22 所示。可以看出，土壤含水量在 80cm 土层以上变化较大，尤其是 9 月 29 日的土壤含水量明显大于其他时间的土壤含水量，这是因为 9 月降雨量较多，使整个土层土壤含水量较高。

综合三年的土壤含水量变化趋势可以看出，在大豆生长期间内，土壤含水量主要在 80cm 内变化，而 120cm 以下土层的土壤含水量变化较小，这主要是由于 0～80cm 土层内分布大量的根系，根系对水分的吸收使得土壤含水量变化较大。降水主要分布在土壤表层，这是表层土壤水分变化较大的另一原因。比较苗期和收获时的土壤含水量可以看出，收获时的土壤含水量要显著低于苗期的土壤含水量，说明在大豆生长过程中消耗了土壤中的水分。而苗期和收获时的土壤含水量在 120cm 土层深度以下都比较接近，说明大豆生长几乎没有利用到 120cm 土层深度以下的土壤含水量，也表明作物对水分的吸收主要是在 120cm 以上的土层内，尤其是 80cm 以内的土层。

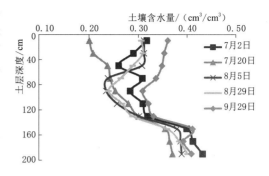

图 6.22　2016 年大豆生育期内非灌水处理与灌水处理土壤含水量变化对比

2. 生长指标变化分析

2014 年由于试验条件等客观原因，没有进行大豆生长指标的测量。2015 年整个生育期共进行了 6 次大田大豆定株生长指标测量。2016 年整个生育期内共进行了 4 次生长指标测定。

（1）株高。图 6.23 为试验区 2015 年和 2016 年大豆株高变化趋势图。由图可知，株高随着生育时间的增加而逐渐增加，在 8 月中旬株高达到最大，以后有轻微减缓趋势，且 2016 年株高峰值要大于 2015 年，这可能是由于 2016 年降雨充沛。在 2015 年对比灌水处理和非灌水处理发现，非灌水处理株高小于 80cm，灌水处理株高接近 85cm，经过灌水处理后的大豆株高均高于非灌水处理情况。通过比较分析发现，2015 年在大豆快速生长阶段研究区发生旱情，大豆植株长期处于亏水阶段，因此可能导致大豆株高较低。

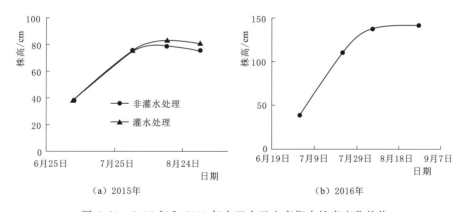

（a）2015 年　　　　　　　　（b）2016 年

图 6.23　2015 年和 2016 年大田大豆生育期内株高变化趋势

（2）茎粗。2015 年和 2016 年大田大豆生育期内茎粗变化如图 6.24 所示，在 7 月中下旬试验区大豆茎秆周长基本上到达最大值，随着大豆生长发育，茎秆周长趋于平稳。对比 2015 年灌水处理和非灌水处理的茎秆周长变化发现，两种处理结果的茎粗变化趋势保持一致，但经过灌水处理后的茎粗比非灌水处理的茎秆要粗 0.5cm 左右。对比 2015 年与 2016 年发现，2016 年茎秆周长整体上高于 2015 年，这可能与 2016 年降水充沛有关。

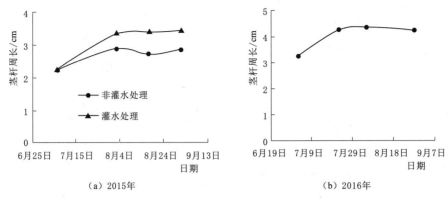

图 6.24　2015 年和 2016 年大田大豆生育期内茎粗变化趋势

（3）叶片数。本试验用叶片数表征大豆叶片的疏密程度。图 6.25 为 2015 年和 2016 年大田大豆生育期内叶片数变化趋势。由图中可知，两年生育期内大豆叶片数的变化趋势大致相同，大豆在 7 月底 8 月初叶片数达到峰值，随后由于叶片枯黄开始减少。2015 年灌水处理叶片数整体高于非灌水处理；2016 年整体均值要高于 2015 年，这可能是由于 2016 年生育期内降水量充沛。

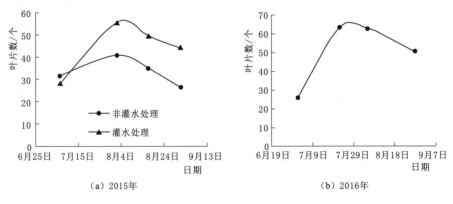

图 6.25　2015 年和 2016 年大田大豆生育期内叶片数变化趋势

（4）干生物量。图 6.26 为研究区 2015 年和 2016 年大豆干生物量的变化趋势图。由图可知，大豆干生物量在生育期呈现先逐渐增长又缓慢下降的趋势。2015 年 8 月中旬出现干旱情况，所以大豆植株的干生物量增长较平缓，对比 2015 年灌水处理与非灌水处理发现，灌水处理后的大豆干生物量增长明显快于非灌水处理，且灌水处理后的大豆干生物量较未灌水的大豆干生物量要高。对比 2015 年和 2016 年结果表明，2016 年 8 月中旬大豆干生物累积已达到峰值，而 2015 年这个时间推迟到了 8 月下旬，因此干旱对于大豆生物量的累积有着明显的影响。

（5）根系。2015 年利用根系扫描仪观测大豆生育期内的根系生长情况，共进行四次根系扫描，时间分别为 7 月 5 日、7 月 19 日、8 月 26 日和 9 月 19 日，如图 6.27 所示。从气象数据可知，在 2015 年 7 月初到 8 月中旬几乎未发生降雨，在 7 月 21 日进行灌水。从图中可以看出，非灌水处理的根系主要生长在 60cm 以上，60cm 以下的根系开始变得

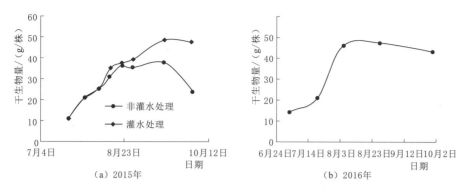

图 6.26    2015 年和 2016 年干生物量大豆生育期内变化趋势

稀少，而经过灌水处理的大豆根系生长到了 80cm 深处，可以发现旱情对大豆根系的生长有较大抑制作用。

3. 产量及水分利用效率

（1）产量。2014—2016 年测产结果见表 6.8。2014 年未发生旱情灾害，试验田大豆产量为 2.03t/hm²，亩产量为 135kg。2015 年 7 月、8 月发生干旱，对试验用地分为灌溉处理与非灌溉处理，其中灌溉处理产量为 1.9t/hm²，亩产量为 126kg，与 2014 年产量相一致。而非灌溉处理产量仅有 1.3t/hm²，亩产量为 86kg。2016 年降雨充沛，提高了大豆

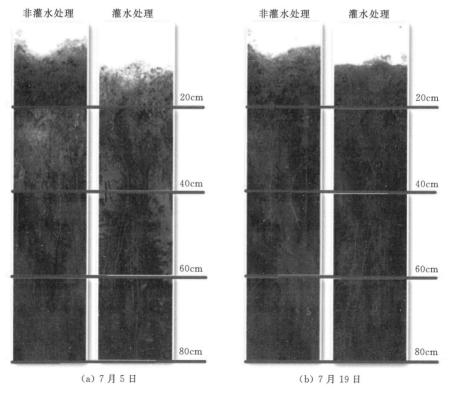

图 6.27（一）    2015 年大田大豆生育期内根系生长情况

95

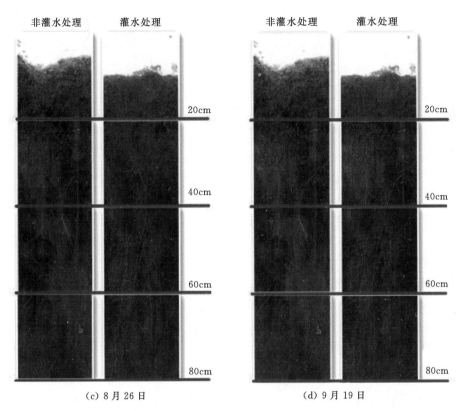

（c）8月26日　　　　　　　　（d）9月19日

图 6.27（二）　2015 年大田大豆生育期内根系生长情况

的产量，为 2.6t/hm²，亩产量为 171kg，与当地产量一致。可见，除作物本身生物学遗传特性外，干旱对产量有着重要的影响。

表 6.8　　　　　　　　　　　2014—2016 年大田大豆测产指标

| 年　份 | 2014 | 2015 | | 2016 |
| --- | --- | --- | --- | --- |
| | | 非灌水处理 | 灌水处理 | |
| 百粒重/g | — | 21.81±5.75 | 21.99±4.65 | 24.25±3.05 |
| 产量/(t/hm²) | 2.03±0.4 | 1.3±0.29 | 1.9±0.58 | 2.6±0.3 |

（2）作物蒸散量。根据式（6.6）～式（6.8）对 2014—2016 年作物实际蒸散量 $ET_a$ 和作物系数 $K_c$ 进行计算，具体计算结果见表 6.9。在不同年份作物耗水量不同，在降水充足条件下作物耗水量为 409～478mm。在干旱年份（2015 年）雨养条件下耗水量仅为 320mm，补充灌溉使得作物耗水量增加到 394mm，接近正常年份的耗水量。作物系数 $K_c$ 变化也较大，在 0.78～0.93 之间。对比三年总生育期 $K_c$ 值发现，发生过干旱的 2015 年大豆 $K_c$ 值小于 2014 年和 2016 年的值，且在 2015 年两个不同处理中，补充灌水处理的 $K_c$ 值大于非灌水处理的，与 2014 年相同，这可能是由于旱情加大了作物实际蒸散发导致的。

表 6.9                    2014—2016 年大豆生育期的耗水量与 $K_c$ 计算值

| 年　份 | 降雨/mm | $ET_0$/mm | 灌水量/mm | 作物耗水量/mm | $K_c$ |
|---|---|---|---|---|---|
| 2014 | 418.1 | 522.22 | 0 | 408.7 | 0.78 |
| 2015（非灌水处理） | 238.6 | 506.6 | 0 | 320.4 | 0.63 |
| 2015（灌水处理） | 238.6 | 506.6 | 100 | 393.5 | 0.78 |
| 2016 | 570.8 | 514.5 | 0 | 478.1 | 0.93 |

（3）水分利用效率。根据式（6.9）对 2014—2016 年大豆水分利用效率进行计算，计算结果见表 6.10。对比三年的水分利用效率发现，发生干旱的 2015 年非灌水处理试验的水分利用效率与其他结果相差较大，这说明干旱严重影响 WUE。降雨量充沛的 2016 年，试验 WUE 为 0.55kg/m³，大于 2014 年的结果，这表明充足的降水量有利于产量的提高。

表 6.10                    2014—2016 年试验田大豆水分利用效率

| 年　份 | 2014 | 2015 | | 2016 |
|---|---|---|---|---|
| | | 非灌水处理 | 灌水处理 | |
| WUE/（kg/m³） | 0.50 | 0.41 | 0.48 | 0.55 |

4. 小结

在大豆生长期间内，土壤水分主要在 80cm 内变化，而 120cm 以下土层的土壤水分变化较小，这主要是由于 0~80cm 土层内分布大量的根系，根系对水分的吸收使得土壤含水量变化较大。

试验期间试验田大豆产量在降水充足条件下 2014 年和 2016 年为 2.03~2.6t/hm²。但是在干旱年份 2015 年补充灌溉条件下产量为 1.9t/hm²，接近 2014 年产量，但是雨养条件下仅有 1.3t/hm²，产量降低了约 30%。

2014—2016 年在降水充足条件下作物耗水量为 409~478mm。在干旱年份（2015 年）雨养条件下耗水量仅为 320mm，补充灌溉使得作物耗水量增加到 394mm，接近正常年份的耗水量。作物系数 $K_c$ 在 0.78~0.93 之间，干旱年份 2015 年大豆 $K_c$ 值小于 2014 年和 2016 年的值。

2014—2016 年大豆水分利用效率变化范围为 0.41~0.55kg/m³。发生干旱的 2015 年非灌水处理的水分利用效率最小为 0.41，与其他年份和灌水处理的相差较大，这说明干旱严重影响 WUE。

### 6.1.4　盆栽试验玉米生长生理指标对水分胁迫的响应

2014 年，由于试验设备等客观原因只对抽雄期和灌浆期两个生育期进行了亏水处理。每个生育期有四个不同亏水程度处理，即 T1、T2、T3、T4，具体亏水复水日期见表 6.11、表 6.12。在灌浆期的 T4 处理亏水处理后不进行复水处理，直至植株枯死。

表 6.11　　　　　　　　　　　2014 年玉米抽雄期水分亏缺时间安排表

| 日期 | 7 月 | | | 8 月 | | | | | | |
|---|---|---|---|---|---|---|---|---|---|---|
| | 29 | 30 | 31 | 1 | 2 | 3 | 4 | 5 | 6 | 7 |
| T1 | 亏水 | | 复水 | | | | | | | |
| T2 | 亏水 | | | | 复水 | | | | | |
| T3 | 亏水 | | | | | | | 复水 | | |
| T4 | 亏水 | | | | | | | | | |

表 6.12　　　　　　　　　　　2014 年玉米灌浆期水分亏缺时间安排表

| 日期 | 8 月 | | | | | | | | |
|---|---|---|---|---|---|---|---|---|---|
| | 10 | 11 | 12 | 13 | 14 | 15 | 16 | 17 | 18 |
| T1 | 亏水 | 复水 | | | | | | | |
| T2 | 亏水 | | | 复水 | | | | | |
| T3 | 亏水 | | | | | 复水 | | | |
| T4 | 亏水 | | | | | | | 复水 | |

2015 年在四个生育期进行了亏水处理，分别是拔节前期、拔节后期、抽雄期以及灌浆期，每个生育期有四个不同亏水程度处理，即 T1、T2、T3、T4，见表 6.13～表 6.16。在灌浆期 T4 处理进行亏水后不进行复水处理，直至植株枯死。

表 6.13　　　　　　　　　　　2015 年玉米拔节前期水分亏缺时间安排表

| 日期 | 7 月 | | | | | | | | | |
|---|---|---|---|---|---|---|---|---|---|---|
| | 7 | 8 | 9 | 10 | 11 | 12 | 13 | 14 | 15 | 16 |
| T1 | 亏水 | 复水 | | | | | | | | |
| T2 | 亏水 | | 复水 | | | | | | | |
| T3 | 亏水 | | | | 复水 | | | | | |
| T4 | 亏水 | | | | | | | | 复水 | |

表 6.14　　　　　　　　　　　2015 年玉米拔节后期水分亏缺时间安排表

| 日期 | 7 月 | | | | | | | | | |
|---|---|---|---|---|---|---|---|---|---|---|
| | 21 | 22 | 23 | 24 | 25 | 26 | 27 | 28 | 29 | 30 |
| T1 | 亏水 | 复水 | | | | | | | | |
| T2 | 亏水 | | | 复水 | | | | | | |
| T3 | 亏水 | | | | | 复水 | | | | |
| T4 | 亏水 | | | | | | | 复水 | | |

表 6.15　　　　　　　　　　2015 年玉米抽雄期水分亏缺时间安排表

| 日期 | 7月 | 8月 | | | | | | | | |
|------|-----|-----|----|----|----|----|----|----|----|----|
| | 31 | 1 | 2 | 3 | 4 | 5 | 6 | 7 | 8 | 9 |
| T1 | 亏水 | 复水 | | | | | | | | |
| T2 | 亏水 | | | 复水 | | | | | | |
| T3 | 亏水 | | | | | 复水 | | | | |
| T4 | 亏水 | | | | | | | 复水 | | |

表 6.16　　　　　　　　　　2015 年玉米灌浆期水分亏缺时间安排表

| 日期 | 8月 | | | | | | | | |
|------|-----|----|----|----|----|----|----|----|----|
| | 10 | 11 | 12 | 13 | 14 | 15 | 16 | 17 | 18 |
| T1 | 亏水 | 复水 | | | | | | | |
| T2 | 亏水 | | | 复水 | | | | | |
| T3 | 亏水 | | | | | 复水 | | | |
| T4 | 亏水 | | | | | | | | |

1. 亏水处理对生长指标影响

（1）2014 年盆栽试验生长指标变化。2014 年盆栽试验主要测量玉米抽雄期与灌浆期处理的生长指标，在抽雄期共进行 5 次生长指标测量，在灌浆期进行 2 次测量。抽雄期生长指标变化具体情况如图 6.28 所示，灌浆期的生长指标情况见表 6.17。

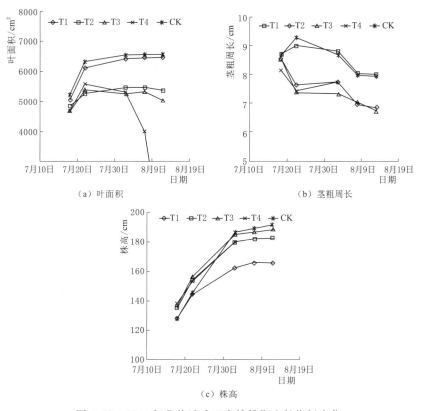

（a）叶面积　　　　　　　　　　　　　（b）茎粗周长

（c）株高

图 6.28　2014 年盆栽试验玉米抽雄期生长指标变化

表 6.17　　　　　　　　2014 年盆栽试验玉米灌浆期生长指标变化

| 日期 | 叶面积/$10^3 cm^2$ | | | | 茎粗（周长）/cm | | | | 株高/cm | | | |
|------|------|------|------|------|------|------|------|------|------|------|------|------|
| | T1 | T2 | T3 | T4 | T1 | T2 | T3 | T4 | T1 | T2 | T3 | T4 |
| 8 月 10 日 | 6.14 | 6.01 | 5.10 | 5.39 | 7.63 | 7.17 | 6.57 | 6.67 | 194.3 | 206.0 | 196.3 | 197.0 |
| 8 月 15 日 | 6.14 | 6.00 | 5.09 | 5.37 | 7.73 | 7.23 | 6.23 | 6.53 | 194.3 | 206.0 | 196.7 | 198.0 |

如图 6.28 所示，T1 到 T4 为四个不同亏水程度处理，CK 为对照试验，玉米植株的叶面积呈稳定上升趋势，当上升到一定阶段就会趋于稳定。对于不同亏水天数的玉米植株叶面积大小不同，亏水天数越长叶面积值会越小，并且都小于未进行处理的玉米植株的叶面积。玉米植株的茎粗在植株生长中后期呈下降趋势，当下降到一定程度就会趋于稳定。对于不同亏水天数的玉米植株茎粗大小不同，亏水天数越长茎粗的值会越小，且都小于未进行处理的玉米植株的茎粗，并且当亏水天数增加到一定时，茎粗的大小也趋于稳定。玉米株高呈现上升趋势，在 7 月末后开始生长缓慢，基本上趋于平稳。

从两个生育期的生长指标可以看出，水分亏缺对玉米植株的生长指标有着明显影响。

（2）2015 年盆栽试验生长指标变化。2015 年盆栽试验共进行了四个生育期处理，即拔节初期、拔节后期、抽雄期以及灌浆期，每个生育期共分四个处理方式（T1、T2、T3、T4），并设有整个生育期不进行亏水处理的植株做对照试验（CK）。为探求整个生育期内不同生育期发生旱情对玉米生长指标的影响，以及复水后植株生长指标的变化情况，在整个生育期每 5～10d 测量植株的各项生长指标，分析玉米植株成熟后，不同水分胁迫处理下生长指标的差异。2015 年盆栽试验生长指标变化情况如图 6.29～图 6.31 所示。

1）叶面积。如图 6.29 所示，玉米植株的叶面积呈稳定上升趋势，当上升到一定阶段就会趋于稳定，并在后期由于步入成熟阶段叶片枯黄，叶面积会有所下降。对于不同亏水天数的玉米植株其叶面积大小不同，亏水天数越长叶面积的值会越小，并且均小于未进行亏水处理的玉米植株的叶面积。对比四个生育期，水分亏缺对拔节初期、拔节后期的叶面积影响较大，叶面积最大值小于 $5000cm^2$，而抽雄期与灌浆期叶面积最大值可达到 $6000cm^2$。

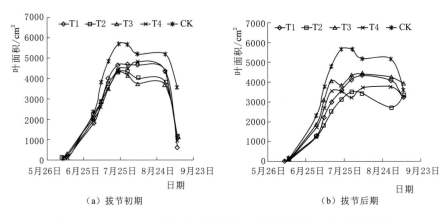

（a）拔节初期　　　　　　　　　　　（b）拔节后期

图 6.29（一）　2015 年盆栽试验不同生育期处理的玉米叶面积变化

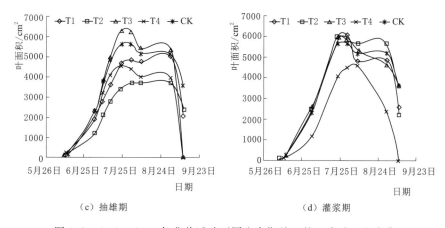

（c）抽雄期　　　　　　　　　　　（d）灌浆期

图 6.29（二）　2015 年盆栽试验不同生育期处理的玉米叶面积变化

2）茎粗。图 6.30 为 2015 年盆栽试验玉米不同生育期的茎粗（周长）变化。玉米植株的茎粗在植株生长前期快速增加，在中后期呈缓慢下降趋势，当下降到一定程度后会趋于稳定。对于不同亏水天数的玉米植株茎粗大小不同，亏水天数越长茎粗的值会越小，且都小于未进行处理的玉米植株茎粗，并且当亏水天数增加到一定时，茎粗大小也趋于稳定。对比四个生育期，水分亏缺对植株茎粗影响不大，且不同生育期玉米植株的茎秆的周长在后期都在 7cm 左右。

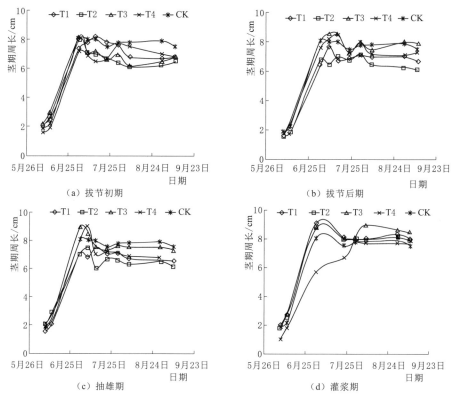

（a）拔节初期　　　　　　　　　　（b）拔节后期

（c）抽雄期　　　　　　　　　　　（d）灌浆期

图 6.30　2015 年盆栽试验不同生育期处理的玉米茎粗（周长）变化

3）株高。如图 6.31 所示，玉米植株的株高在植株生长前期稳定生长，在 7 月 25 日左右达到最大值，之后趋于稳定。对于不同亏水天数的玉米植株株高大小不同，亏水天数越长株高会越小，且都小于未进行处理的玉米植株株高，并且当亏水天数增加到一定时，株高的大小也趋于稳定。对比四个生育期，水分亏缺对拔节初期、拔节后期的株高影响较大，株高最大值在 170cm 左右，而在抽雄期和灌浆期亏水植株的株高约为 190cm。

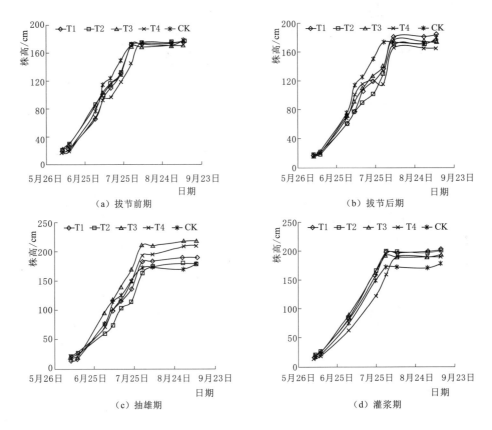

图 6.31　2015 年盆栽试验不同生育期处理的玉米株高变化

综合两年数据可以看出，水分亏缺对玉米植株生长有很大影响，明显造成玉米植株叶面积、株高的变化，但是对茎粗变化没有很大影响。不同生育期的水分亏缺对玉米植株的生长指标影响也不尽相同，在拔节期水分亏缺的玉米植株在成熟后叶面积和株高均明显小于抽雄期和灌浆期水分亏缺的玉米植株，且不同水分亏缺程度对玉米植株的影响也不同，亏水 1～3d 对玉米的影响较小，在玉米生长后期会大体恢复到正常生长水平，但是亏水天数继续增加会对玉米植株造成不可恢复的影响。

**2. 亏水处理对生理指标影响**

（1）气孔导度变化规律。气孔导度是指气孔对水蒸气、二氧化碳等各种气体的传导度，$mmol/(m^2 \cdot s)$。气孔导度会影响作物光合作用、呼吸作用和蒸腾作用，是用来表示气孔的张开程度。

1）气孔导度日变化过程。在玉米生育期内选定某一晴天作为典型日，对不进行亏水处理的植株全天候测量其气孔导度，即从 6：00 开始到 18：00 结束，对选定的植株每两个小时进行气孔导度测量。本试验在 2014 年 8 月 10 日进行气孔导度测量，观测玉米植株的气孔导度日变化过程（图 6.32）。

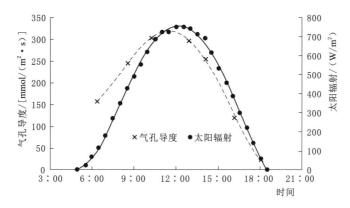

图 6.32　玉米气孔导度和太阳辐射的日变化过程（2014 年 8 月 10 日）

图 6.32 描述了典型日没有缺水条件下玉米叶片气孔导度和太阳辐射的日变化过程。从图中可以看出，气孔导度日变化显著，随着太阳辐射增加而逐渐变大，在午后，随着太阳辐射下降而降低。太阳辐射在 12：00 达到日最高值，但是气孔导度在 10 点左右就能够达到最大值，然后气孔导度比较稳定，14：00 以后会显著降低。在 18：00 后辐射接近于 0，这时气孔导度也接近于 0。

2）亏水处理对叶片气孔导度的影响。在 2014 年抽雄期和 2015 年灌浆期分别连续亏水处理试验，选择从上至下第一片成熟叶片，每天 12 点测量气孔导度，观测玉米植株从充分灌水到慢慢枯萎的气孔导度。图 6.33 描述了连续亏水条件下气孔导度（12 点测量）随时间的变化过程，图中的黑色箭头为灌水日期（下同）。从两幅图中可以看出，在灌溉条件下当土壤水分充足时，叶片气孔导度较高，在刚灌水后，气孔导度可达到 350mmol/(m² · s) 左右，而随着水分的连续缺失，气孔导度会显著下降，并维持在一个极小的范围内。当气孔导度明显降低时，说明植物已经出现了显著的亏水，受到了严重的

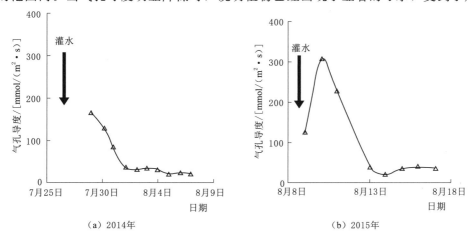

图 6.33　连续亏水条件下玉米叶片气孔导度的变化（每天 12：00 测量）

水分胁迫。当气孔导度接近于 20mmol/(m² · s) 时，植物接近于枯死。

图 6.34 和图 6.35 描述了 2014 年和 2015 年各个生育期不同亏水处理条件下 12 点测量的气孔导度随时间的变化过程。在试验期间内，短期亏水的 T1、T2 条件下，气孔导度未发生很大变化，连续亏水条件下叶片的气孔导度在 30mmol/(m² · s) 左右，而土壤水分充足时可以达到 300mmol/(m² · s) 左右或者更高。但是亏水后立即复水，可以看出气孔导度迅速恢复到未缺水的水平，即使在长期亏水的 T4 条件，复水后其气孔导度也迅速增加，这说明玉米作物的抗旱能力较强。2015 年抽雄期的 $T_1$ 处理在 8 月 5 日至 8 月 7 日的气孔导度明显低于正常水平，可能是由于 $T_1$ 处理在这几日灌水不当导致少量缺水。

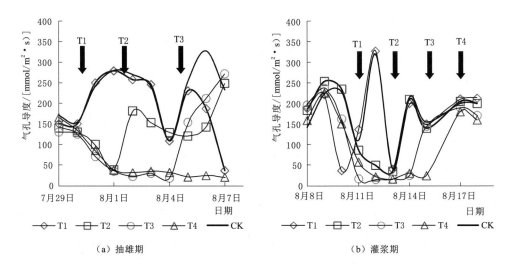

图 6.34　2014 年不同生育期不同亏水处理条件下玉米叶片气孔导度
随时间的变化过程（箭头对应相应处理恢复供水）

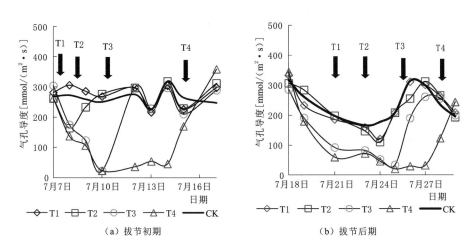

图 6.35（一）　2015 年不同生育期不同亏水处理条件下玉米叶片气孔导度
随时间的变化过程（箭头对应相应处理恢复供水）

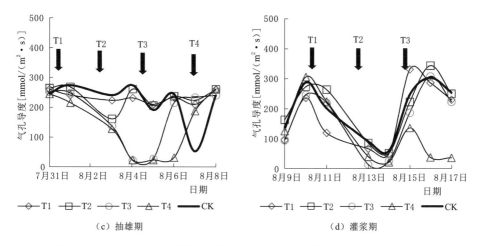

（c）抽雄期　　　　　　　　　　　（d）灌浆期

图 6.35（二）　2015 年不同生育期不同亏水处理条件下玉米叶片气孔导度
随时间的变化过程（箭头对应相应处理恢复供水）

3）气孔导度和土壤含水量关系。土壤含水量是影响作物气孔导度变化的主要因素。
12 点测量的气孔导度与土壤含水量关系如图 6.36 表示。对比 2014 年和 2015 年的气孔导
度与土壤含水量关系可以看出，当土壤含水量高于 $0.22cm^3/cm^3$ 时，土壤含水量变化对
气孔导度影响较小，这时气孔导度一般在 $300mmol/(m^2 \cdot s)$ 左右，而当土壤含水量低于
$0.15cm^3/cm^3$，这时平均的气孔导度低于 $50mmol/(m^2 \cdot s)$，而当土壤含水量在 $0.15 \sim$
$0.22cm^3/cm^3$ 时，气孔导度变化较剧烈，分析原因可能是这时植株受水分胁迫但由于灌
水等原因，气孔导度变化剧烈。因此土壤含水量在 $0.18cm^3/cm^3$ 可以作为玉米是否受到
水分胁迫的判断阈值。

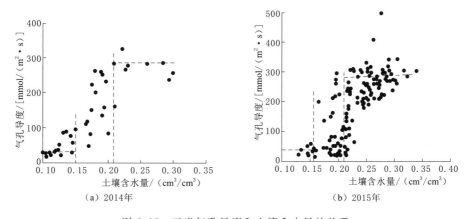

（a）2014 年　　　　　　　　　　　（b）2015 年

图 6.36　玉米气孔导度和土壤含水量的关系

（2）冠层温度变化规律。2014 年由于试验设备等客观因素只进行了灌浆期的冠层温
度测量，所以 2014 年以灌浆期为代表对冠层温度进行分析。

1）冠层温度与土壤含水量的关系。图 6.37、图 6.38 分别描述了 2014 年和 2015 年
测得的冠层温度与土壤含水量关系。可以看出两年冠层温度与土壤含水量的关系总体趋势

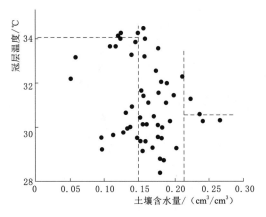

图 6.37　2014 年冠层温度与土壤含水量的关系

相同，土壤含水量越高，冠层温度越低，与张文忠的研究结果一致。综合两年数据可以看出，土壤含水量在 $0.15 \sim 0.22 \mathrm{cm}^3/\mathrm{cm}^3$ 冠层温度变化较大，而当土壤含水量小于 $0.15 \mathrm{cm}^3/\mathrm{cm}^3$ 时，冠层温度整体较高。同时可以看出在土壤含水量小于 $0.15 \mathrm{cm}^3/\mathrm{cm}^3$（图 6.37）和土壤含水量大于 $0.22 \mathrm{cm}^3/\mathrm{cm}^3$（图 6.38）时，冠层温度变化较大。图 6.37 中在土壤含水量小于 $0.16 \mathrm{cm}^3/\mathrm{cm}^3$ 时，有部分冠层温度在 30℃，明显小于该土壤含水量所对应的大部分冠层温度（约为 34℃），图 6.38 中当土壤含水量大于 $0.22 \mathrm{cm}^3/\mathrm{cm}^3$ 时，冠层温度分布也不聚集，可能是大气温度、人类活动等对冠层温度造成了影响。观察 2015 年不同生育期的冠层温度数据发现，当土壤含水量小于 $0.15 \mathrm{cm}^3/\mathrm{cm}^3$ 时，拔节初期的冠层温度约 33℃，而拔节后期、抽雄期及灌浆期的冠层温度约 34 ℃，且拔节初期的整体温度低于其他三个生育期。我们发现冠层温度和土壤含水

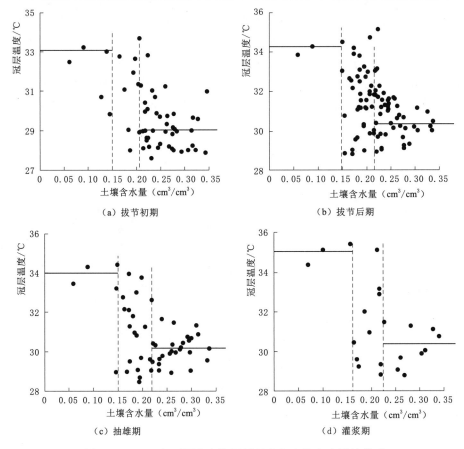

图 6.38　2015 年不同生育期冠层温度与土壤含水量的关系

量关系的规律性不是很强，出现这种现象主要是冠层温度不仅与土壤含水量有关系，还受当时的空气温度等条件影响，随着空气温度的上下浮动而发生变化。为了消除空气温度对植株冠层温度的影响，进一步分析了冠气温度比（冠层温度和空气温度比值）和土壤含水量的关系，如图 6.39 和图 6.40所示。

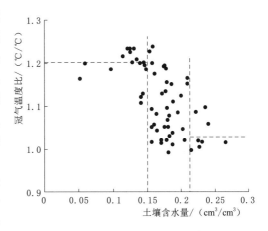

图 6.39　2014 年冠气温度比与土壤含水量的关系

　　总体上看，冠气温度比表现出来的规律性比冠层温度与土壤含水量的关系要好。对比 2014 年和 2015 年的冠气温度比与土壤含水量的关系，以及 2015 年不同生育期的冠气温度比与土壤含水量的关系可以看出，不同时间、不同温度条件下玉米植株的冠气温度比和土壤含水量的关系大体一致，不同土壤含水量对冠气温度比的影响不同，冠气温度比随着土壤含水量的升高而降低。当土壤含水量小于 $0.15cm^3/cm^3$ 时，冠气温度比较大，

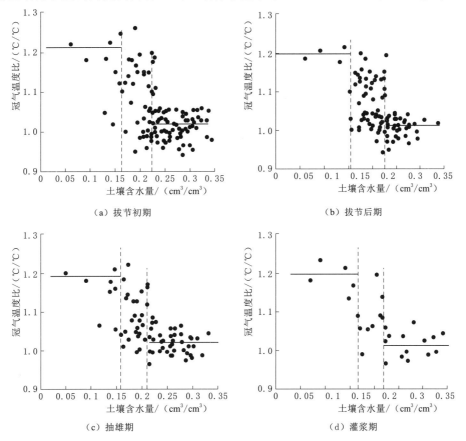

图 6.40　2015 年不同生育期冠气温度比与土壤含水量的关系

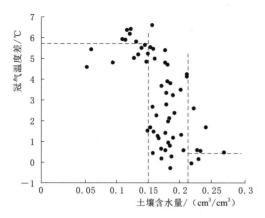

图 6.41　2014 年冠气温度差与土壤
含水量的关系

平均值约为 1.2。土壤含水量在 $0.15\sim$ $0.22cm^3/cm^3$ 时，冠气温度比变化较大，总体在 $1.0\sim1.2$ 变化。随着土壤含水量继续增高至大于 $0.22cm^3/cm^3$，冠气温度比整体较小，均值略大于 1.0。为进一步了解冠层温度与土壤含水量的关系，我们计算了冠层温度和大气温度的差值，并做冠气温度差与土壤含水量的关系图，如图 6.41 和图 6.42 所示。

图 6.41、图 6.42 分析了 2014 年与 2015 年的冠气温度差与土壤含水量的关系，其关系与冠气温度比呈现出来的规律基本一致。在土壤含水量小于 $0.15cm^3/cm^3$ 时，冠层温度与空气温度之间差值较大，均值在 $5.0℃$ 左右。当土壤含水量在 $0.15\sim0.22cm^3/cm^3$

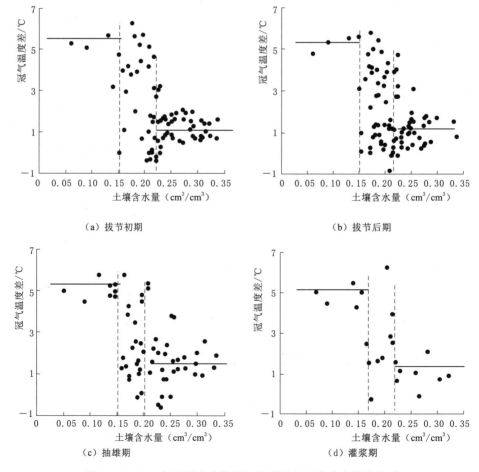

（a）拔节初期　　　　　　　　　　　　　（b）拔节后期

（c）抽雄期　　　　　　　　　　　　　（d）灌浆期

图 6.42　2015 年不同生育期冠气温度差与土壤含水量的关系

时，冠气温度差变化较无规律，范围为 $0 \sim 5℃$。土壤含水量继续增大，大于 $0.22\mathrm{cm}^3/\mathrm{cm}^3$ 时，冠层温度与大气温度较接近，差值小于 $2℃$，均值在 $1℃$ 左右。

从图 6.37～图 6.42 可以看出，不同的土壤含水量情况对冠层温度的影响明显不同。当土壤含水量小于 $0.15\mathrm{cm}^3/\mathrm{cm}^3$ 时，冠层温度都明显较高且稳定在 $34℃$ 左右，这时冠气温度比以及冠气温度差的数值也较大，冠气温度比约为 1.2，而冠气温度差在 $5℃$ 左右，这说明当土壤含水量小于 $0.15\mathrm{cm}^3/\mathrm{cm}^3$，植株明显受到了水分胁迫，植株长期处于土壤含水量较低的情况下会影响其正常的生理活动。当土壤含水量大于 $0.22\mathrm{cm}^3/\mathrm{cm}^3$ 时，冠层温度、冠气温度比和冠气温度差三者的值较小，并且稳定，说明这时的土壤含水量充分，能满足植株正常的生理活动。当土壤含水量在 $0.15 \sim 0.22\mathrm{cm}^3/\mathrm{cm}^3$ 时，冠层温度、冠气温度比和冠气温度差变化浮动较大，且变化范围在受水分胁迫和充分灌溉的数值之间，说明当土壤含水量在该范围内时，植株受到了一定的水分胁迫，这时如果灌水及时，植株能够通过自身的调节能力恢复至正常生理条件，植株生长不会受到很大的影响；若不能及时灌水，土壤含水量进一步降低，植株的正常生理生长情况都会受到很大的影响，进一步影响产量。

2）冠气温度比与气孔导度的关系。为进一步分析冠层温度对植物生理影响，本书分析了冠气温度比与气孔导度的关系，如图 6.43、图 6.44 所示。图 6.44 为 2015 年各个生育期的冠气温度比与气孔导度的关系以及总体的关系，可以看出，若冠气温度比小于 1.1（土壤含水量大于 $0.22\mathrm{cm}^3/\mathrm{cm}^3$），气孔导度比较大；而接近于 1.2 时（土壤含水量小于 $0.15\mathrm{cm}^3/\mathrm{cm}^3$），气孔导度显著减小，一般小于 $50\mathrm{mmol}/(\mathrm{m}^2 \cdot \mathrm{s})$，表明此时作物受到严重的水分胁迫。在整个试验阶段气孔导度在 $0 \sim 300\mathrm{mmol}/(\mathrm{m}^2 \cdot \mathrm{s})$ 变化，而冠气温度比基本上在 $1.0 \sim 1.3$ 变化。该结果与图 6.39、图 6.40 的结果一致，也说明了土壤含水量小于 $0.15\mathrm{cm}^3/\mathrm{cm}^3$ 会显著影响作物的生理活动。

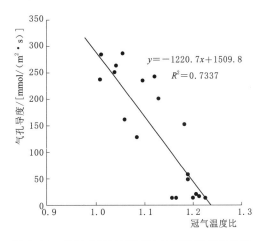

图 6.43　2014 年冠气温度比与气孔导度的关系

对比土壤含水量与冠层温度、冠气温度比、冠气温度差的关系，我们发现冠气温度比与土壤含水量有较好的关系，因此本书把冠气温度比作为判断水分亏缺的一项指标。当土壤含水量小于 $0.15\mathrm{cm}^3/\mathrm{cm}^3$ 时，试验条件下冠层温度在 $34℃$ 左右，冠气温度比约为 1.2，冠气温度差约为 $5℃$，表明植株明显受到水分胁迫，并在一定程度上影响了植株的生理作用。当土壤含水量大于 $0.22\mathrm{cm}^3/\mathrm{cm}^3$ 时，冠层温度在 $30℃$ 左右，冠气温度比一般小于 1.0，冠气温度差一般小于 $2℃$，这几项指标值均为最小，说明这时植株的水分供给充分，土壤含水量能满足植物生长的需求。当土壤水分为 $0.15 \sim 0.22\mathrm{cm}^3/\mathrm{cm}^3$ 时，冠气温度比为 $1.0 \sim 1.2$，试验条件下冠层温度为 $30 \sim 34℃$，冠气温度差一般为 $2 \sim 5℃$，这时植株受到一定的水分胁迫，但如果灌水及时，在植株的自我调节下不会影响其正常生长，若不及

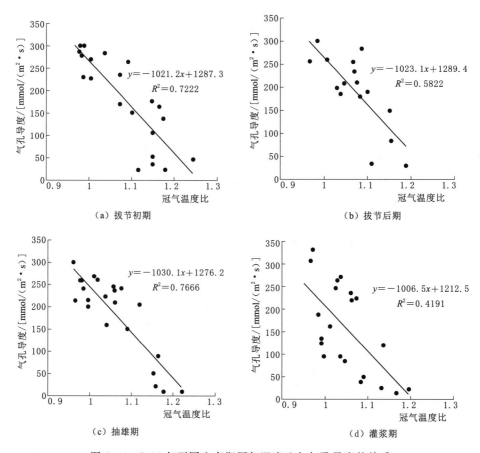

图 6.44  2015年不同生育期冠气温度比与气孔导度的关系

时灌水，土壤含水量持续下降，会对植株的正常生长产生影响，进而影响产量。

（3）叶水势变化规律。水势指标可以直接表示植物的水分状况和水分亏缺的程度。在植物各个部位的水势当中，叶水势对植物体内水分缺失的反应最为敏感，其大小随环境因素的不同而变化，反映了不同环境下的水分条件对植物各项生理活动的影响。

本试验在 2015 年对灌浆期 T4 处理时（亏水后不进行复水试验），对植株进行叶水势连续测量，观察叶水势对植株水分胁迫的反应（图6.45）。由图中可知，叶水势与土壤含水量呈现"S"形关系，随着土壤含水量增加叶水势逐渐变大。当土壤含水量大于 $0.25cm^3/cm^3$ 时，叶水势呈现较平稳趋势，均值在 $-1$ MPa 左右；当土壤含水量在 $0.15cm^3/cm^3$ 到 $0.20cm^3/cm^3$ 之间时，叶水势值波动较大，在 $-2.5\sim-1$MPa 之间；当土壤含水量低于 $0.15cm^3/cm^3$ 时，叶水

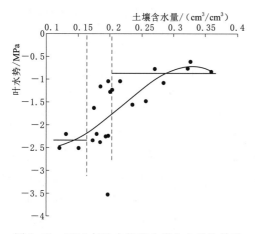

图 6.45  2015年叶水势和土壤含水量的关系

势值较小且平稳，约为－2MPa。为进一步研究玉米植株叶水势与生理指标的关系，本书做了叶水势与气孔导度和冠气温度比的关系，如图 6.46 和图 6.47 所示。发现叶水势与气孔导度呈正比，与冠气温度比呈反比趋势，且由图中可以发现叶水势和冠气温度比的上限分别为－1MPa 和 1.2℃/℃，气孔导度的下限为 30mmol/(m² · s) 左右。

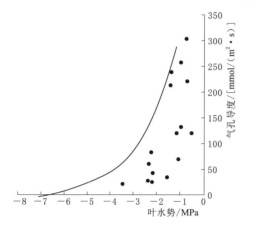
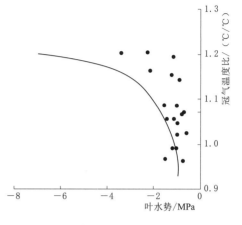

图 6.46　2015 年叶水势与气孔导度的关系　　图 6.47　2015 年叶水势与冠气温度比的关系

### 3. 亏水处理对蒸散量影响

在不同土壤含水量条件下，玉米植株的蒸散量也不相同。为排除气候条件对玉米蒸散造成的影响，本研究设置水面蒸发试验，用玉米蒸散量与水面蒸发的比值来确定水分亏缺对玉米蒸散量的影响。

2014 年和 2015 年各个生育期不同水分亏缺处理的玉米植株蒸散量随时间变化如图 6.48 和图 6.49 所示。在 2014 年只在抽雄期和灌浆期进行水分处理试验，2015 年共进行了四个生育期的试验，分别是拔节前期、拔节后期、抽雄期和灌浆期。图中黑色箭头表示不同水分处理对应灌溉开始日期。可以看出在出现亏水情况下，作物蒸散量会明显

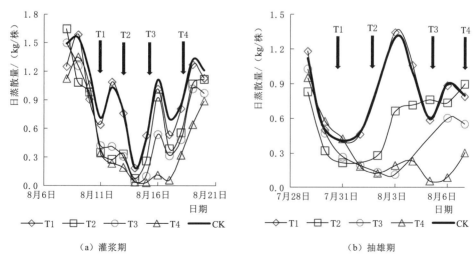

图 6.48　2014 年各生育期不同亏水时间对玉米蒸散量的影响

小于 CK 对照植株的蒸散量，如果及时进行灌溉，植株的蒸散量会变大，且能够恢复到较高的水平，但是一般也会稍微低于充分供水条件下的蒸散量。随着亏水时间的延长，其复水后蒸散量恢复的能力就越小。亏水最少的 T1 处理复水后其蒸散量与充分灌溉的相差不多，但对于亏水时间最长的 T4 处理，即使在复水后，其蒸散量也仅为充分灌溉的 1/2 左右。

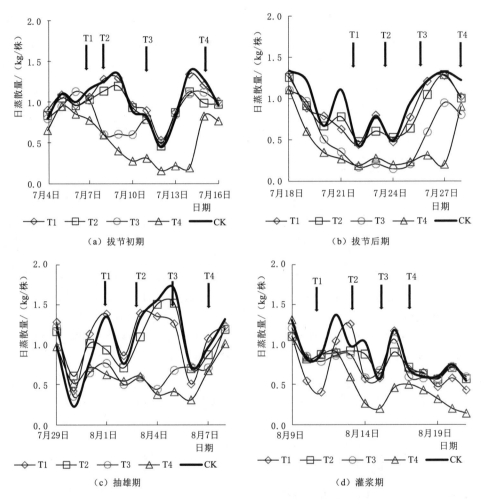

图 6.49 2015 年各生育期不同亏水时间对玉米蒸散量的影响

为去除环境因素对蒸散量的影响，将每日测量的蒸散量除以 20cm 蒸发皿测得的水面蒸发量。由于 2015 年缺测不连续，故相对蒸散量随时间变化趋势以 2014 年为主，2014 年的抽雄期和灌浆期不同水分亏缺处理对相对蒸散量的影响如图 6.50 所示。从图中可以看出，当灌溉比较及时，土壤水分比较充足时，相对蒸散量一般要大于 0.1kg/mm，但是在水分亏缺条件下，一般相对蒸散量要低于 0.1kg/mm，在长时间的水分亏缺条件下，相对蒸散量要低于 0.05kg/mm，如两个实验周期内的 T4 处理。

进一步分析土壤含水量与相对蒸散量的关系，如图 6.51 所示。从图中可以看出，相对蒸散量总体上随着土壤含水量的降低而下降。当土壤含水量大于 0.20cm³/cm³ 时，大

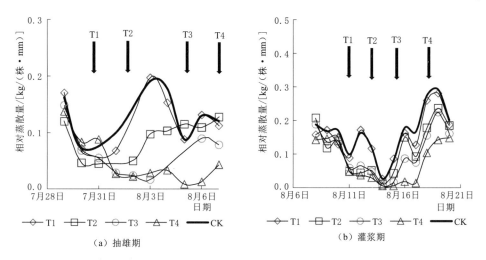

图 6.50  2014 年各生育期不同水分处理相对蒸散量的变化过程

部分的相对蒸散量均大于 0.1kg/（株·mm），说明这时土壤水分供给充足，玉米生长没有受到水分胁迫。而当土壤含水量小于 0.15cm³/cm³ 时，90％以上的点在 0.1kg/（株·mm）以下，其大部分的点在 0.05kg/（株·mm）以下，表明其蒸散量仅为正常条件下的 1/3，说明这时玉米已经受到了严重的水分胁迫。而当土壤含水量在 0.15～0.20cm³/cm³，土壤水分变化对相对蒸散量影响较大，这可能是在该阶段，虽然有一定的水分胁迫，但是作物通过自身的调节可改变蒸散量，以减少水分蒸发，维持体内的水分供给。

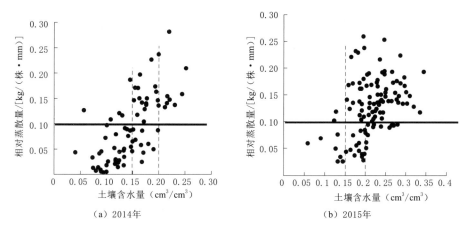

图 6.51  相对蒸散量和土壤含水量（体积）的关系

4. 亏水处理对产量影响

盆栽试验结束后测定玉米地上部分和地下部分的干物质量，并计算根冠比。2014 年和 2015 年的地上生物量及根冠比如图 6.52 和图 6.53 所示。观察 2014 年抽雄期和 2015 年灌浆期数据可以看出，一直处于水分亏缺的处理（T4）对地上生物量的影响较大，造成根冠比的值略大。对比 2014 年两个生育期的数据可以发现，水分亏缺对抽雄期的影响大于对灌浆期的影响。对比 2015 年不同生育期的数据，可以发现拔节初期的水分亏缺对

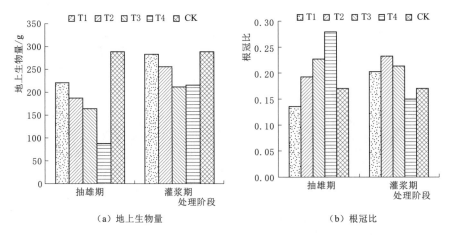

（a）地上生物量　　　　　　　　　　（b）根冠比

图 6.52　2014 年盆栽试验玉米地上生物量及根冠比

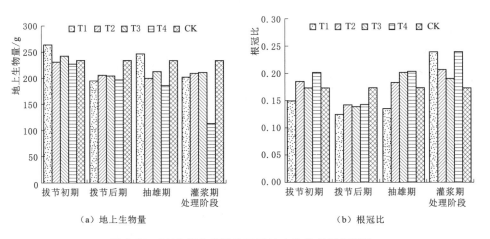

（a）地上生物量　　　　　　　　　　（b）根冠比

图 6.53　2015 年盆栽试验玉米地上生物量及根冠比

玉米植株的影响略小，对玉米植株在拔节后期进入抽雄期时的生长发育影响较大。

综合两年数据可以看出，随着亏水时间的延长，亏水强度增加，这时地上部分的生物量减少也较多。与充分灌溉相比，拔节初期的生物量几乎没减少，拔节后期和抽雄期亏水可使作物的地上部分生物量减少了 20%～70%，灌浆期亏水使得作物的生物量减少 2%～20%，相应的作物根系减少了 20%～50%。根冠比显示，与充分灌溉相比，拔节初期亏水对植株的根冠比影响不大；拔节后期亏水造成根冠比减小，但不同亏水时间对其影响不大，在拔节后期植株复水后恢复能力较强；抽雄期亏水除 T1 处理外，其他处理的根冠比有增大的趋势，且随着亏水强度的增加根冠比有增加的趋势，这可能主要是在亏水强度增加情况下，作物通过将更多的同化物质分配到根系，以促进根系生长，进而获取更多的土壤水分，以维持作物正常生长；但是在灌浆期，亏缺处理造成植株的根冠比进一步下降（图 6.53），这主要是在灌浆期亏水没有造成较大的地上生物量减少，但是根系量减少较多。灌浆期植物一般将较多的同化物质分配给籽粒，造成根系变化较少，但是在亏缺条件下，植物为了实现灌浆过程，会将更多的同化物质分配给籽粒，而减少对根系的同化物质分配，进而造成根系逐渐萎缩，且随着亏水程度的加大，根系量越小。比较四个生育期亏水对生物量的影响可知，拔节后期和抽雄期亏水对玉米的地上和地下生物量影响较大，因此在玉米生长阶段应尽量避免拔节后期和抽雄期作物受到水分亏缺。

图 6.54 和图 6.55 描述了 2014 年和 2015 年玉米收获时的考种数据和产量。整体上随着亏水天数的增加，产量减少。可看出抽雄期和灌浆期亏水处理使得产量出现了明显下降，降低幅度为 10%～100%，严重亏水条件下（T4）作物已经枯萎。果实长度显示在拔节初期和拔节后期水分适当的亏缺对其没有很大的影响，在抽雄期和灌浆期果实长度在亏水后有明显的减小。从图中可以看出除了一直亏水至枯萎的植株，水分亏缺对各个生育期的果实粗影响不大。秃尖长显示了果实的灌浆饱满程度，秃尖越小，表明整个果实的灌浆效果非常好，秃尖越长，表明尖部籽粒没有得到有效的灌浆，是无效的籽粒，图 6.54（c）和图 6.55（c）显示在拔节初期、拔节后期和抽雄期，适度亏水对秃尖长度影响较小，只有亏水强度比较大时（T3 和 T4），秃尖长度才明显增加，但是在灌浆期，不同的亏水均会造成秃尖长度的增加，亏水时间越长，秃尖长度越长。与充分供水相比，T1、T2、T3、T4 的秃尖长度分别增加了 12%、106%、218% 和 252%。

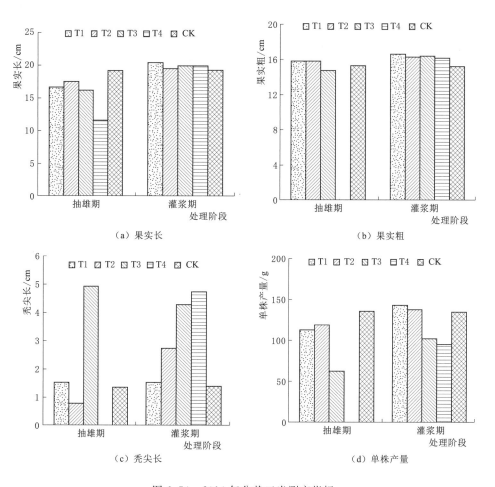

（a）果实长　　　　　　　　　　　（b）果实粗

（c）秃尖长　　　　　　　　　　　（d）单株产量

图 6.54　2014 年盆栽玉米测产指标

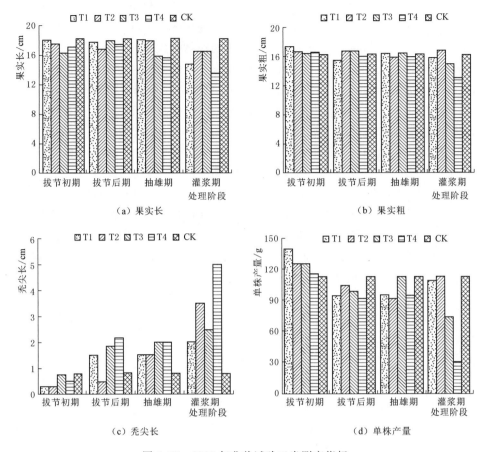

图 6.55　2015 年盆栽试验玉米测产指标

因此总体分析可得，在拔节期，水分亏缺对作物的整体影响较小；在抽雄期，水分亏缺会显著的减少作物的生物量和果实长度，以减少玉米籽粒库源的形式进而减少作物产量；而在灌浆期，通过影响灌浆过程，增加无效灌浆籽粒的途径减少作物产量。与其他生育期相比较，在灌浆期亏水会显著影响作物产量。

5. 研究区干旱等级划分

通过分析不同水分条件下作物生理生态变化与土壤水分的关系，可以初步得出研究区的干旱等级划分指标，见表 6.18。经过本试验研究，将试验区干旱等级分为四个等级，即轻旱、中旱、重旱和特旱，其中轻旱表示适当的灌水可以保证玉米植株的生长生理指标和产量恢复正常水平，中旱表示灌水后玉米植株的生长生理指标和产量仍会受到较小影响，重旱表示即使及时补充灌水玉米植株的生长生理指标和产量仍会受到较大影响，特旱表示即使补充灌水后玉米产量仍会受到极大的影响甚至绝收。结合前面的研究结果，基于土壤水分、冠气温度比、气孔导度和叶水势四个指标，提出了研究区干旱等级划分标准，见表 6.18。

6. 小结

（1）玉米植株生长指标会严重受到水分亏缺的影响，不同生育期的水分亏缺对玉米植

表 6.18　　　　　　　　　　　　研究区的干旱等级划分指标

| 指　标 | 干　旱　等　级 | | | |
| --- | --- | --- | --- | --- |
| | 特旱 | 重旱 | 中旱 | 轻旱 |
| 土壤含水量/(cm³/cm³) | <0.10 | 0.10～0.15 | 0.15～0.17 | 0.17～0.20 |
| 土壤相对湿度/% | <30 | 30～45 | 45～55 | 55～65 |
| 冠气温度比 | >1.2 | 1.1～1.2 | 1.1～1.0 | <1.0 |
| 气孔导读/[mmol/(m²·s)] | <50 | 50～100 | 100～150 | 150～300 |
| 叶水势/MPa | >-3.0 | ～-2.0～-3.0 | -1.5～-2.0 | -1～-1.5 |

株生长指标的影响也不尽相同。在拔节期水分亏缺的玉米植株在成熟后叶面积和株高均明显小于抽雄期和灌浆期水分亏缺的玉米植株，且不同水分亏缺程度对玉米植株的影响也不同，轻度亏水处理的玉米植株在后期会大体恢复到正常生长水平，但是亏水天数继续增加会对玉米植株造成不可恢复的影响。

（2）水分亏缺会对玉米的生理条件造成影响，包括冠层温度、气孔导度和叶水势等。这些生理条件均与土壤含水量呈现"S"型关系，随着土壤含水量的降低，气孔导度和叶水势呈减小趋势，而冠层温度呈缓慢增加趋势。

（3）不同生育期的水分亏缺对玉米产量影响不同，同一生育期的不同亏水程度造成的影响也不相同。轻度亏水对玉米产量造成的影响不大，但如果植株亏水后灌水不及时，会对产量造成不可修复的影响。在拔节期，水分亏缺对作物的影响整体较小；在抽雄期，水分亏缺会显著的减少作物的生物量和果实长度，以减少玉米籽粒库源的形式减少作物产量；而在灌浆期，通过影响灌浆过程、增加无效灌浆资料的途径减少作物产量。与其他生育期相比较，在灌浆期亏水会显著的影响作物产量。

（4）提出了基于土壤水分、冠气温度比、气孔导度和叶水势四个指标的研究区玉米干旱等级划分标准，见表 6.18。

## 6.1.5　盆栽试验大豆生长生理指标对水分胁迫的响应

1. 亏水处理对生理指标影响

（1）冠层温度变化分析。图 6.56 描述了冠层温度与土壤含水量的关系，考虑到空气温度对冠层温度有直接的影响，因此利用冠层温度相对值（即冠层温度与空气温度的比值，简称冠气温度比），以减少不同观测日期空气温度的影响。从图中可以看出，冠层温度比一般随着土壤含水量的减少而增加，这主要是由于土壤含水量减少后，用于作物蒸腾的水分减少，作物叶片不能充分蒸腾以调节自身的温度，造成叶片温度升高。但是当水分充足时，叶片可以充分蒸腾，这时叶片温度也维持在一定相对稳定的范围。从图中可以看出，在不同的实验阶段，当土壤含水量一般大于 0.2cm³/cm³ 时，冠层温度相对值一般会小于 1.0 且比较稳定，表示土壤水分供给充足；而当土壤含水量逐渐降低时，冠层温度相对值也逐渐增加。当土壤含水量在 0.15～0.20cm³/cm³ 时，冠层温度相对值在 0.95～1.2 内变化，说明在该阶段土壤水分的变化会显著的影响冠层温度的变化，作物在干旱条件下通过自身对胁迫的调节，使得冠层温度出现一定范围的变化，而在土壤水分提高后，以恢复到未受胁迫的水平。当土壤含水量进一步降低到 $0.15\text{cm}^3/\text{cm}^3$ 以下时，冠层温度相对值一般在 1.1 以上，表明作物已经受到了严重的水分胁迫，再持续的胁迫会严重影响作物的生理功能，甚至会破坏部分生理功能，给作物进一步的生长发育造成不可逆转的影响。因此应防止土壤含水量降低到 $0.15\text{cm}^3/\text{cm}^3$ 以下，土壤含水量在 $0.15 \sim 0.20\text{cm}^3/\text{cm}^3$，应及时的补充土壤含水量，以保证作物的正常生长。

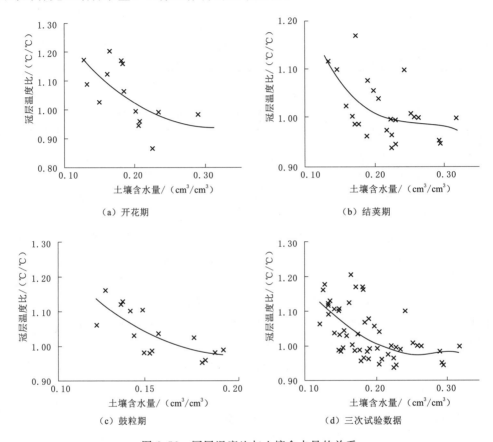

图 6.56　冠层温度比与土壤含水量的关系

（2）叶片气孔导度变化分析。图 6.57 描述了三个实验阶段不同处理的气孔导度变化过程。从图中可以看出，一般情况下，CK 对照的气孔导度最大，其次为稍微亏水的 T1 处理和 T2 处理，而亏水严重的 T4 处理一般气孔导度最小。

图 6.58 描述了气孔导度和土壤含水量的关系。三个实验阶段的数据显示，气孔导度一般随着土壤含水量的降低而降低。但是不同含水量范围对气孔导度的影响也不相同。从图 6.58 中大体可以看出，一般情况下，当土壤含水量大于 $0.20\text{cm}^3/\text{cm}^3$ 时，气孔导度受土壤含水量的影响较小，这时气孔导度在晴朗的天气条件下一般在 $300\text{mmol}/(\text{m}^2 \cdot \text{s})$ 以上，平均值约为 $400\text{mmol}/(\text{m}^2 \cdot \text{s})$。当土壤含水量在 $0.15 \sim 0.20\text{cm}^3/\text{cm}^3$，气孔导度一般随着土壤含水量的降低而降低，但是变化范围较大。这可能是由于作物在干旱条件下的自我调控，通过气孔适当关闭，减少蒸散，以维持体内水分。而在土壤水分升高时，又能及时调整气孔开度，以促进植物生长。但是当土壤含水量降到 $0.15\text{cm}^3/\text{cm}^3$ 以下时，叶

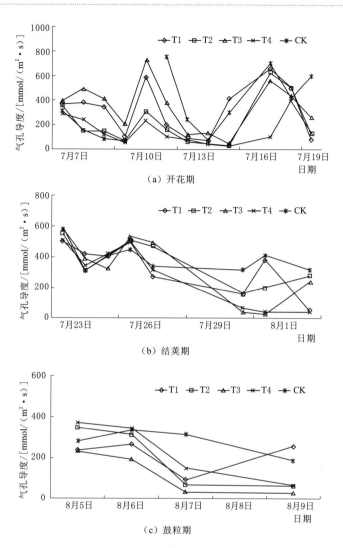

图 6.57　三个实验阶段不同处理的气孔导度变化过程

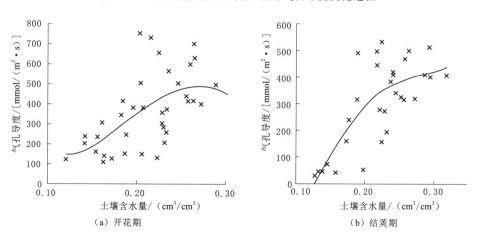

图 6.58（一）　气孔导度与土壤含水量的关系

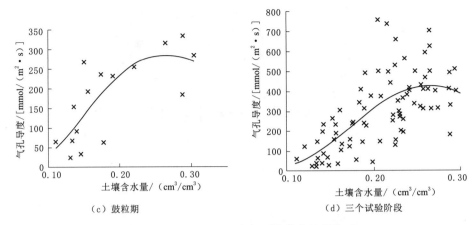

（c）鼓粒期　　　　　　　　　　（d）三个试验阶段

图6.58（二）　气孔导度与土壤含水量的关系

片的气孔导度一般小于100mmol/(m² · s)，说明叶片已经受到了严重的水分胁迫，且这些胁迫可能会造成气孔丧失调节功能。该结论与冠层温度的变化结论一致，说明在同样的水分范围，植物的两个生理要素（冠层温度和气孔导度）分别从宏观和微观角度显示了作物对土壤含水量的响应关系。

（3）叶片水势变化分析。图6.59描述了在结荚期和鼓粒期测量的叶水势变化过程，为使测量数值比较稳定，一般在6：00左右测量叶水势。这主要是由于经过晚上的土壤水分再分配，以及植物对水分的吸收和在体内的分配，使得叶片水势比较稳定。从图可以看出，叶片水势一般随着试验日期的推进而逐渐降低。结合试验过程中作物长势的观测可知，当叶片水势在−2～3MPa时，植物已经出现了比较严重的亏水状况；表现为中午出现明显的叶片萎蔫状况；而当叶片水势大于−1MPa时，一般作物生长比较良好，中午叶片没有出现萎蔫状况，表明没有表现出明显的水分亏缺。

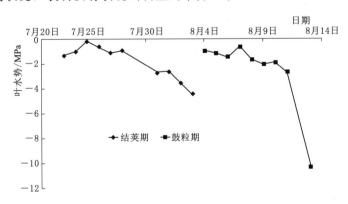

图6.59　结荚期和鼓粒期测量的叶水势随时间的变化

图6.60描述了土壤含水量和叶水势的关系。由于是在早晨测量，这时土壤—植物系统内的水分基本没有流动。在这种静态的情况下，考虑到植株较低，一般可认为叶片的水势即为土壤的水势。图6.60中的模拟曲线基于模型的土壤水分特性曲线。从图6.60中可以看出，当土壤含水量大于0.20cm³/cm³时，叶水势比较稳定且比较高，一般大于

−1.0MPa；随着土壤含水量从 0.20cm³/cm³ 下降到 0.15cm³/cm³，这时相应的叶水势也出现了一定幅度的下降，从−1.0MPa 下降到−2.0MPa。当土壤含水量进一步下降后，叶水势快速降低，表明植物已经丧失了调节叶水势的能力，植物已经受到了严重的水分胁迫。该结果与冠层温度和气孔导度表现出的结果一致。

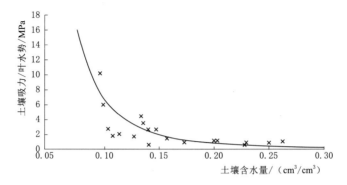

图 6.60　土壤含水量和叶水势的关系

（4）亏水处理对蒸散发影响。

1）充分供水条件下。图 6.61 描述了试验期间的灌溉日期和灌溉水量。从图 6.61 中可以看出，除了初始的日灌溉水量较大外，其他日期的灌溉水量一般在 1000～3000g/盆之间，灌溉频次一般为 2～3 天，灌水过程总体是均匀分布的，这保证了土壤水分一直处于比较合理的范围。图 6.62 显示日均含水量一般在 0.2～0.3cm³/cm³。

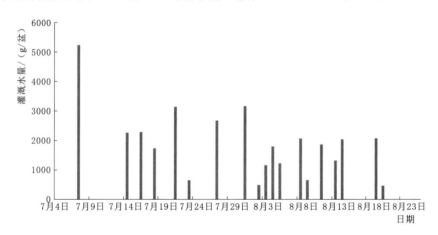

图 6.61　试验期间的灌溉水量

图 6.63 描述了充分供水条件下的作物蒸散量。从图 6.63 中可以看出，在土壤水分供给比较充足的条件下，作物蒸散量一直处于一个比较高的范围内，同时在试验期间变化较小，平均日蒸散量在 800g/盆左右。后期蒸散量有一定程度的降低，这主要是由于在作物生长的后期，其光合和蒸腾功能减弱，且潜在蒸散发也逐步减弱，造成大豆的蒸散发总体呈现下降趋势。

2）亏水处理条件下。图 6.64 与图 6.65 描述了不同处理的灌溉日期和水量、日蒸散

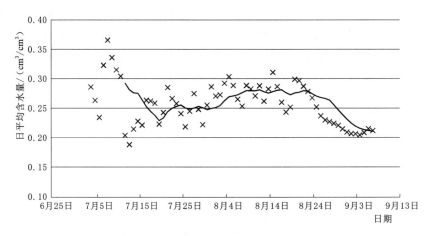

图 6.62 试验期间日均土壤含水量变化过程

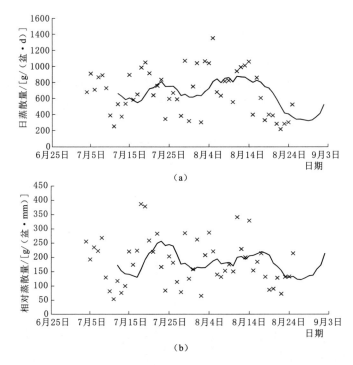

图 6.63 试验期间日实际蒸散量和相对蒸散量的变化过程

量的变化过程。从中可以看出，由于 T1 处理是稍微出现亏缺现象就进行补充灌溉，并保障在后期的生长过程中进行充分灌溉，所以蒸散量没有出现显著的下降变化，而 T2 和 T3 处理由于是在亏缺到一定程度进行灌溉，这时蒸散量出现了明显的下降，在 8 月 6—10 日，其蒸散量（400～500g/盆）约为 T1 的（700～800g/盆）的 50%～70%。但是当 T2 和 T3 分别在 8 月 9 日和 10 日复水后，植株的蒸散量在第二天明显提升，与 T1 的接近，表明植株的蒸腾功能得到了恢复。在后期水分供应充足的条件下，T1、T2、T3 的蒸散量没有显著的差别。但是对于 T4 处理，由于后期一直没有灌水，造成土壤含水量持续降低。当土壤含水量达到 $0.088\text{cm}^3/\text{cm}^3$ 时，植株死亡，表明土壤含水量已经达到了凋萎含水量。随着土壤含水量的降低，T4 处理植株的蒸散量也逐渐减小，当日蒸散量达到约 $40\text{g}/\text{盆}$ 时，植株死亡，这时的蒸散量主要是土壤水分蒸发量，因为植株的蒸腾已经为零。

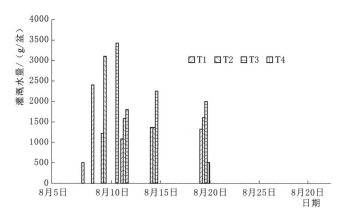

图 6.64　鼓粒期不同处理的灌溉日期和灌溉水量

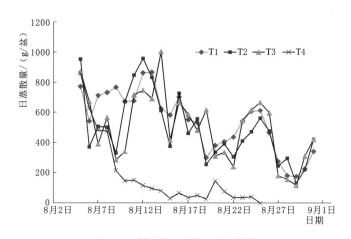

图 6.65　鼓粒期不同处理的蒸散量

同时图 6.65 显示在 8 月 15 日以后不同处理的蒸散量都处于逐渐下降的趋势。这可能是由于 8 月 15 日以后作物的生长已经处于生长后期，植株的蒸腾功能已经减弱，造成总体的蒸散量降低。同时在试验期间，天气的蒸发潜力也在减弱（图 6.66），这也使得植株实际蒸腾量下降。

为减少天气变化对蒸散量的影响，计算相对蒸散量，即实际蒸散量与潜在蒸散量的比值。开花期和鼓粒期相对蒸散量与土壤含水量的关系，如图 6.69 所示，结荚期得到的结果类似，数据没有列出。总体分析得到当土壤含水量大于 $0.20\text{cm}^3/\text{cm}^3$ 时，作物相对蒸散量变化较小且数量最大，表明作物蒸散量只受到气象条件的影响，这时土壤水分充足，作物没有受到水分胁迫。当土壤含水量在 $0.12\sim0.20\text{cm}^3/\text{cm}^3$ 之间时，蒸散量总体随着土壤含水量的降低而线性下降。而当含水量接近且小于 $0.12\text{cm}^3/\text{cm}^3$ 时，作物的蒸散量极小，试验观测可知这时植株基本枯死。因此根据图 6.64～图 6.68 描述的土壤含水量对蒸散量的

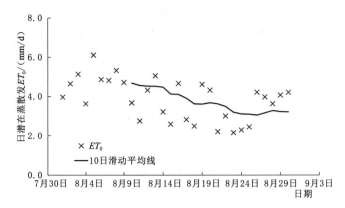

图 6.66　试验期间潜在蒸散发/$ET_0$变化过程

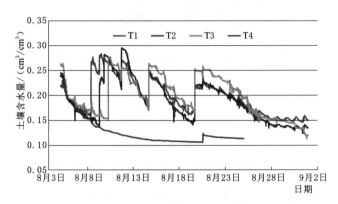

图 6.67　鼓粒期不同处理的土壤含水量变化过程

影响，可将大豆的旱情分为四级，分别为轻旱、中旱、重旱和特旱，对应的土壤含水量分别为 $0.17 \sim 0.20 \text{cm}^3/\text{cm}^3$、$0.15 \sim 0.17 \text{cm}^3/\text{cm}^3$、$0.12 \sim 0.15 \text{cm}^3/\text{cm}^3$、$< 0.12 \text{cm}^3/\text{cm}^3$。

**2. 亏水处理对产量及其要素影响**

图 6.69 描述了不同阶段的 4 个水分处理对收获时根冠比的影响。从图 6.69 中可以看

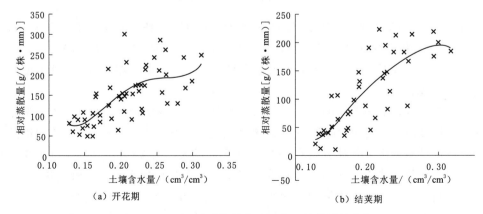

（a）开花期　　　　　　　　　　（b）结荚期

图 6.68（一）　试验期间大豆开花、结荚和鼓粒期
三个阶段相对蒸散量与土壤含水量的关系

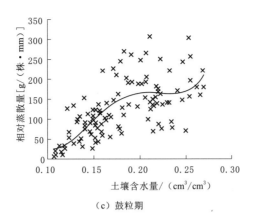

（c）鼓粒期

图 6.68（二）　试验期间大豆开花、结荚和鼓粒期
三个阶段相对蒸散量与土壤含水量的关系

出，水分亏缺会显著的增加根冠比，说明在水分亏缺条件下更多的同化物质被分配到了根部，使得根系的生物量增加，促使根系分布在更加广泛的范围内，以吸收更多的水分，供给作物正常生长。从不同阶段的水分亏缺影响来看，结荚期水分亏缺使得根冠比增加的比例最大（45%），其次是开花期（14%）和鼓粒期（13%）。亏水最严重的 T4 处理一般根冠比最大；T1 由于是在稍微出现水分亏缺时及时供水，使得其根冠比与充分供水条件下 CK 的根冠比比较接近。

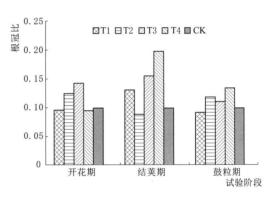

图 6.69　收获时不同处理植株的根冠比

图 6.70 描述了不同处理收获时的产量和干生物量。从图 6.70 中可以看出，鼓粒期水分亏缺会小幅度提高收获时的地上生物量，但是提高的程度随着亏缺程度的增加而显著减小。在开花期和结荚期水分亏缺，则对地上生物量没有造成明显的影响。该结论与前面的根冠比的结论相呼应，说明在结荚期作物对水分的变化比较敏感，水分亏缺后作物首先将同化物质优先转移到根部，以提高作物的抗旱能力，维持作物生长，进而造成地上生物量出现一定程度的下降。在鼓粒期，适度的水分亏缺会促进作物的生长，但是进一步的水分亏缺则会使得生物量下降。

收获时的产量显示，适当的水分亏缺会提高产量，如在开花期、结荚期和鼓粒期，适度水分亏缺（T1～T3）可使得产量分别提高 22%、6% 和 8%，但是过度的水分亏缺（T4 处理）则会造成减产，甚至造成作物的枯死，进而不能形成产量，如鼓粒期的 T4 处理。

收获时不同处理的生物量和产量如图 6.70 所示。从图中可以看出，在开花期和结荚期收获时生物量没有显著差异，但是产量却出现了明显的提高；而在鼓粒期产量的变化（+8%）

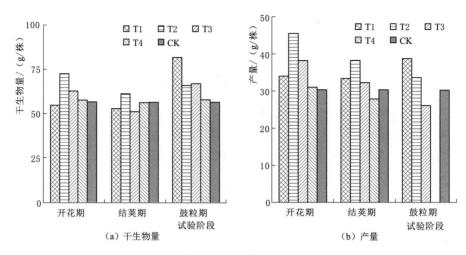

图 6.70 收获时不同处理的干生物量和产量

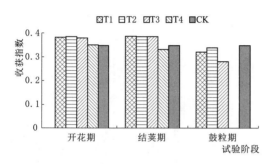

图 6.71 不同实验处理得到的收获指数

则要小于生物量的变化（+20%）。进一步分析发现，这可能是由于在籽粒形成过程中水分亏缺程度对光合形成的同化物质向籽粒的转移效率不同所致。图 6.71 显示，在开花期和结荚期，水分亏缺条件下的 T1～T3 处理，其收获指数（产量与地上总生物量的比值）分别比 CK 高 7.4% 和 6.7%，这说明在生产相同同化物质的条件下，T1～T3 处理可使得更多的同化物质（7.4% 和 6.7%）转移到了籽粒上，使得产量提高。但是在鼓粒期，收获指数则降低了 10.2%，表明约 10% 的同化物质没有转移到籽粒上，这样尽管其生物量较大，但是最后的产量并没有显著增加，使得产量的增加量（+8%）要小于开花期的增加量（+22%）。

因此综合考虑作物生长过程和产量可以看出，在结荚期水分亏缺会影响总的生物量，虽然作物通过调整同化物质的分配提高了向籽粒分配的比例，但是总体产量还是受到一定影响，是作物对水分最敏感的阶段，因此建议在该阶段应该保证田间的土壤水分应能满足作物生长。在鼓粒期，虽然一定的水分亏缺促进了营养物质的生长，但是同时降低了同化物质向籽粒分配的比例，使得产量并没有明显提高，因此建议在该阶段也应保证较好的水分供应。而在开花期，适度的水分亏缺不仅能够促进营养物质的生长，同时也提高了转化效率，使得最终的籽粒产量较高，因此建议在该阶段可适度水分亏缺，以提高同化物质的转化效率和产量。

3. 结论

（1）从大豆的生理指标、蒸散发变化和生长过程中形态参数的观测发现，可用土壤含水量和冠层温度来确定作物的干旱程度。将大豆的旱情分为四级，分别为轻旱、中旱、重旱和特旱，对应的土壤含水量和冠层温度指标见表 6.19。

表 6.19　　　　　　　　大豆的干旱等级及对应的指标

| | 干 旱 等 级 | | | |
|---|---|---|---|---|
| | 特旱 | 重旱 | 中旱 | 轻旱 |
| 土壤含水量/(cm³/cm³) | <0.12 | 0.12~0.15 | 0.15~0.17 | 0.17~0.20 |
| 土壤相对湿度% | <35 | 35~45 | 45~55 | 55~65 |
| 冠气温度比* | >1.2 | 1.1~1.2 | 1.0~1.1 | <1.0 |

\* 冠气温度比为实际冠层温度与空气温度的比值，冠层温度的测量时间在中午前后较好。

（2）产量分析结果显示，在结荚期水分亏缺会影响总的生物量和产量，是作物对水分最敏感的阶段，因此建议在该阶段应该保证田间的土壤水分应能满足作物生长。在鼓粒期，虽然一定的水分亏缺促进了营养物质的生长，但是同时降低了同化物质向籽粒分配的比例，使得产量并没有明显提高，因此建议在该阶段也应保证较好的水分供应。而在开花期，适度水分亏缺可促进营养物质的生长，使得最终的籽粒产量较高，因此建议在该阶段可适度水分亏缺，以提高同化物质的转化效率和产量。

### 6.1.6　旱灾分析及指标建立

1. 玉米旱灾指标的建立

（1）玉米生育期划分及蒸散发分布。研究区的玉米生长时间一般在每年的 5—9 月，根据实际观测资料、调研结果和相关文献，确定玉米不同生育期的时间，以及不同生育期内的作物系数（$K_c$）。玉米蒸散量（$ET_c$）计算公式为 $ET_c = K_c * ET_0$，其中 $ET_0$ 为参考作物蒸散发，利用 FAO56 Penman - Monteith 公式计算。表 6.20 列出了玉米不同生长阶段的日期、作物系数（$K_c$）以及蒸散量（$ET_c$）。$K_c$ 分布如图 6.72 所示，生育期内日蒸散量变化过程如图 6.73 所示。

表 6.20　　　研究区玉米不同生长阶段的日期、作物系数 $K_c$ 以及蒸散量（$ET_c$）

| 生育期 | 苗期 | 拔节期 | 抽雄灌浆期 | 成熟期 |
|---|---|---|---|---|
| 生长日期 | 5月1—31日 | 6月1—30日 | 7月1—8月31日 | 9月1—30日 |
| $K_c$ | 0.50 | 0.50~0.92 | 0.92 | 0.92~0.65 |
| $ET_c$/mm | 74.0 | 99.9 | 221.7 | 62.6 |
| 日均 $ET_c$/(mm/d) | 2.39 | 3.33 | 3.53 | 2.19 |

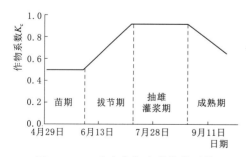

图 6.72　玉米生育期内的作物系数

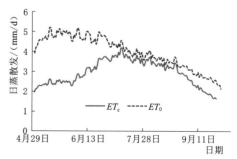

图 6.73　玉米生长期内多年平均的参考作物蒸散发（$ET_0$）和玉米蒸散量（$ET_c$）

表 6.20 显示，水分充足条件下，玉米整个生育期的蒸散量约为 458mm，其中抽雄灌浆期的蒸散量最大，为 221.7 mm，约占总蒸散量的 48.4%。其次为拔节期，其蒸散量为99.9mm，占到总蒸散量的 21.8%。苗期总蒸散量为 74mm，占总蒸散量的 16.2%。最少蒸散量分布在成熟期，为 62.6 mm，约占总蒸散量的 13.7%。从蒸散量的大小可以看出，抽雄灌浆期和拔节期是玉米的关键需水期，也是对水分最敏感的时期。

（2）玉米产量和土壤含水量的关系。拔节期和抽雄灌浆期是玉米需水的关键时期，这两个阶段的土壤水分亏缺将会对产量造成显著影响。通过盆栽试验，分析在拔节期和抽雄灌浆期土壤含水量变化与产量的关系。图 6.74 描述了最低土壤含水量与产量变化的关系。

从图 6.74 中可以看出，当最低含水量在 $0.14 \sim 0.20 cm^3/cm^3$ 时，即相对土壤含水量（实际含水量与田间持水量之比）在 45%~65% 时，相对产量（相同气象条件时某种土壤含水量对应的产量与水分充足供应下产量的比值）在 0.9 左右，且比较稳定，说明在该土壤水分范围内，虽然土壤水分有一定的降低，但是只要及时补充土壤水分，作物可恢复到正常的生长水平，这时土壤含水量对产量影响较小。但是当土壤含水量低于 $0.14 cm^3/cm^3$ 即相对含水量低于 45% 时，作物产量显著下降。利用回归公式计算得到，当土壤的最低含水量分别降低到 $0.14 cm^3/cm^3$、$0.13 cm^3/cm^3$、$0.12 cm^3/cm^3$、$0.11 cm^3/cm^3$ 和 $0.10 cm^3/cm^3$，即相对含水量分别为 45%、42%、39%、35% 和 32% 时，对应的相对产量分别为 0.86、0.79、0.68、0.51 和 0.26。可以看出，当土壤最低含水量达到 $0.10 cm^3/cm^3$ 即相对含水量为 32% 时，产量仅为充分供水条件下产量的 26%，作物严重减产，甚至会出现枯萎死亡的情况。

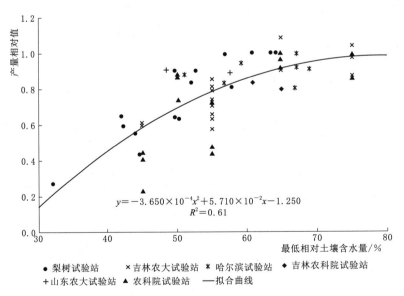

图 6.74　玉米产量与最低土壤含水量的关系（包括收集的文献数据）

通过以上分析可知，当根区的土壤平均含水量接近于 $0.14 cm^3/cm^3$ 即相对含水量为45% 时，在有灌溉的条件下一定要通过灌溉及时补充水分，保证较高的产量。而在雨养条件下，应增加抗旱的措施，如保护性耕作，秸秆覆盖等，减少土壤蒸发。在极端干旱条件下通过应急措施补充灌溉，以缓解旱情，保证一定的产量。

（3）不同生长阶段土壤含水量变化与产量关系分析。土壤水分供给充足、作物生长良好条件下作物的蒸散发（$ET_c$）可用作物系数（$K_c$）和参考作物蒸散发（$ET_0$）计算：即

$$ET_c = K_c \cdot ET_0 \qquad (6.10)$$

当土壤含水量不足时，土壤含水量会影响作物的蒸散发，这时就需要对标准状况下的蒸散发进行修正，修正后的蒸散发（ET）计算公式为

$$ET = K_s \cdot K_c \cdot ET_0 \qquad (6.11)$$

式中：$K_s$ 为考虑土壤水分的修正系数。

本研究利用盆栽试验、田间试验数据和气象数据，计算玉米在关键生长期即拔节期和抽雄灌浆期的土壤含水量修正系数 $K_s$，并分析了 $K_s$ 与土壤含水量的关系，如图 6.75 所示。从图中可以看出，在拔节期和灌浆期土壤水分修正系数一般随着土壤含水量的降低而呈现逐渐降低趋势。一般当土壤含水量小于 $0.15\text{cm}^3/\text{cm}^3$ 时，$K_s$ 一般在 $0\sim0.4$，而当含水量小于 $0.12\text{cm}^3/\text{cm}^3$ 时，$K_s$ 一般接近于 0.2 或者小于 0.2，这时表明作物的蒸散量已经降低到正常蒸散量的 20% 左右，作物处于严重的水分胁迫状态。进一步的水分下降会使得作物发生萎蔫枯死的状况。

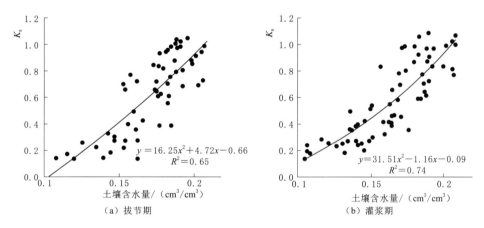

图 6.75　玉米拔节期和灌浆期土壤含水量与土壤水分修正系数 $K_s$ 的关系

玉米的拔节期和抽雄灌浆期是生长关键期，这期间发生水分亏缺会对玉米的生长和产量造成显著的影响。计算玉米在拔节期和抽雄灌浆期不同水分亏缺条件下的蒸散量，并结合图 6.75 的关系分析土壤含水量变化对产量的影响。

假定在玉米拔节期开始后，玉米根系层内的（60cm 深）平均土壤含水量达到了临界含水量 $0.20\text{cm}^3/\text{cm}^3$，随着作物的持续生长，土壤含水量会进一步降低，这时每天的土壤含水量计算公式为

$$\theta_{i+1} = \theta_i - \frac{ET_i}{600} \qquad (6.12)$$

根据图 6.75，在拔节期和抽雄灌浆期，土壤含水量修正系数 $K_s$ 计算公式分别为

拔节期：
$$K_s = 16.25\theta^2 + 4.72\theta - 0.66 \tag{6.13}$$

抽雄灌浆期：
$$K_s = 31.51\theta^2 - 1.16\theta - 0.09 \tag{6.14}$$

玉米的日蒸散量计算公式为

$$ET = K_s \cdot K_c \cdot ET_0 \tag{6.15}$$

式中：$\theta_{i+1}$ 和 $\theta_i$ 分别为第 $i+1$ 和第 $i$ 天的土壤含水量，$cm^3/cm^3$；$ET_i$ 为第 $i$ 天的蒸散量，mm；$ET$ 为日蒸散量；$K_c$ 和 $K_s$ 分别为作物系数和土壤含水量修正系数，$K_c$ 通过图 6.72 获取，$K_s$ 通过式（6.13）、式（6.14）计算。在拔节期和抽雄灌浆期，作物在不同日期的土壤含水量、充足供水条件下和亏水条件下的蒸散量如图 6.76 和图 6.77 所示。

以根区内土壤含水量下降到亏水的临界含水量 $0.20cm^3/cm^3$ 开始，到达不同干旱等级的土壤含水量下限，两者之间的储水量为累计的可消耗水量，而相邻两个干旱等级之间的土壤含水量之差为阶段可消耗水量。累计可消耗水量和阶段可消耗水量计算公式分别为

$$W_{A,i} = (0.20 - \theta_i) \times 600 \tag{6.16}$$

$$W_{A,i+1} = (\theta_i - \theta_{i+1}) \times 600 \tag{6.17}$$

式中：$W_{A,i}$ 和 $W_{A,i+1}$ 分别为作物主根区内（表层 $0 \sim 0.6m$ 深度）到达第 $i$ 干旱等级土壤含水量下限的可消耗水量和第 $i$ 到 $i+1$ 干旱等级之间主根区内可消耗的水量，mm；$\theta_i$ 和 $\theta_{i+1}$ 分别为第 $i$ 和 $i+1$ 干旱等级对应的土壤含水量下限。

若知道玉米每天的蒸散量 ET，则可以计算出某一阶段累计的蒸散量，计算公式如下：

$$ET_N = \sum_{m=1}^{N} ET_m \tag{6.18}$$

式中：$ET_N$ 为 $N$ 天累计的蒸散量，mm；$N$ 为天数，d；$ET_m$ 为第 $m$ 天的蒸散量，mm/d；可利用式（6.15）计算。

若已知到达临界含水率的日期和每天的气象条件，则利用式（6.12）~式（6.15），可计算得到每天的蒸散量 ET，以及 $N$ 天的累计蒸散量 $ET_N$。如果 $ET_{N-1} < W_{A,i} < ET_N$，这时天数 $N$ 即为达到临界含水率后，不同干旱等级下对应的连续无雨天数。

图 6.76、图 6.77 显示在土壤含水量充足的条件下作物蒸散发有明显的增加趋势，但是由于土壤含水量的降低，实际蒸散发处于逐渐减小的过程。在轻旱、中旱、重旱和特旱时，土壤含水量的下限分别达到了 $0.17cm^3/cm^3$、$0.15cm^3/cm^3$、$0.10cm^3/cm^3$ 和小于 $0.10cm^3/cm^3$ 即相对含水量分别低于 55%、48%、32% 和小于 32%，这时对应的可消耗水量（即 60cm 主根区内各干旱等级对应的土壤含水量与田间持水量之间的有效水量）分别为 18mm、30mm、60mm 和大于 60mm。根据土壤含水量的消耗过程和作物蒸散的累积过程，则在平均气象条件下，在拔节期从土壤水分低于 $0.2cm^3/cm^3$ 开始，对应的连续无雨分别为 10 天、17 天和 40 天及大于 40 天，在灌浆期则分别为 7 天、12 天、37 天和大于 37 天。可以看出针对于同样的干旱等级，灌浆期经历的时间要短，主要是灌浆期总体的作物蒸散发量比较大。依据图 6.74 的关系，在中旱、重旱和特旱条件下，分别会造成减产小于 10%、30%~50% 和大于 75%，具体分析结果见表 6.21。

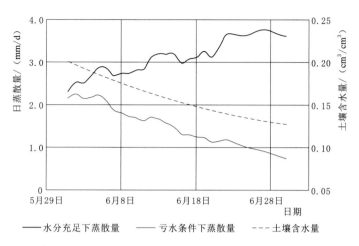

图 6.76　玉米拔节期水分充足和亏水条件下的蒸散量和
亏水条件下土壤含水量随时间变化过程

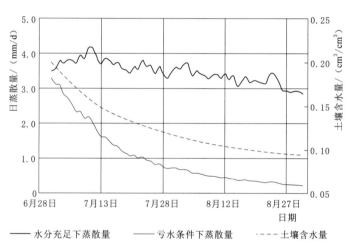

图 6.77　玉米灌浆期水分充足和亏水条件下的蒸散量和
亏水条件下土壤含水量随时间变化过程（261）

表 6.21 　　　　　　在拔节期和抽雄灌浆期不同干旱对应的土壤含水量下限，
开始旱情后持续的天数以及可能造成的减产

| | 干 旱 等 级 | | | |
|---|---|---|---|---|
| | 特旱 | 重旱 | 中旱 | 轻旱 |
| 土壤水分/（cm³/cm³） | <0.10 | 0.10～0.15 | 0.15～0.17 | 0.17～0.20 |
| 土壤相对湿度/% | <30 | 30～45 | 45～55 | 55～65 |
| 不同阶段含水率变化量/（cm³/cm³） | | 0.05 | 0.02 | 0.03 |
| 不同干旱等级阶段可消耗水量/mm | | 30 | 12 | 18 |
| 不同干旱等级的累积可消耗水量/mm | | 60 | 30 | 18 |

| | 干 旱 等 级 | | | |
|---|---|---|---|---|
| | 特旱 | 重旱 | 中旱 | 轻旱 |
| 不同干旱等级对应连续无雨天数（拔节期）/d | >40 | 35～40 | 15～17 | 10 |
| 不同干旱等级对应连续无雨天数（灌浆期）/d | >40 | 30～35 | 12～15 | 7 |
| 减产率/% | >80 | 35～80 | 20～35 | <10 |

（4）总结。

1）划分了玉米的生育期，确定了不同生育期的作物系数 $K_c$，并计算了不同生育阶段的蒸散发，得出拔节期和抽雄灌浆期是玉米生长的关键期。

2）分析了玉米产量和不同土壤含水量下限的关系，并利用统计方法建立两者之间的关系。

3）确定了土壤水分亏缺条件下，土壤水分对蒸散发的修正系数 $K_s$，并分别计算了拔节期和抽雄灌浆期土壤含水量变化下的玉米蒸散量，确定了不同干旱等级下对应的天数，以及可能会造成的减产量。

2. 大豆旱灾指标的建立

（1）大豆生育期划分及蒸散发分布。研究区大豆的生长时间一般在每年的5—9月，根据实际观测资料、调研结果和相关文献，确定了大豆不同生育期的时间，以及不同生育期内的作物系数（$K_c$）。结合多年的日参考作物蒸散发（$ET_0$），利用式（6.10），计算水分充足条件下大豆的需水量 $ET_c$，计算结果见表6.22，大豆的作物系数分布如图6.78所示，生育期内大豆的日蒸散量变化过程如图6.79所示。

表 6.22　　　　　研究区大豆生育期的划分、对应的生长日期，不同生育阶段
的作物系数（$K_c$）以及需水量（$ET_c$）

| FAO生育期划分 | 苗期 | 快速生长期 | 中间稳定期 | 后期 |
|---|---|---|---|---|
| 大豆具体生育期 | 播种、出苗、三叶期 | 分枝、开花 | 结荚鼓粒期 | 成熟期 |
| 生长日期 | 5月1日—6月20日 | 6月21日—7月20日 | 7月21日—9月10日 | 9月11—30日 |
| $K_c$ | 0.30～0.75 | 0.75～0.90 | 0.90 | 0.90～0.35 |
| $ET_c$/mm | 95.7 | 97.4 | 165.7 | 32.2 |

比较生育期内的 $ET_0$ 和 $ET_c$ 变化过程可以看出，两者的分布是不一样的。对于 $ET_0$，其最大值一般出现在5月，这主要是由于该阶段气候干燥、饱和水汽压差大，同时风速也较大，造成总体的蒸发潜力较大。进入雨季，空气相对湿度增加，饱和水汽压差减小，由于地表植被的覆盖，地表粗糙度增加，风速也较小，造成总体的 $ET_0$ 处于逐渐降低的状态。但是大豆由于受到生长特性的影响，在5月仅处于出苗阶段，这时的蒸散量主要为土壤蒸发，造成总体的 $ET_c$ 较小。进入6月以后，大豆生长加快，叶面积增加，使得总体的 $ET_c$ 增加。进入开花、结荚和鼓粒期后，大豆的冠层基本形成，叶面积也基本稳定，这时的叶面积指数变化较小，使得 $K_c$ 变化小，造成总体的 $ET_c$ 在7—8月变化较小。进入9月以后，大豆籽粒基本完成灌浆过程，进入成熟阶段，这时叶面积迅速减小，造成蒸腾面积降低，使得总体的 $ET_c$ 快速降低。

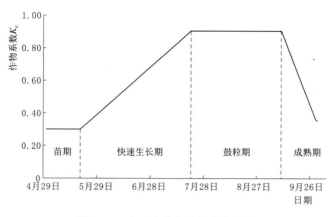

图 6.78 大豆生育期内的作物系数

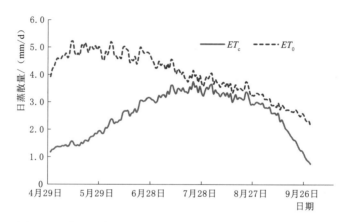

图 6.79 大豆生育期内多年平均的参考作物蒸散发量（$ET_0$）和潜在蒸散发（$ET_c$）

从表 6.22 中可以看出，结荚鼓粒期是大豆需水的关键时期，其需水量为 165.7mm，占到总生育期蒸散量的 42.4%。其次是分枝开花期，其需水量为 97.4mm，占到总蒸散量的 24.9%。苗期和成熟期的需水量较小，分别占总蒸散量的 24.5% 和 8.2%。虽然苗期的总需水量较大，这主要是由于该阶段较长，约为 50d，每天的蒸散量均值仅为 1.88mm，和成熟期的日均蒸散量 1.61mm 接近。

（2）大豆产量和土壤含水量的关系。开花、结荚和鼓粒期是大豆生长的关键时期，这些阶段的土壤水分亏缺将会对产量造成显著影响。因此进一步分析了该阶段土壤水分变化与产量的关系。通过盆栽试验数据可知，产量一般随着含水量的降低而降低。但是在试验的三个阶段，开花、结荚和鼓粒期，发现产量和阶段最低的土壤含水量有显著的关系，而与三个生长阶段的关系不显著。因此将该三个阶段的数据放到一起，分析最低土壤含水量与产量变化的关系，结果如图 6.80 所示。

从图 6.80 中可以看出，当最低含水量高于 0.17cm³/cm³ 即相对含水量大于 55% 时，相对产量可以达到 90% 以上，显示稍微减产，这主要是由于虽然作物受到了一定的水分

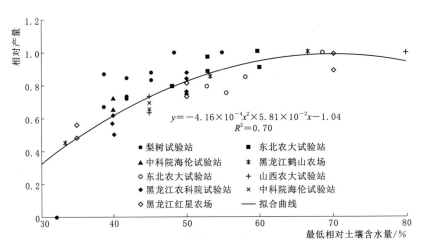

图 6.80 大豆产量与最低土壤含水量的关系

胁迫，但是及时的补充水分，作物可以通过自身的修复能力恢复到正常的水平，进而不会对最终的产量造成明显影响。同时在盆栽试验条件下发现，一定的水分亏缺造成作物提高了营养物质向籽粒的转移效率，进而造成在总生物有一定下降的情况下产量没有显著变化。但是当土壤含水量进一步降低时，这时的作物受到了严重的水分胁迫，作物的一些生理功能也得到了较大的影响，比如气孔导度显著降低、叶片的水势也明显下降，这造成的最终结果就是作物产量明显下降。当土壤的最低含水量分别降低到 $0.15\text{cm}^3/\text{cm}^3$、$0.12\text{cm}^3/\text{cm}^3$ 即相对含水量分别为 48% 和 39% 时，对应的相对产量分别为 0.80 和 0.59，表明产量明显下降。而当土壤含水量进一步降低时，作物处于枯萎的状态，当含水量低于 $0.1\text{cm}^3/\text{cm}^3$ 即相对含水量为 32% 时，虽然模拟有 40% 的产量，但是试验观测得到大豆枯萎死亡，没有形成产量。

通过以上分析可知，当根区的土壤平均含水量接近于 $0.15\text{cm}^3/\text{cm}^3$ 时，在有灌溉的条件下一定要通过灌溉及时的补充水分，保证较高的产量。而在雨养条件下，应增加抗旱的措施，在极端干旱条件下通过应急措施补充灌溉，以缓解旱情，保证一定的产量。

（3）不同生长阶段土壤含水量变化与产量关系分析。标准条件下作物蒸散发可用 $K_c$ 和 $ET_0$ 计算。当土壤含水量不足时，土壤含水量会影响作物的蒸散发，这时就需要对标准状况下的蒸散发进行修正，修正后的公式为 $ET=K_s \cdot K_c \cdot ET_0$，其中 $K_s$ 为考虑土壤水分的修正系数。本研究利用盆栽试验、田间试验数据和气象数据，计算了不同土壤含水量条件下的 $K_s$，并分析了土壤水分修正系数 $K_s$ 与土壤含水量的关系，如图 6.81 所示。从图 6.81 中可以看出，大豆的土壤水分修正系数一般随着土壤含水量的降低而呈现逐渐降低趋势。当土壤含水量接近于 $0.1\text{cm}^3/\text{cm}^3$ 时，$K_s$ 接近于 0，表明土壤已经无法为作物提供水分，这时作物蒸散量接近于零，这与观测到的植物枯萎死亡时土壤含水量为 $0.1\text{cm}^3/\text{cm}^3$ 相对应。进一步分析得知，当土壤含水量小于 $0.12\text{cm}^3/\text{cm}^3$ 时，土壤水分修正系数 $K_s$ 小于 0.2，表明在该种条件下，作物基本处于萎蔫状态，蒸散量极少。

利用 $ET_0$ 和 $K_c$，计算大豆生育期间的日 $ET_c$（图 6.82、图 6.83）。同时考虑到在分枝开花期和结荚鼓粒期是大豆的生长关键期，因此计算了大豆分枝开花期和结荚鼓粒期不

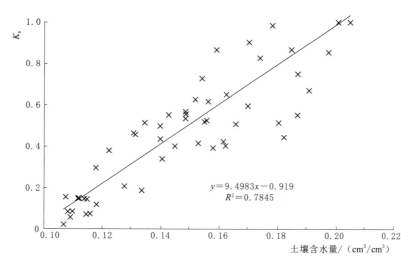

图 6.81　土壤含水量与土壤水分修正系数（$K_s$）的关系

同水分亏缺条件下的蒸散量，并结合图 6.81 的关系分析土壤含水量变化对产量的影响。

假定在分枝开花期开始后，大豆根系层内的（40cm 深）平均土壤含水量达到了临界含水量 $0.20cm^3/cm^3$，随着作物的持续生长，土壤含水量会进一步降低，这时日土壤含水量计算公式为

$$\theta_{i+1} = \theta_i - \frac{ET_i}{400} \tag{6.19}$$

根据图 6.81，日土壤水分修正系数 $K_s$ 计算为

$$K_s = 9.50\theta - 0.92 \tag{6.20}$$

则大豆的日蒸散量为

$$ET = K_s K_c ET_0 \tag{6.21}$$

式中：$\theta_{i+1}$ 和 $\theta_i$ 分别为第 $i+1$ 和第 $i$ 天的土壤含水量，$cm^3/cm^3$；$ET_i$ 为第 $i$ 天的蒸散量，mm；$ET$ 为日蒸散量；$K_c$ 和 $K_s$ 分别为作物系数和土壤水分修正系数，$K_c$ 通过图 6.78 获取，$K_s$ 通过图 6.81 的公式计算。

同理，也假定在结荚鼓粒期开始时土壤含水量达到了临界值，在后续没有持续降水的情况下，用同样的方法计算了日土壤含水量和日蒸散量。在分枝开花期和结荚鼓粒期，作物在不同日期的土壤含水量、充足供水条件下和亏水条件下的蒸散量如图 6.82 和图 6.83 所示。

图 6.82 显示虽然土壤含水量充足条件下作物蒸散发有一定增加的趋势，但是由于土壤含水量的降低，实际的蒸散发处于逐渐减小的趋势。在轻旱、中旱、重旱和特旱时，土壤含水量的下限分别达到了 $0.17cm^3/cm^3$、$0.15cm^3/cm^3$、$0.12cm^3/cm^3$ 和小于 $0.12cm^3/cm^3$，这时对应的可消耗水量分别为 12mm、20mm、32mm 和大于 32mm。根据土壤水分的消耗过程和作物的蒸散累积过程，则在平均条件下，对应的天数分别为 6 天、10 天和 21 天及大于 21 天。说明当大豆根区的土壤含水量开始低于 $0.2cm^3/cm^3$ 时，若没有降水和灌溉，则经过 6 天、10 天和 21 天时，大豆将分别进入中旱、重旱和特旱阶段。依据图 6.82 的关系，则可能分别会造成减产小于 5%、20%～35% 和大于 40%，具

体分析结果见表6.23。

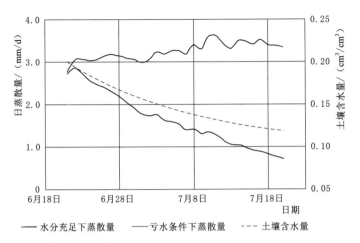

图 6.82　大豆分枝开花期在水分充足和亏水条件下的蒸散量和土壤含水量随时间变化过程

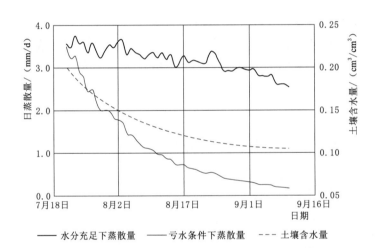

图 6.83　大豆结荚鼓粒期在水分充足和亏水条件下的蒸散量和土壤含水量随时间变化过程

表 6.23　　　　　在分枝开花期和结荚鼓粒期不同干旱对应的土壤含水量下限，
开始旱情后持续的天数以及可能造成的减产

| 项　　目 | 干　旱　等　级 | | | |
|---|---|---|---|---|
| | 特旱 | 重旱 | 中旱 | 轻旱 |
| 土壤含水量/(cm³/cm³) | <0.12 | 0.12～0.15 | 0.15～0.17 | 0.17～0.20 |
| 土壤相对湿度/% | <35 | 35～45 | 45～55 | 55～65 |
| 不同阶段含水率变化量/(cm³/cm³) | | 0.03 | 0.02 | 0.03 |
| 对应不同阶段可消耗水量/mm | | 18 | 12 | 18 |
| 累积耗水量/mm | | 48 | 30 | 18 |
| 对应天数/d | >25 | 19～21 | 9～10 | 5～6 |
| 减产率/% | >50% | 25%～50% | 10%～25% | <10% |

同理分析了结荚鼓粒期土壤水分变化下蒸散发的变化以及对应的产量变化。在轻旱、中旱、重旱和特旱时，对应的土壤含水量下限分别为 $0.17cm^3/cm^3$、$0.15cm^3/cm^3$、$0.12cm^3/cm^3$ 和小于 $0.12cm^3/cm^3$，对应的天数分别为 5 天、9 天、19 天及大于 19 天。若没有降水和灌溉，则经过 5 天、9 天和 19 天时，大豆可能会减产小于 5%、20%～35% 和大于 40%，具体分析结果列于表 6.23 中。

3. 结论

（1）本节划分了大豆的生育期，确定了不同生育期的作物系数 $K_c$，并计算了不同生育阶段的蒸散发，得出分枝开花期和结荚鼓粒期是大豆生长的关键期。

（2）分析了大豆产量和不同土壤含水量下限的关系，并利用统计方法建立了两者之间的关系。

（3）确定了土壤含水量亏缺条件下，土壤水分修正系数 $K_s$，并分别计算了分枝开花期和结荚鼓粒期土壤含水量变化下的大豆蒸散量，确定了不同干旱等级下对应的天数，以及可能会造成的减产量。

## 6.1.7　基于 RZWQM 的玉米生长、产量与气象要素分析

1. 模型介绍

根区水质模型（Root Zone Water Quality Model）由美国农业研究中心（ARS）在 20 世纪 80 年代总结已存在模拟水质模型的基础上创建的。该模型可以模拟农业管理措施、水文过程、作物生长和化学物质的变化等。该模型主要在 CREAMS、NTRM、GLEAMS、PRZM 和 Opus 等基础上发展而来，1992 年完成了模型的第一版，此后不断对模型进行率定、验证和修改，本研究采用的是 RZWQM2（Qu et al.，2006；Cameira et al.，2007；Wang et al.，2008；Ma et al.，2012；）。

RZWQM 包括物理运移模块、化学反应模块、养分循环模块、作物生长模块、杀虫剂反应模块和管理操作模块，6 模块间相互影响，共同构成了模型的整体框架。

（1）物理运移模块。物理过程主要是相互联系的水力和热过程，主要包括：灌水或降雨通过土壤基质和大孔隙的入渗过程，土壤水分和化学物质在入渗后的剖面重分布，作物腾发和吸水过程，入渗和重分布时土壤温度变化和热量传输过程，这些过程最终控制化学物质在土壤基质、土壤表面和作物间的迁移及传输过程。

（2）化学反应模块。该模块主要服务于化学物质的传输和养分循环模块及杀虫剂反应模块，主要模拟土壤中的一些无机化学过程。主要有：离子化合物的溶解过程，重碳酸盐的缓冲过程，碱基和铝盐的离子交换过程，碳酸盐、石膏和氢氧化铝的溶解和沉淀过程。

（3）养分循环模块。该模块主要模拟土壤剖面碳氮的转化，用 OMNI 子模型模拟。模拟前需输入土壤腐殖质、有机质、作物残留物、硝态氮、铵态氮、尿素和土壤微生物等的情况，此过程涉及到氮素的矿化、固定、挥发、反硝化和硝化等。有机质的转化采用多组分库模拟，主要以零级和一级化学动力学方程为基础，其反应速率受微生物的数量、土壤含水量、土壤 pH 值、土壤温度、土壤养分和盐分状况决定。

(4) 作物生长模块。该模块主要包括植株生长、植株数量的发展变化和环境对作物生长的影响。植株生长过程主要通过植株中碳氮的变化来反映，该过程主要包括光合作用、呼吸作用、氮素吸收、碳氮在植株中的分配、作物根系生长和植株死亡等。植株数量的变化采用修改过的 Leslie 矩阵模型描述。环境对作物的影响主要是土壤可供水量、养分和温度等的影响，采用相应的函数表示。作物生长特性包括株高、叶面积和植株影响范围等，叶面积指数可用来作为确定作物生长阶段和产量的参数。

(5) 杀虫剂反应模块。该模块包括作物残留物表面、土壤表面、作物表面和土壤剖面上杀虫剂的冲刷和降解反应两部分，可模拟杀虫剂降解过程和被吸附及可移动的数量。对于从作物表面和残留物表面冲刷的农药用一级经验方程模拟。杀虫剂降解过程采用的是一级动力学过程，其中还主要包括挥发、水解、光解和生物降解等过程。这些过程受土壤类型、种植的作物、残留物、杀虫剂种类和土壤温湿度等影响。

(6) 管理操作模块。管理模块主要包括实际农田中各项管理活动对系统状态的影响，主要有耕作和耕作后土壤压实变化，作物播种情况，灌水时间、方式及灌水量，绿肥和化肥施用时间、方式及施用量，杀虫剂的使用等。

该模型分别以小时和天为计算单位进行模拟，管理措施、每天潜在蒸散、杀虫剂、养分过程、土壤化学过程、作物生长过程以天为计算单位模拟，土壤水量平衡、溶质运移、积雪融化、化学物质吸收、热传导以小时为模拟单位，整个模拟具体过程如下：系统在模拟过程中首先经过管理模块；然后根据气象数据计算农田每天潜在蒸散发；并将其分为土壤蒸发和作物蒸腾两部分；接着开始以小时为步长计算水、热、溶质的传输及相应变化，主要包括下渗、径流、水分在土壤中的分配、热运动、化学物质的运移、杀虫剂的冲刷、实际蒸发和蒸腾、作物吸氮、土壤压实变化和积雪融化等；随后依次进入日循环过程中的化学反应模块、养分循环模块、杀虫剂模块，最后进入作物生长模块的每天作物生长和累积的生物量。

2. 模型的率定与验证

(1) 模型的数据准备。利用 2014 年和 2015 年大田数据对模型进行率定与验证，其中 2014 年试验测定数据用来率定模型，2015 年试验数据用来验证模型。播种前测定试验地土壤本底值，包括土壤容重、土壤质地、土壤温度、土壤含水量、田间持水量、种植密度以及行间距。土壤物理特性见表 6.24。

表 6.24 试验地土壤物理特性

| 土层深度 /cm | 砂粒/% (2.0~0.05mm) | 粉粒/% (0.5~0.002mm) | 黏粒/% (<0.002mm) | 容重 (g/cm³) | 土 壤 质 地 |
|---|---|---|---|---|---|
| 0~20 | 16.7 | 45.8 | 37.5 | 1.50 | 粉砂质黏壤土 |
| 20~40 | 15.3 | 44.9 | 39.8 | 1.40 | 粉砂质黏壤土 |
| 40~60 | 12.1 | 50.8 | 37.1 | 1.40 | 粉砂质黏壤土 |
| 60~80 | 13.0 | 53.9 | 33.1 | 1.40 | 粉砂质黏壤土 |
| 80~100 | 14.8 | 54.6 | 30.6 | 1.40 | 粉砂质黏壤土 |
| 100~120 | 21.2 | 48.1 | 30.7 | 1.53 | 黏壤土 |

2014 年 5 月 6 日和 2015 年 5 月 1 日玉米种植时的土壤含水量和土层温度等资料作为模型输入初始值。表 6.25 给出了土壤含水量和温度的初始值。

表 6.25　　　　　　　　　　　　　　土 壤 初 始 条 件

| 土层深度 /cm | 土壤含水量/(cm³/cm³) | | 温度/℃ | |
|---|---|---|---|---|
| | 2014 | 2015 | 2014 | 2015 |
| 0～20 | 0.3444 | 0.3131 | 10.000 | 9.000 |
| 20～40 | 0.3489 | 0.3090 | 10.407 | 10.000 |
| 40～60 | 0.3286 | 0.2741 | 9.028 | 10.9780 |
| 60～80 | 0.3056 | 0.2508 | 8.450 | 9.7000 |
| 80～100 | 0.2838 | 0.2587 | 7.782 | 9.7820 |
| 100～120 | 0.3164 | 0.2990 | 13.520 | 9.7820 |

首先进行水分模块的率定，然后进行作物生长模块的率定，模型率定过程如图 6.84 所示，率定是一个反复迭代的过程，直至所有的结果都达到率定要求为止。

（2）模型参数的确定及其检验标准。

1）参数确定。RZWQM 模型包括多个模块。本书主要应用水分模块与作物生长模块。模型运行需要的资料包括气象资料、试验地地理条件、土壤物理性质、土壤水力参数、土壤初始含水量以及土壤初始温度、作物管理。其中气象资料主要为日最低气温、日最高气温、风速、净辐射、蒸发、相对湿度、降水量等；试验地的地理条件包括试验地的经度、纬度、海拔以及雨季等；土壤物理信息主要包括土壤类型、颗粒密度、容重、孔隙度、粒径成分等；土壤水力参数主要包括田间持水量、饱和含水量以及饱和导水率等；作物管理主要包括作物品种、作物种植、灌溉、肥料等。试验地土壤基本物理特性参数见表 6.26。

2）检验标准。模拟值和实测值的拟合效果通过 5 个统计量指标进行评价，即均方根误差 $RMSE$；平均相对误差 $MRE$；一致性系数 d；决定系数 $R^2$；相对误差 $RE$。

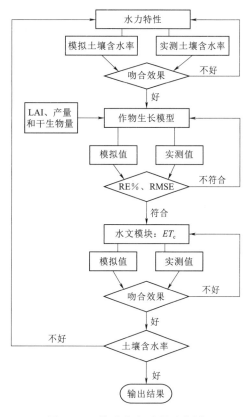

图 6.84　模型率定过程示意图

$$RMSE = \sqrt{\frac{1}{n}\sum_{i=1}^{n}(P_i - Q_i)^2} \qquad (6.22)$$

$$MRE = \frac{1}{n} \sum_{i=1}^{n} \frac{(P_i - Q_i)}{Q_i} \times 100\% \tag{6.23}$$

$$d = 1.0 - \frac{\sum_{i=1}^{n} (Q_i - P_i)^2}{\sum_{i=1}^{n} (|P_i - Q_{avg}| + |Q_i - Q_{avg}|)^2} \tag{6.24}$$

$$r^2 = \left\{ \frac{\sum_{i=1}^{n} (Q_i - Q_{ave})(P_i - P_{ave})}{\left[\sum_{i=1}^{n}(Q_i - Q_{avw})^2\right]^{0.5}\left[\sum_{i=1}^{n}(P_i - P_{ave})^2\right]^{0.5}} \right\}^2 \tag{6.25}$$

$$RE = \frac{p_i - Q_i}{Q_i} \times 100\% \tag{6.26}$$

式中：$n$ 为实测个数；$P_i$ 为模拟值；$Q_i$ 为第 $i$ 个观测值；$Q_{avg}$ 为观测值的平均值。

率定结果的标准是：均方误差 $RMSE$ 与平均实测值的比值在 20% 以内，平均相对误差 $MRE$ 在 ±10% 以内，决定系数 $R^2$ 在 0.5 以上，模拟值达到率定要求。

表 6.26　　　　　　　　　　　试验地土壤基本物理特性参数

| 土层深度 /cm | 饱和含水量 /(cm³/cm³) | 田间持水量 /(cm³/cm³) | $n$ | $K_s$ cm/hr | 初始含水量 /(cm³/cm³) |
|---|---|---|---|---|---|
| 0~20 | 0.4281 | 0.3153 | 0.434 | 0.3254 | 0.3444 |
| 20~40 | 0.4601 | 0.3105 | 0.472 | 0.4858 | 0.3489 |
| 40~60 | 0.4592 | 0.3201 | 0.472 | 0.4930 | 0.3286 |
| 60~80 | 0.4504 | 0.3120 | 0.472 | 0.4630 | 0.3056 |
| 80~100 | 0.4429 | 0.3051 | 0.472 | 0.4613 | 0.2838 |
| 100~120 | 0.4046 | 0.3185 | 0.423 | 0.2133 | 0.3164 |

（3）模型率定。

1）水分模块。图 6.85 为 2014 年研究区各土层深度土壤含水量模拟值与实测值对比图。由图 6.85 可知，在 60cm 以上时模拟值的波动变化较大，60cm 以下时，模拟值相对变化较小。表明了降水主要影响土壤深度为 60cm 以上的土壤含水量。统计量指标计算结果见表 6.27，由表中可知，各土层深度的 $RMSE$ 都较小，地表层到底层 $RMSE$ 分别为 0.026cm³/cm³、0.035cm³/cm³、0.025cm³/cm³、0.025cm³/cm³、0.020cm³/cm³、0.021cm³/cm³，$MRE$ 值分别为 2.66%、0.84%、3.46%、2.43%、6.23%、1.40%。因此无论从直观图还是统计量值都表明，模拟结果较好。

表 6.27　　　　　　2014 年（率定）各层土壤含水量的 $RMSE$、$MRE$ 和 $d$ 值

| 年份 | 统计检验标准 | 土 层 深 度/cm | | | | | |
|---|---|---|---|---|---|---|---|
| | | 20 | 40 | 60 | 80 | 100 | 120 |
| | $RMSE/(cm³/cm³)$ | 0.026 | 0.035 | 0.025 | 0.025 | 0.020 | 0.021 |
| 2014 | $MRE/\%$ | 2.66 | 0.84 | 3.46 | 2.43 | 6.23 | 1.40 |
| | $d$ | 0.82 | 0.74 | 0.88 | 0.86 | 0.87 | 0.85 |

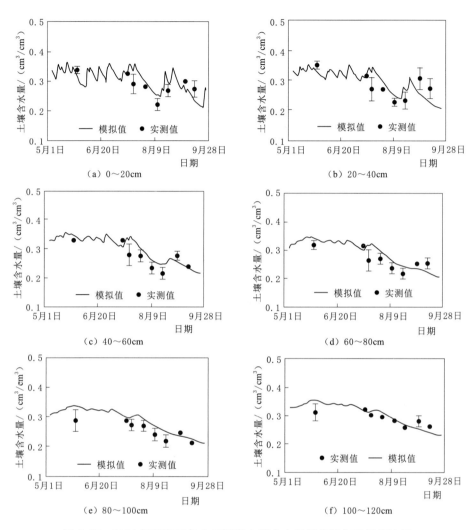

图 6.85　2014 年研究区各土层深度土壤含水量模拟值与实测值比较

2）作物生长模块。进行作物生长模块率定时，将研究区 2014 年玉米的生物量和叶面积指数试验数据实测值与模拟值进行对比分析，如图 6.86 所示。由图 6.86 可知，$LAI$ 以及干

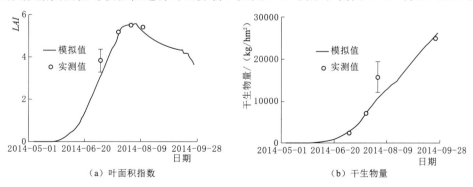

图 6.86　2014 年（率定）玉米叶面积指数和干生物量的模拟值与实测值对比图

生物量的模拟值与实测值较吻合。计算得出 $LAI$ 和干生物量的 $RMSE$ 分别为 0.39 和 2646.66kg/hm$^2$，对应的 $R^2$ 分别为 0.99 和 0.92。从数值上也可以看出来率定效果比较好。

率定过程中模拟的 2014 年玉米产量和收获时的生物量见表 6.28。从表中可以看出，模拟的生物量要高于实测值 4.26%，但是产量要低于实测值 1.53%。可以看出，模拟值与实测值的差距非常小，因此模型对产量和生物量的模拟效果较好，说明率定的生长参数合理。

表 6.28　　　　　　　　　　率定过程中实测和模拟值的产量与生物量比较

| 年　份 | 作物指标 | 模拟值/(kg/hm$^2$) | 实测/(kg/hm$^2$) | $R_E$/% |
|---|---|---|---|---|
| 2014（率定） | 产量 | 13017 | 13219 | $-1.53$ |
| | 干生物量 | 26180 | 25111 | 4.26 |

注　模拟产量已换算为水分含量为 14% 的标准值。

3）蒸散量模拟。图 6.87 给出了 2014 年玉米雨养条件下的作物蒸散量 $ET_c$ 模拟值与计算值对比图。由图可知，$ET_c$ 模拟值与计算值总体变化较吻合，在后期模拟值较大，其原因可能为后期模拟 $LAI$ 较实测值小，因此土壤蒸发值较实际土壤蒸发值大，因此 $ET_c$ 模拟值较实测值大，但是总体率定结果理想。

从土壤水分和作物的模拟结果可以看出，土壤各层的水分模拟值、作物的叶面积指数和干生物量等均与实际测量值一致，因此表明模型所采用的参数合理。表 6.29 为率定后的作物参数表。

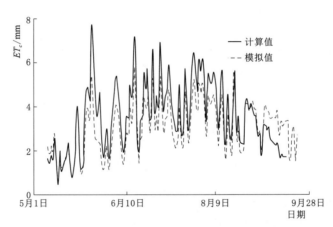

图 6.87　2014 年（率定）玉米蒸散量模拟值与计算值对比图

表 6.29　　　　　　　　　　玉米作物参数校正结果

| 玉米参数 | 参数描述 | 初始值 | 校验值 |
|---|---|---|---|
| P1 | 从出苗到幼苗结束所需的积温/（℃/d） | 230 | 380（100～400） |
| P2 | 光周期敏感参数，即当白昼超过 12.5h 时，每延长 1h 植物延长的生长天数（0～1） | 0.4 | 0.34（0.2～1.0） |
| P5 | 吐丝到生理成熟所需的积温/（℃/d） | 830 | 720（600～900） |
| G2 | 单株潜在穗粒数 | 760 | 590（650～900） |
| G3 | 潜在籽粒灌浆速率（指在线性灌浆期和最佳灌浆条件下）/[mg/（粒·d）] | 6.0 | 11.0（5.0～11.0） |
| PHINT | 连续两片叶子出现的间隔积温/（℃/d） | 39 | 48.2（35～65） |

（4）模型验证。

1）雨养处理。

（a）水分模块。利用 2015 年的试验数据对已经率定的模型进行验证。土壤含水量的验证结果如图 6.88 和表 6.30 所示。土壤深度为 20cm、40cm、60cm、80cm、100cm、和 120cm 时 均 方 误 差 $RMSE$ 分 别 为 $0.038cm^3/cm^3$、$0.035cm^3/cm^3$、$0.028cm^3/cm^3$、$0.028cm^3/cm^3$、$0.041cm^3/cm^3$、$0.037cm^3/cm^3$，平均相对误差 $MRE$ 分别为 1.27%、$-1.07\%$、3.48%、6.68%、13.04% 和 $-2.28\%$。土壤含水量模拟过程基本反映出来土壤含水量的变化趋势，水分验证结果理想。

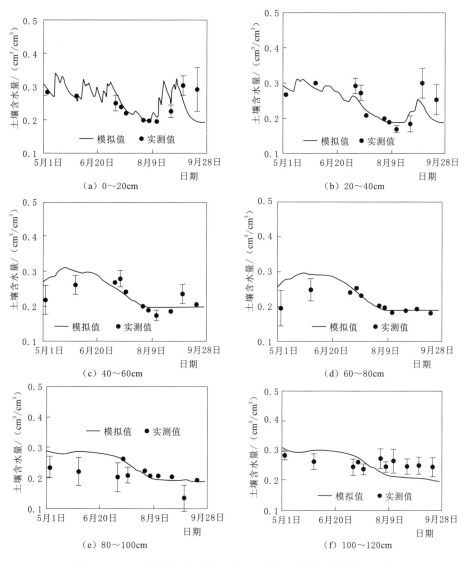

图 6.88　2015 年雨养条件下土壤含水量模拟值和实测值的比较

**表 6.30** **2015 年（雨养处理验证）各层土壤含水量的 *RMSE*、*MRE* 和 *d* 值**

| 年份 | 统计检验标准 | 土层深度/cm | | | | | |
|---|---|---|---|---|---|---|---|
| | | 20 | 40 | 60 | 80 | 100 | 120 |
| 2015 | $RMSE/(cm^3/cm^3)$ | 0.038 | 0.035 | 0.028 | 0.028 | 0.041 | 0.037 |
| | $MRE/\%$ | 1.27 | −1.07 | 3.48 | 6.68 | 13.04 | −2.28 |
| | $d$ | 0.65 | 0.80 | 0.84 | 0.80 | 0.57 | 0.45 |

（b）作物生长模块。*LAI* 和干生物量的验证结果如图 6.89 所示，从验证结果来看，验证结果比较好，计算得出 *LAI* 和干生物量的 *RMSE* 分别为 0.28 和 1237kg/hm²；对应的 $R^2$ 分别为 0.96 和 0.98。从图中可以看出，雨养条件下的玉米干生物量在 8 月 17 日之前都是模拟值一般高于实测值，而之后，就变为模拟值低于实测值，其原因可能为 8 月上旬研究区持续干旱，干生物量对于干旱发生响应，*LAI* 出现一定的下降，且干生物量增加缓慢，但是模型模拟却不能及时地反映作物生长指标的变化，造成实测和模拟有一定的差异。

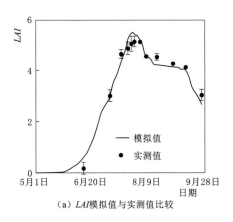
（a）*LAI*模拟值与实测值比较

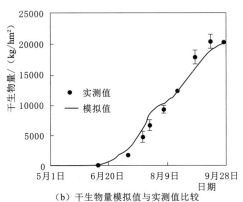
（b）干生物量模拟值与实测值比较

图 6.89 2015 年（雨养处理）玉米 *LAI* 以及干生物量模拟值与实测值比较

验证过程中，模拟的 2015 年雨养和灌水条件下的产量与收获时的生物量见表 6.31。可以看出，在雨养和灌溉两种水分条件下，率定后的模型均能较好的模拟产量和收获时的生物量，产量的相对误差为 1.29%～5.03%，生物量的相对误差在 0.75%～2.78%。该误差范围与率定过程中产量误差 1.53% 和干生物量误差 4.26% 接近，表明率定后的模型参数可用。

**表 6.31** **验证过程中 2015 年实测和模拟产量与生物量比较**

| 年 份 | 作物指标 | 模拟值/(kg/hm²) | 实测/(kg/hm²) | $R_E/\%$ |
|---|---|---|---|---|
| 2015（雨养处理） | 产量 | 10017 | 9889 | 1.29 |
| | 干生物量 | 20775 | 20621 | 0.75 |
| 2015（灌水处理） | 产量 | 12876 | 13558 | −5.03 |
| | 干生物量 | 26203 | 25494 | 2.78 |

**注** 模拟产量已换算为水分含量为 14% 的标准值。

图 6.90 给出了玉米雨养处理的作物蒸散量 $ET_c$ 模拟值与计算值对比图，其中计算

$ET_c$ 采用参考作物蒸散发结合作物系数确定，$ET_0$ 变化如图 6.73 所示，$K_c$ 根据图 6.72 确定。由图可知，$ET_c$ 模拟值与计算值总体变化较符。但是可以明显看出在 5 月 24 日至 6 月 3 日作物的需水量要大于模拟的值，这主要是由于这段时间风速大，相对湿度小，造成潜在蒸散量大。考虑到这是玉米刚出苗，叶面积指数很小，因此实际的蒸散量是比较小的，这时模拟的值比较可信。在 9 月 10 日以后，叶面积衰退比较快，这时实

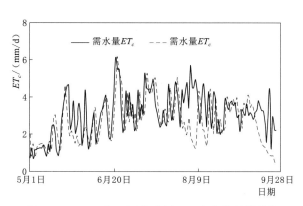

图 6.90 2015 年（雨养验证）玉米蒸散量模拟值与计算值比较图

际的蒸散量也应该下降较快，模拟的 $ET_c$ 能够较好地反映作物的这一生长特点变化，但是计算的作物需水量却不能较好的反映，造成计算的需水量偏高。而在其他时间，计算的作物需水量与模拟的作物蒸散量一致，表明在大部分时间模拟的效果较好。尤其是在 7 月 30 日至 8 月 15 日期间，模拟的蒸散量要显著小于计算的需水量，这主要是由于该阶段没

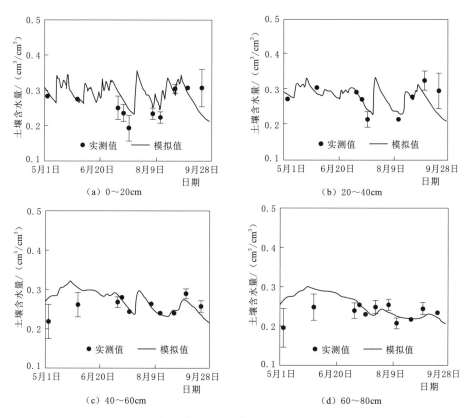

图 6.91（一） 2015 年（灌水处理）土壤含水量模拟值和实测值的比较

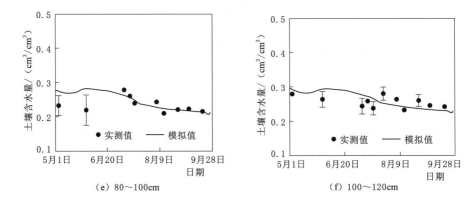

图 6.91（二）　2015 年（灌水处理）土壤含水量模拟值和实测值的比较

有降水，土壤水分偏低，限制了玉米的蒸散量。该结果也表明模型能较好的模拟干旱条件下玉米的耗水量。

2）灌水处理。

a）水分模块。土壤含水量的验证结果如图 6.91 和表 6.32 所示。土壤深度为 20cm、40cm、60cm、80cm、100cm 和 120cm 处均方误差 $RMSE$ 分别为 0.05cm³/cm³、0.034cm³/cm³、0.031cm³/cm³、0.039cm³/cm³、0.029cm³/cm³、0.024cm³/cm³，平均相对误差 $MRE$ 分别为 9.78%、2.22%、8.81%、13.54%、8.78% 和 5.72%。可以看出各层土壤水分的 $RMSE$ 一般小于 0.05cm³/cm³，平均相对误差 $MRE$ 一般小于 10%，表明模拟的结果较好。

表 6.32　2015（灌水处理验证）各层土壤含水量的 $RMSE$、$MRE$ 和 $d$ 值

| 年份 | 统计检验标准 | 土 层 深 度/cm | | | | | |
| --- | --- | --- | --- | --- | --- | --- | --- |
| | | 20 | 40 | 60 | 80 | 100 | 120 |
| 2015（灌水） | $RMSE/(\text{cm}^3/\text{cm}^3)$ | 0.05 | 0.034 | 0.031 | 0.039 | 0.029 | 0.024 |
| | $MRE/\%$ | 9.78 | 2.22 | 8.81 | 13.54 | 8.78 | 5.72 |
| | $d$ | 0.38 | 0.60 | 0.13 | −0.08 | 0.41 | 0.42 |

b）作物生长模块。2015 年灌水处理的玉米 $LAI$ 和干生物量的验证结果如图 6.92 所示，从图中可以看出，灌水处理验证结果比较好，计算得出 $LAI$ 和干生物量的 $RMSE$ 分别为 0.45 和 1444kg/hm²；$R^2$ 分别为 0.94 和 0.98。$LAI$ 和干生物量在 9 月 25 日相对模拟值均偏低，其主要原因可能是后期植株叶面积下降比较快，而模型不能准确反映作物在该阶段的变化。

（5）灌水与雨养对比。图 6.93 为 2015 年灌水与雨养模拟的作物蒸散发 $ET_c$ 对比图。由图可知，在 7 月末期之前由于全部条件一样，灌水与雨养 $ET_c$ 变化一致，二者基本重合。在 7 月 25 日灌水之后，灌水处理的土壤含水量增加，保障了作物能够在较充分的土壤水分条件下进行生长和耗水，因此灌水与雨养条件下作物的 $ET_c$ 相差较大，灌水的 $ET_c$ 要明显大于雨养条件下的 $ET_c$。在 8 月 18—19 日出现了明显降水，降水量为 40.6mm，及时地补充了土壤水分，使得土壤含水量提高，这时雨养条件下土壤水分也能够满足作物生

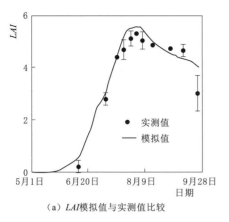

（a）*LAI* 模拟值与实测值比较

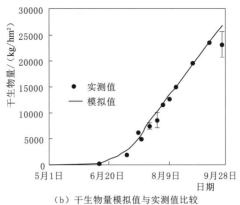

（b）干生物量模拟值与实测值比较

图 6.92　2015 年（灌水处理）玉米 *LAI* 以及干生物量模拟值与实测值比较

长。由于雨养条件下前期干旱胁迫对作物生长的影响，造成玉米在后期衰老较快，因此后期的蒸散量下降较快，且明显低于灌水条件下的。

作物系数 $K_c$ 表示为实际作物蒸散发 $ET_a$ 与参考作物作物蒸散发 $ET_0$ 的比值，本研究中采用模拟的蒸散发替代实际的蒸散发。图 6.94 描述了 2014 年雨养条件下和 2015 年雨养和灌溉条件下玉米生长季节内的作物系数。可以看出，在土壤水分充足条件下，三种条件下的作物系数 $K_c$ 变化趋势和值的大小一致。但是在 2015 年 7 月至 8 月上旬，由于连续无雨，在雨养条件下土壤水

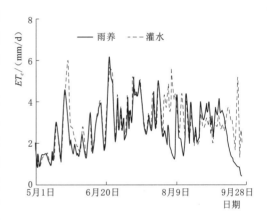

图 6.93　2015 年雨养和灌水处理条件下模拟的生长季节玉米 $ET_c$ 变化过程

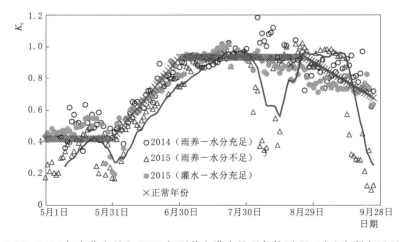

图 6.94　2014 年水分充足和 2015 年雨养和灌水处理条件下 $K_c$ 对比和研究区 $K_c$ 值

分连续下降，影响了玉米的正常生长，制约了玉米的蒸散发，可以看到该期间受水分影响的作物系数 $K_c$ 显著下降，$K_c$ 从 8 月 2 日的 0.9 急剧下降至 8 月 12 日的 0.4。而在灌溉条件下，作物系数没有明显下降，其变化趋势与 2014 年的一致。基于 FAO56 对作物生长阶段的划分，玉米的生长阶段可划分为初始期（5 月 1—31 日）、快速生长期（6 月 1—30 日）、中期（7 月 1 日—8 月 25 日）和后期（8 月 26 日—9 月 25 日）。利用 2014 和 2015 年灌溉条件下的资料，计算得到初始期的作物系数平均为 0.42，快速生长期作物系数从 0.42 增加到 0.93，中期作物系数稳定在 0.93，后期作物系数从 0.93 下降到 0.7。与 FAO56 推荐的作物系数相比，本研究确定的作物系数在生长中期（0.93）要小于推荐的值（1.1），这也反映了区域的差异。

在土壤水分充足条件下，2014 年和 2015 年灌溉条件下玉米的产量可达到 13.2 和 13.6t/hm²，而干旱条件下若不能及时灌水，则产量下降到 9.89t/hm²，产量下降了 27%。同时发现，干旱条件下生物量下降了 19%，说明产量下降主要是由于所形成的干物质不能有效地转化为籽粒产量，表现为在干旱条件下收获指数（籽粒产量与地上部干物质比例）为 0.48，而水分充足条件下为 0.53。

（6）小结。运用 2014—2015 年雨养处理以及 2015 年灌水处理对 RZWQM 模型进行率定及验证，确定了在四平地区运用此模型模拟春玉米生长的一系列参数。其中，2014 年各土层土壤含水量的模拟值与实测值的均方误差 RMSE 分别为 0.026cm³/cm³、0.035cm³/cm³、0.025cm³/cm³、0.025cm³/cm³、0.020cm³/cm³、0.021cm³/cm³，平均相对误差 MRE 值分别为 2.66%、0.84%、3.46%、2.43%、6.23%、1.40%，叶面积指数和干生物量的 RMSE 分别为 0.39 和 2646.66kg/hm²；$R^2$ 分别为 0.99 和 0.92。2015 年雨养处理土壤水分 RMSE 分别为 0.038cm³/cm³、0.035cm³/cm³、0.028cm³/cm³、0.028cm³/cm³、0.041cm³/cm³、0.037cm³/cm³，平均相对误差 MRE 分别为 1.27%、-1.07%、3.48%、6.68%、13.04% 和 -2.28%，叶面积指数和干生物量的土壤水分 RMSE 分别为 0.28cm³/cm³ 和 1237.224kg/hm²；$R^2$ 分别为 0.96 和 0.98。2015 年灌水处理的 RMSE 分别为 0.05cm³/cm³、0.034cm³/cm³、0.031cm³/cm³、0.039cm³/cm³、0.029cm³/cm³、0.024cm³/cm³，平均相对误差 MRE 分别为 9.78%、2.22%、8.81%、13.54%、8.78% 和 5.72%，叶面积指数和干生物量的 RMSE 分别为 0.45 和 1443.964kg/hm²；$R^2$ 分别为 0.94 和 0.98。表明 RZWQM 模型验证结果理想，可以反映研究区玉米生长状况。

利用 RZWQM 模型模拟了 2014 年和 2015 年雨养和灌溉条件下玉米生育期蒸散量，并计算了作物系数。得出在土壤水分充足条件下（2014 年雨养和 2015 年灌溉），初始期的作物系数平均为 0.42，快速生长期作物系数从 0.42 增加到 0.93，中期作物系数稳定在 0.93，后期作物系数从 0.93 下降到 0.7。而当长时间无雨，土壤水分严重消耗时，受土壤水分胁迫影响，中期的作物系数可下降到 0.4 左右。

3. 玉米产量与气象要素分析

利用 RZWQM 和已经率定验证的土壤及作物参数，基于四平市 1951—2015 年的日尺度气象资料，模拟了 1951—2015 年每年的玉米产量，分析了玉米产量与各气象要素的关系，提出研究区对玉米产量影响的主要气象因素。

（1）气象要素与玉米产量关系研究。图6.95和图6.96分别为研究区1951—2015年模拟玉米产量模拟变化图与$ET_c$变化图。由图可知，研究区模拟产量模拟变化较大，模拟产量最大为1988年的15442kg/hm²，最小值为2000年的6438kg/hm²，两者相差9005kg/hm²。由$ET_c$变化图可知，研究区1951—2015年，$ET_c$变化较平稳，多年平均$ET_c$为417.3mm，极差为142mm。因此为明晰引起产量变化的主要气象要素，本研究分析了研究区1951—2015年气温、相对湿度、平均风速、降水量等气候要素与产量的关系，分别绘制气象要素与产量散点图，如图6.97所示。

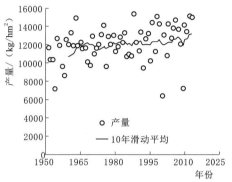

图6.95　1951—2015模拟产量变化图

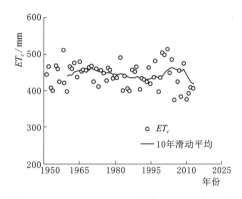

图6.96　1951—2015年研究区$ET_c$变化图

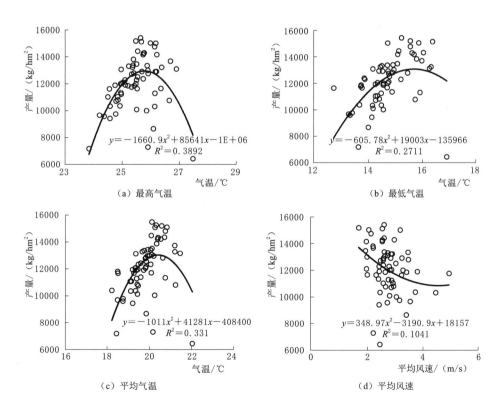

（a）最高气温　　　　　　　　　　（b）最低气温

（c）平均气温　　　　　　　　　　（d）平均风速

图6.97（一）　气象要素与产量关系

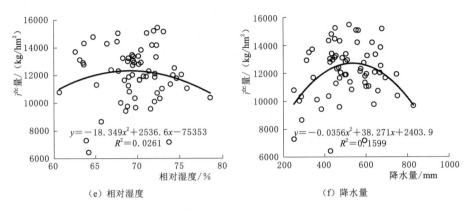

图 6.97（二） 气象要素与产量关系

由图 6.97 可知，温度与产量表现出明显的相关关系，相对湿度、降水量与产量关系不明显，进一步应用 Spearman 秩相关系数检验，结果见表 6.33。由表可知，温度与产量表现出正相关关系，相对湿度、降水量与产量的相关关系不明显。

表 6.33 气象要素与产量相关关系分析

| 气 象 要 素 | | 最低气温 | 最高气温 | 平均气温 | 相对湿度 | 降水量 |
|---|---|---|---|---|---|---|
| 产量 | 相关系数 | 0.622** | 0.391** | 0.577** | −0.071 | 0.063 |
| | Sig. | 0.000 | 0.001 | 0.000 | 0.572 | 0.621 |

注 "**"表示在置信度（双侧）为 0.01 时，相关性是显著的。

由秩相关系数分析结果可知，影响研究区玉米产量的首要因素是温度。通过图 6.97 分析发现研究区最高气温为 25～27℃、最低气温为 14～16℃时，玉米产量的变化幅度较小且产量较高，最高气温为 25.5～26.5℃、最低气温为 15.0～16.0℃、平均气温为 20～21℃时，玉米产量能达到 14000kg/hm² 。

（2）降水量和产量关系研究。研究区为雨养农业，降水量是直接影响产量的主要因素之一。因此本节进一步分析了降水量与产量的关系。在本节分析中，根据当地调研、气候资料以及玉米的生长状况，确定玉米的生长阶段，见表 6.34。

表 6.34 四平地区玉米阶段划分表

| 生长阶段 | 苗期 | 拔节期 | 抽雄灌浆期 | 成熟期 |
|---|---|---|---|---|
| 日期 | 5月1日—5月31日 | 6月1日—7月10日 | 7月11日—8月25日 | 8月26日—9月26日 |
| 天数 | 31 | 40 | 46 | 32 |

在模型输入中，所需的气温、相对湿度采用多年平均日气象数据，降水量数据采用 1951—2015 年数据。玉米全生育期降水量与产量关系如图 6.98 所示。由图 6.98 可知，雨量达到 420mm 时，基本满足了玉米生长需要水量。研究区玉米生育期内多年平均 $ET_c$ 为 417.30mm，表明降水量 420mm 可以满足玉米的生长，当降水量小于 420mm 时，玉米生长处于亏水阶段，将对玉米产量造成影响。

图 6.99 为玉米各生育阶段降水量与产量关系图。由图可知，苗期降水量与产量没有

显著的相关关系；当拔节期降水量大于 125mm，抽雄灌浆期降水量大于 240mm，成熟期降水量大于 130mm 时，玉米产量的变化幅度较小，且玉米产量达到高产。由多年统计结果可知，研究区玉米生育期内降水量平均值为 510mm，表明降水量一般能够满足玉米生长对水分的需求，这与研究区雨养农业的种植特点符合。

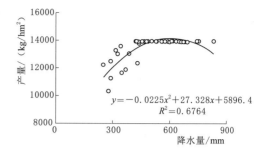

图 6.98　玉米全生育期降水量与产量关系

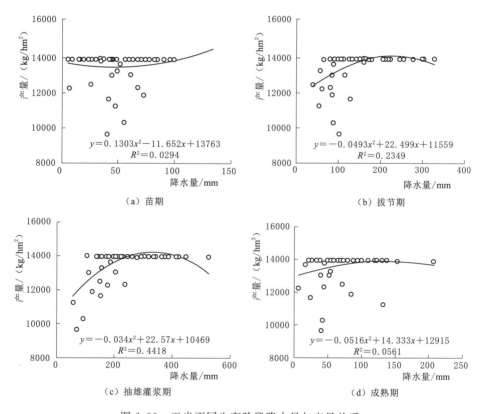

图 6.99　玉米不同生育阶段降水量与产量关系

　　图 6.100 为玉米生育期降水量小于 420mm 时，玉米各生育阶段降水量与产量的关系图。由图表明，在生育期降水量小于 420mm 时，玉米生育期内降水量与产量呈正相关关系，运用 Spearman 秩相关系数检验玉米各生长阶段降水量与产量的关系，结果见表 6.35。由表可知，抽雄灌浆期降水量与产量表现出显著的正相关关系，而其他生育阶段降水量与产量没有明显的相关关系，表明抽雄灌浆期是影响玉米产量的重要生长阶段，这与前文的分析结果一致。因此要实现研究区玉米产量的稳产、高产，首先必须确保抽雄灌浆期的水量。根据图 6.100 抽雄灌浆期降水量与产量的关系图可知，抽雄灌浆期降水量需达到 200mm，才能实现稳产。

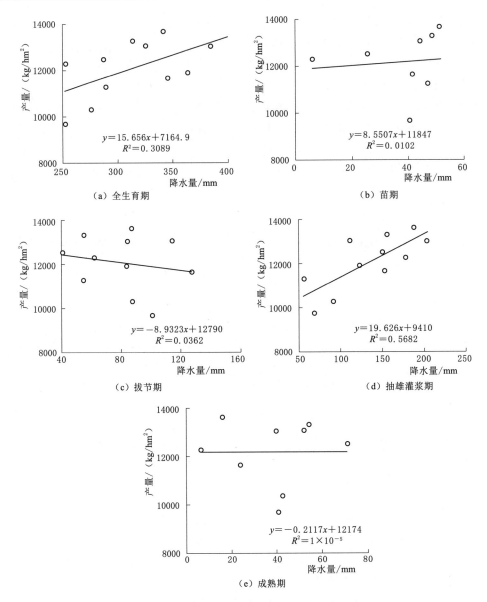

图 6.100　降水量小于 420mm 时玉米产量的变化

表 6.35　降水量小于 420mm 时各生育阶段降水量与产量相关关系分析

| 生 长 阶 段 | | 苗期 | 拔节期 | 抽雄灌浆期 | 成熟期 |
|---|---|---|---|---|---|
| 产量 | 相关系数 | 0.524 | 0.200 | 0.743** | 0.059 |
| | Sig. | 0.183 | 0.555 | 0.009 | 0.881 |

注　"**"表示在置信度（双侧）为 0.01 时，相关性是显著的。

　　玉米产量变化是各种自然因素与人为因素共同影响的结果。本书分析玉米生育期不同阶段降水量与产量的关系，得出不同阶段缺水对产量的影响。在玉米生育期内，有些年份可能是因为前期降水充足，土壤中蓄积了较多水分，后期缺水时没有显现出来，而有些可能是因为后期水分充足，弥补了前期降水的不足。研究区苗期降水量多年平均值为53.10mm，拔节期降水量为145.86mm，抽雄灌浆期降水量为238.46mm，成熟期降水量为72.10mm。表6.36给出了生育期降水量小于420mm时产量统计情况，可以看出抽雄灌浆期玉米降水量是影响玉米产量的重要阶段。

表6.36 各生育期降水量小于420mm时产量统计表

| 年份 | 苗期降水量<br>/mm | 拔节期降水量<br>/mm | 抽雄灌浆期降水量<br>/mm | 成熟期降水量<br>/mm | 生育期降水量<br>/mm | 产量<br>/(kg/hm²) |
|---|---|---|---|---|---|---|
| 1952 | 25.7 | 40.2 | 151.2 | 70.9 | 288.0 | 12513.78 |
| 1958 | 47.10 | 54.90 | 56.90 | 130.80 | 289.70 | 11265.48 |
| 1967 | 41.70 | 127.20 | 153.90 | 23.70 | 346.50 | 11664.48 |
| 1968 | 72.60 | 84.60 | 123.30 | 83.70 | 364.20 | 11892.48 |
| 1982 | 48.80 | 55.80 | 155.70 | 54.10 | 314.40 | 13282.14 |
| 1992 | 44.20 | 84.90 | 203.90 | 51.90 | 384.90 | 13045.02 |
| 2002 | 6.20 | 61.80 | 177.90 | 6.20 | 252.10 | 12272.10 |
| 2007 | 51.50 | 87.60 | 187.00 | 15.90 | 342.00 | 13653.78 |
| 2009 | 40.50 | 100.90 | 70.00 | 40.40 | 251.80 | 9696.84 |
| 2011 | 60.70 | 114.50 | 112.00 | 39.20 | 326.40 | 13045.02 |
| 2015 | 55.12 | 88.10 | 92.80 | 42.52 | 278.54 | 10315.86 |

（3）气温与产量关系研究。在分析研究区气温对产量的影响时，本书在模型输入中，降水量、相对湿度、风速等气象数据运用多年平均日气象数据，最低、最高气温数据采用1951—2015年逐日数据。研究区气温与产量的关系如图6.101所示，由图可知，最低气温、最高气温、平均气温与产量均为二次抛物线关系，拟合公式中，最高气温、平均气温与产量的 $R^2>0.6$。通过分析发现，只考虑研究区温度与产量关系时，玉米高产的温度变化区间与前文分析结果较为一致，研究区最高气温为26.1～26.5℃、最低气温为15.6～16.4℃、平均气温为20.7～21.1℃，玉米产量能达到15000kg/hm²，且最高气温对产量的影响更为显著。当研究区最低气温为16.41℃，最高气温为26.3℃，平均气温为20.92℃时，玉米产量达到最大值。

（4）降水量与温度的交互作用与产量研究分析。本书在研究中考虑降水量与温度交互作用下对玉米产量的影响。在模型输入中，相对湿度、平均风速等气象数据运用多年平均日气象数据，日最低、最高气温，降水量采用1951—2015年逐日气象数据。通过回归分析，建立玉米产量与温度、降水量回归模型。

建立研究区日最低气温、降水量与产量的回归模型为

$$y=-546.221x_1^2-0.0163x_2^2+17249.63x_1+18x_2-127511 \tag{6.27}$$

式中：$y$ 为产量，kg/hm²；$x_1$ 为日最低气温，℃；$x_2$ 为生育期降水量，mm。

模型显著（$P<0.05$），$R^2=0.40$。玉米日最低气温、降水量与产量关系如图6.102所示。通过求解得出，当日最低气温为15.76℃，生育期降水量为567.30mm时，玉米产量最高，为11985.8kg/hm²。

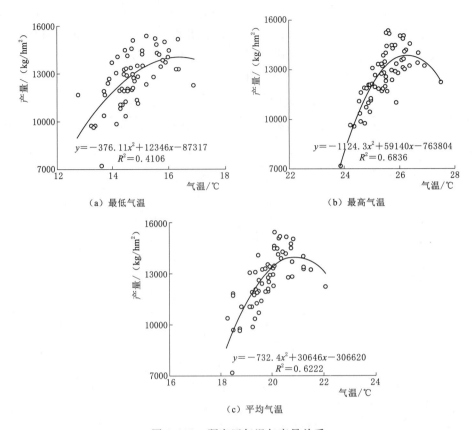

（a）最低气温　　　　　　　　　（b）最高气温

（c）平均气温

图 6.101　研究区气温与产量关系

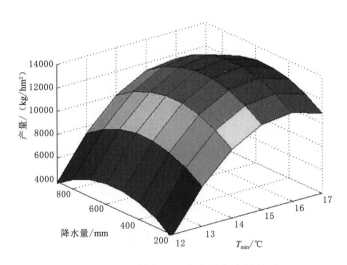

图 6.102　最低气温、降水量与产量关系

建立日最高气温、降水量与产量回归模型为

$$y = -1477.63x_1^2 - 0.0192x_2^2 + 76915.73x_1 + 22.8x_2 - 993819 \qquad (6.28)$$

式中：$y$ 为产量，$kg/hm^2$；$x_1$ 为日最高气温，℃；$x_2$ 为生育期降水量，mm。

模型显著（$P<0.05$），$R^2=0.64$。日最高气温、降水量与产量关系如图 6.103 所示。通过求解得出，当日最高气温为 26.3℃，降水量为 593.18 mm 时，玉米产量达到最大值 121172kg/hm² 。

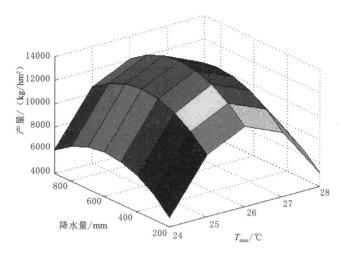

图 6.103　最高气温、降水量与产量关系

建立日平均气温、降水量与产量的回归模型为

$$y = -916.468x_1^2 - 0.01319x_2^2 + 37692.69x_1 + 16.32x_2 - 378848 \tag{6.29}$$

式中：$y$ 为产量，kg/hm²；$x_1$ 为日平均气温，℃；$x_2$ 为生育期降水量，mm。

模型显著（$P<0.05$），$R^2=0.49$。日平均气温、降水量与产量关系如图 6.104 所示。通过计算求解，当日平均气温为 20.56℃，降水量为 618.52 mm 时，研究区玉米的产量达到最大值 12068kg/hm² 。

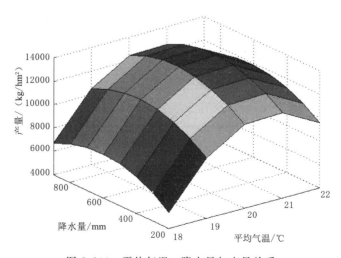

图 6.104　平均气温、降水量与产量关系

通过分析研究区气温、降水量交互作用下对产量的影响，玉米高产的气温与前文分析结果较为一致，但是降水量结果相差较大，在交互作用下，要实现研究区玉米高产的目

标，玉米生育期降水量需要达到 567.30mm。由多年气象数据模拟结果可知，当降水量大于 567.30mm 时，玉米的平均产量为 12032kg/hm²。

（5）典型年分析。通过比较发现，研究区在 1954 年、2000 年、2009 年严重减产。本书通过模型检验分析减产的主要影响要素，分析中保持其他要素不变，研究要素运用多年平均气象数据替换减产年份气象数据，降水量数据采用与年平均降水量接近的 1988 年逐日数据，进而分析影响减产的可能因素。如果该年份的数据被相关的多年平均气象要素替换后，产量增加，说明该要素会显著的造成减产。如果该要素被替换后产量降低，说明平均年份的气象要素在一定程度上限制了玉米生长和产量，或者说该要素与平均年份相比会促进生长，提高产量。分析结果见表 6.37。典型年份的气象数据见表 6.37。

进一步比较减产年与平均年气象数据，对比结果见表 6.38。

表 6.37　　　　　　典型年份气象要素对产量变化的敏感性分析结果

| 典型年份 | 产量/(kg/hm²) | | | | |
|---|---|---|---|---|---|
| | 最低气温 | 最高气温 | 平均风速 | 相对湿度 | 降水量 |
| 1954 | 10335.24 | 11216.46 | 7177.44 | 7177.44 | 7177.44 |
| 2000 | 8749.50 | 8877.18 | 6437.58 | 6437.58 | 12017.88 |
| 2009 | 7011.00 | 5546.10 | 7296.00 | 7296.00 | 14499.66 |
| 1988 | 14343.48 | 15057.12 | 15442.44 | 15442.44 | 15442.44 |
| 多年平均 | 13592.46 | 13592.46 | 13592.46 | 13592.46 | 13592.46 |

表 6.38　　　　　　减产年份与平均年气象数据对比

| 年份 | 最低气温/℃ | 最高气温/℃ | 平均温度/℃ | 平均风速/(m/s) | 相对湿度/% | 降水量/mm | 产量/(kg/hm²) |
|---|---|---|---|---|---|---|---|
| 1954 | 13.64 | 23.85 | 18.45 | 3.8 | 74 | 593.50 | 7177.4 |
| 2000 | 16.90 | 27.48 | 22.05 | 2.5 | 64 | 428.30 | 6437.6 |
| 2009 | 14.43 | 25.91 | 20.18 | 2.2 | 64 | 251.80 | 7296.0 |
| 1988 | 15.22 | 25.65 | 20.13 | 2.6 | 72 | 520.6 | 15442.4 |
| 多年平均 | 14.72 | 25.48 | 19.85 | 2.8 | 70 | 509.53 | 13947.9 |

图 6.105 分别为典型年模拟 LAI 和干生物量变化图。由 LAI 变化图可知，1954 年 LAI 变化有延后现象，但是其峰值较 1988 年稍大。2000 年 LAI 峰值较小，变化过程呈局部阶梯状。2009 年 LAI 变化过程与 1988 年相近，但是在 7 月末期，LAI 下降较快。由干生物量变化图可知，相对 1988 年，1954 年、2000 年和 2009 年干生物量均较小，在生育期累积较缓慢。

通过表 6.37 和表 6.38 可知，当最高和最低气温被相应多年平均值替换后，产量明显增加，分别从 7177kg/hm² 增加到 11216kg/hm² 和 10335kg/hm²，增加了约 56% 和 44%，说明该年份气温是造成减产的主要原因，其中最高气温影响最大，其次为最低气温，降水量、风速和相对湿度对产量没有影响。在 2000 年，当降水量被平均年份的降水量替代后，产量增加最多为 87%，说明该年份降水是最主要的影响要素，其次为最高气温（38%）和最低气温（36%）。同样在 2009 年，当降水量被平均降水量替代后产量从

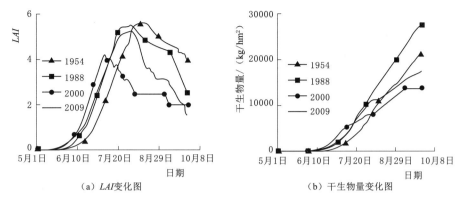

（a）LAI变化图　　　　　　　　　　（b）干生物量变化图

图 6.105　典型年玉米 LAI 与干生物量变化图

7296kg/hm² 增加到 14500kg/hm²，增加了约 100%。同时可以看出当最低气温和最高气温被多年平均值替换后，产量要低于 2009 年产量的 4% 和 24%，说明 2009 年的气温更适合玉米的生长。

　　通过表 6.38 可知，1954 年玉米生育期内最低、最高气温均低于其年平均气温。比较 1954 年与年平均最低、最高逐日气温，如图 6.106 所示。1954 年研究区玉米生育期内气温整体较低，上文分析表明，最低、最高、平均气温均与产量符合二次抛物线关系，当温度较低时减产严重，1954 年玉米 LAI 延后也可能是玉米苗期温度太低，玉米发芽较晚，玉米生长所需热量不足以满足玉米生长需要。

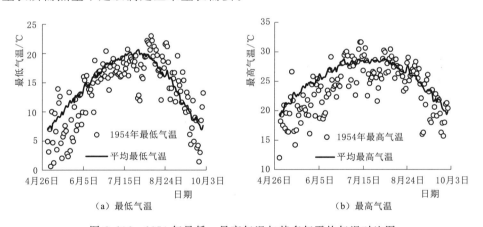

（a）最低气温　　　　　　　　　　（b）最高气温

图 6.106　1954 年最低、最高气温与其多年平均气温对比图

　　由表 6.38 所示，2000 年玉米生育期内降水量为 428.30mm。图 6.107 为 2000 年与 1988 年玉米生育期内逐日降水量对比图。由图可知，2000 年降水量比较集中，其中 6 月 21 日、8 月 10 日单日降水量分别为 59.70mm、99.70mm，降水集中可能是造成减产以及 LAI 峰值较小、呈阶梯状的原因。由于玉米生育期内局部阶段降水集中造成地面径流或者深层渗漏，玉米可利用的水分并没有增多，玉米生长的绝大阶段仍然处于亏水状态，因此造成玉米产量减产。同时 2000 年研究区气温较高，由表 6.38 可知，最低气温为 16.90℃，最高气温为 27.48℃，均超过研究区玉米生长的最适温度，因此高温可能也是

造成减产的原因之一。

由表 6.38 所示，2009 年玉米生育期内降水量为 251.80mm。通过对比 2009 年与 1988 年玉米生育期逐日降水数据，如图 6.108 所示。由图可知，2009 年玉米生育期逐日降水量较少，在 7—8 月表现出明显干旱趋势，玉米抽雄灌浆期（7 月 11 日至 8 月 25 日）降水量仅为 70 mm，与达到稳产的降水量 200mm 相差较大，因此可能是造成 2009 年减产以及 LAI 在 7 月末期迅速下降的主要原因。

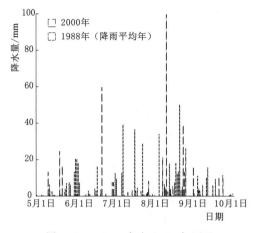

图 6.107　2000 年与 1988 年逐日
降水量对比图

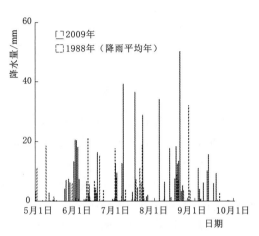

图 6.108　2009 年与 1988 年逐日
降水量对比图

（6）小结。通过分析研究区 1951—2015 年气温、相对湿度、平均风速、降水量等气候要素与产量的关系，得出以下结论。

1）气温是影响研究区玉米产量的主要因素，最低气温、最高气温以及平均气温对产量影响的相关系数分别为 0.622、0.391 和 0.577，都在 0.01 水平上达到显著。

2）降水量达到 420mm 时玉米产量变化较小，为了实现高产稳产，玉米各生育期的降水量分别为拔节期降水量大于 125mm，抽雄灌浆期降水量大于 240mm，成熟期降水量大于 130mm。

3）研究区气温与产量的变化关系均呈抛物线型，其中最高气温、最低气温、平均气温的最适区间分别为 26.1～26.5℃、15.6～16.4℃、20.7～21.1℃。

4）在降水量与温度交互作用影响的研究中表明，研究区玉米生长的最适、最高、最低的平均气温分别为 26.3℃、15.76℃、20.56℃，研究区玉米达到高产所需最少降水量为 567.30mm。

5）在研究降水量与产量关系时，降水量作为单因素变化时，当降水量大于 420mm 时，产量基本达到稳定状态，但在考虑温度和降雨交互作用时，研究区雨量需达到 567.30mm，研究区才能实现高产。本书以降水量作为唯一变量时，研究区的耗水量 $ET_c$ 为 425.30mm，因此 420mm 降水量可以基本满足玉米的生长发育。但是研究区 $ET_c$ 玉米生育期内最大值与最小值相差 141.72mm，要实现稳产、高产雨量需达到 567.30mm，否则需要适量灌水。

6）典型年产量降低的因素分析得出，1954 年减产的主要原因是温度较低；2000 年减产的主要原因是降水量偏少,最低和最高温度偏高;2009 年减产的主要因素是雨量偏少。因此总体可以看出,雨量偏少是研究区玉米减产的主要因素。

4. 不同降水条件下作物产量的变化分析

从上文分析可知,降水量是影响研究区玉米产量的主要气象因素,但是不同阶段的水分亏缺对玉米的产量影响不同。为了研究清楚不同阶段不同降雨条件下玉米产量的变化规律,设置了不同的降水情景,利用率定的 RZWQM 模型进行情景模拟和分析,进而揭示不同生长阶段降水特征对产量的影响。

根据降水亏水情况,设置了 14 种情景(表 6.39),以及一个充分降水年份(1988)。以充分降水年份的降水为基础,在每个生长阶段分别设置 3~4 种降水情景,利用 RZWQM 模拟不同情景下的土壤含水量、叶面积指数和产量。模型中需要的气象参数是研究区近 60 年(1951—2014)的平均数据(图 6.109),土壤和作物参数选用已经率定好的参数(表 6.26~表 6.30),模拟不同降水条件下的干生物量和产量。不同降水条件如图 6.110,模拟的生物量和产量结果见表 6.40。

表 6.39                                降 水 情 景 设 置

| 缺水阶段 | 情　景 | 情　景　说　明 | 总降水量/mm |
|---|---|---|---|
| 1988 年 | | | 520.6 |
| 苗期 | 情景 1 | 5 月 1—10 日无降水 | 520.4 |
| | 情景 2 | 5 月 1—20 日无降水 | 516.9 |
| | 情景 3 | 5 月 1—31 日无降水 | 458.5 |
| 拔节期 | 情景 4 | 6 月 1—10 日无降水 | 471.3 |
| | 情景 5 | 6 月 1—20 日无降水 | 446.7 |
| | 情景 6 | 6 月 1—30 日无降水 | 424.7 |
| | 情景 7 | 7 月 1—10 日无降水 | 372.3 |
| 抽雄灌浆期 | 情景 8 | 7 月 11—20 日无降水 | 476.6 |
| | 情景 9 | 7 月 11—31 日无降水 | 443.4 |
| | 情景 10 | 7 月 11—8 月 10 日无降水 | 402.9 |
| | 情景 11 | 7 月 11—8 月 25 日无降水 | 273.7 |
| 成熟期 | 情景 12 | 8 月 26 日—9 月 5 日无降水 | 504.6 |
| | 情景 13 | 8 月 26 日—15 日无降水 | 466.9 |
| | 情景 14 | 8 月 26 日—9 月 25 日无降水 | 457.3 |

(1)苗期缺水。图 6.111 描述了苗期缺水情况下土壤体积含水率、叶面积指数、日蒸散量和干生物量的变化过程。可以看出,在苗期不同缺水情况下,除了土壤含水量有一定的下降,日蒸散量、叶面积指数和干生物量均没有显著变化。这可能主要是在苗期玉米蒸散量比较小,虽然降水量有不同程度的减少,但是考虑到土壤含水量充足,减少的降水量不足以影响玉米的正常生长。三种情境下的模拟产量分别为 $13952kg/hm^2$、$13951kg/hm^2$ 和 $13944kg/hm^2$,可以看出产量也没有明显差异。因此可以初步得出,在播种时土壤含水量比较充足的条件下,苗期缺水对玉米的生长和产量影响较小。

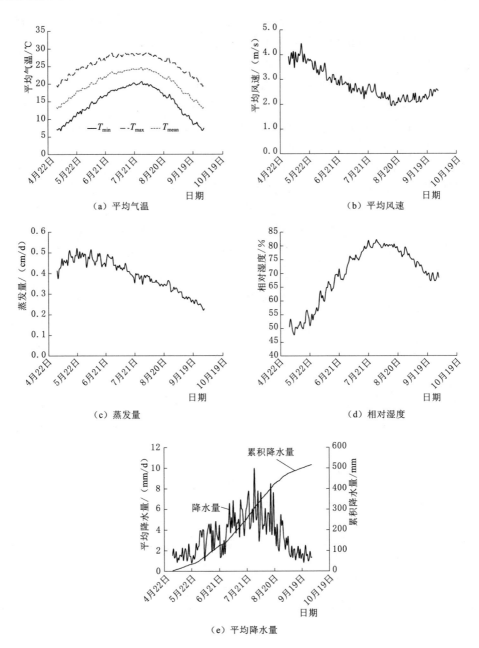

图 6.109　1951—2014 年的平均气候参数

表 6.40　　　　　　　　　　　不同降水情境下模拟的生物量和产量　　　　　　　单位：kg/hm²

| 生育期 | 苗　期 | | | 拔　节　期 | | | |
|---|---|---|---|---|---|---|---|
| 情景 | 1 | 2 | 3 | 4 | 5 | 6 | 7 |
| 生物量 | 26582 | 26581 | 26440 | 26440 | 26580 | 26493 | 24670 |
| 产量 | 13952 | 13951 | 13944 | 13952 | 13952 | 13948 | 13795 |

续表

| 生育期 | 抽雄灌浆期 | | | 成 熟 期 | | | |
|---|---|---|---|---|---|---|---|
| 情景 | 8 | 9 | 10 | 11 | 12 | 13 | 14 |
| 生物量 | 26580 | 26150 | 21520 | 18090 | 26580 | 26580 | 26580 |
| 产量 | 13792 | 13931 | 10458 | 7412 | 13952 | 13952 | 13952 |

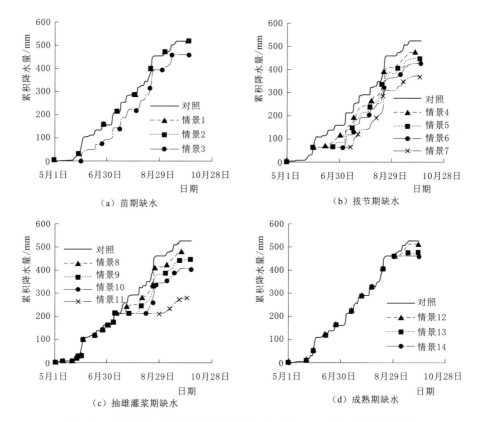

图 6.110 不同降水情景下降水累积曲线（以 1988 年降水过程为基准）

（2）拔节期缺水。图 6.112 描述了拔节期缺水情况下土壤含水量、叶面积指数、日蒸散量和干生物量的变化过程。可以看出，在拔节期不同缺水情况下，土壤含水量变化最剧烈，一般随着降水量的减少土壤含水量也逐渐降低，降水量最少的情景 7 其土壤含水量最低。由于土壤含水量即使在降水量较少的情况下也较高，这主要是由于前期的土壤含水量比较充分，造成拔节期不同缺水条件下的日蒸散量变化较小。但是作物生长指标显示，严重缺水（情景 7）条件下，叶面积指数和干生物量会显著降低，与其他三种缺水情景相比，严重缺水（情景 7）时最大叶面积指数降低了 10.5%，收获时干生物量降低了6.9%。但是由于作物的自我调节功能，使得最终产量只降低了 1.1%，说明拔节期一定的缺水对产量影响较小。考虑到本研究在模拟时前期土壤含水量较高，因此拔节期严重干旱是否对产量造成影响还需要进一步研究。

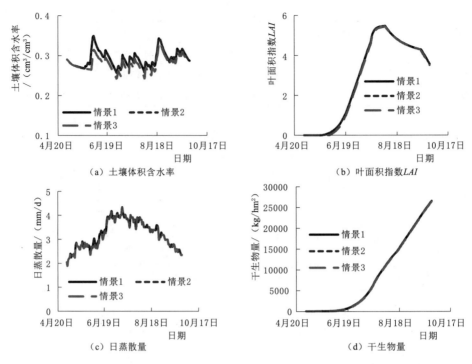

图 6.111 苗期缺水情况下土壤体积含水率、叶面积指数、日蒸散量和干生物量变化过程

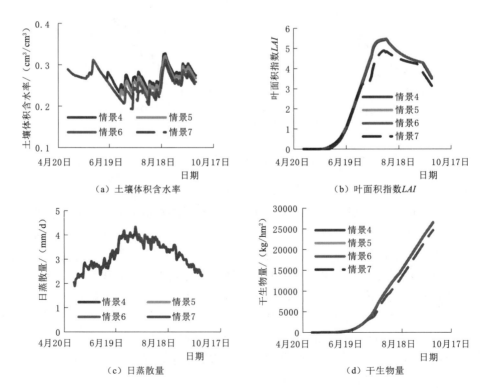

图 6.112 拔节期缺水情况下土壤体积含水率、叶面积指数、日蒸散量和干生物量变化过程

（3）抽雄灌浆期缺水。图 6.113 描述了抽雄灌浆期缺水情况下土壤含水量、叶面积指数、日蒸散量和干生物量的变化过程。可以看出，在抽雄灌浆期不同干旱情况下，土壤含水量变化非常剧烈，缺水时间越长，土壤含水量越低，缺水量最多的情景 11 其土壤含水量最低，且显著低于其他三个缺水情景下的土壤含水量。同时作物蒸散发模拟显示，缺水量最大情景的作物蒸散量也要小于其他三个缺水处理。抽雄灌浆期降水量减少会显著影响作物的生长和产量。在 9 月 2 日的模拟值显示，情景 8 和情景 9 由于缺水量较少，叶面积指数 LAI 均为 4.5，无差异，但是情景 10 和情景 11 分别为 4.3 和 2.55，分别降低了4.5％和42.7％。最终的干生物量也显示，情景 8、情景 9 的干生物量接近，为 26t/hm² 左右，但是情景 10 已经降低到了 21.5t/hm²，而情景 11 下降到了 18.1t/hm²，两个处理的干生物量分别下降了 18.4％和31.4％。由于干生物量的降低，造成最后的籽粒产量分别下降了 24.6％和46.5％。在该阶段干生物量下降的比例和籽粒产量下降的比例基本成正比，但是籽粒下降的比例要显著高于干生物量下降的比例。这可能是由于在严重缺水的情景 10 和 11，作物正处于灌浆的关键期，这时的缺水会显著影响作物的灌浆速率和过程，进而对产量造成较大影响。而茎秆生物量在这时已经达到最大值，因此缺水对茎秆生物量影响小，造成对总的干生物量影响也较小。该结论与在拔节期缺水得到的结果稍有不同。在拔节期，严重缺水会显著影响作物生长，进而会显著的影响茎秆生物量。但是若后期水分充足，作物仍旧能够取得较高的产量。

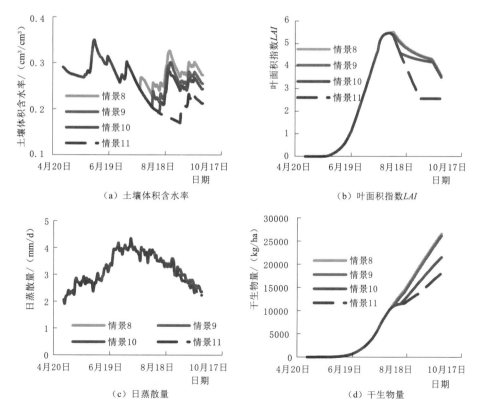

图 6.113　抽雄灌浆期缺水情况下土壤体积含水率、叶面积指数、日蒸散量和干生物量变化过程

（4）成熟期缺水。图6.114描述了成熟期缺水情况下土壤含水量、叶面积指数、日蒸散量和干生物量的变化过程。可以看出，在成熟期不同干旱情况下情景12～情景14，土壤含水量有一定的变化，缺水量最大的情景（情景14）土壤含水量最低。但是从作物蒸散发、叶面积指数和干生物量生长指标及产量可以看出，成熟期缺水对作物的产量和干生物量没有显著影响，其三种条件下产量基本一样，为13.95t/hm²。这说明在成熟期缺水对当地玉米的产量没有显著影响。这可能主要是在成熟期，籽粒灌浆基本完成，籽粒处于逐渐脱水阶段，这时的缺水甚至在一定程度上可以促进作物成熟，保证和提高产量。而过量的降水甚至会延长作物生长，造成作物贪青晚熟，尤其是在东北地区，由于受温度的影响，晚熟会显著的降低作物产量。

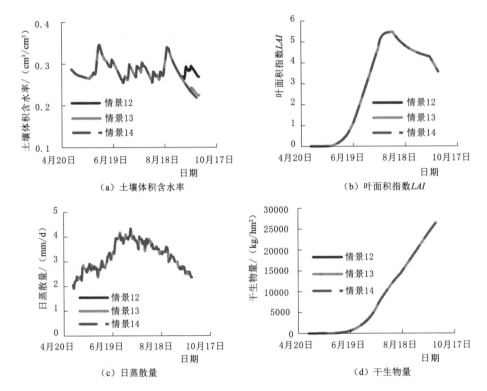

图6.114　成熟期缺水情况下土壤体积含水率、叶面积指数、日蒸散量和干生物量变化过程

（5）结论。从不同阶段的模拟结果可以得到以下结论。

①苗期和成熟期降水缺乏对研究区玉米的生长、耗水和产量影响较小，但是缺水会影响土壤含水量的变化。

②拔节期微量缺水对生长及产量影响较小，但是在严重亏水情况下干生物量会显著下降约7%，而在后期水分充足的条件下产量变化较小。

③在抽雄灌浆期缺水会显著影响干生物量和产量，在严重亏水的情景10和情景11，产量分别下降了25%和47%，干生物量也分别下降了18%和31%，产量的降低可能主要是缺水缩短了灌浆过程并且降低了灌浆速率。

## 6.1.8　结论

（1）研究区的平均相对湿度、降水量、日照时数、平均风速、净辐射均呈下降趋势，平均气温、饱和水气压差呈升高趋势，该地区气候呈逐渐暖干化的趋势。研究区的 $ET_0$ 在 5 月末达到峰值，且苗期的累积 $ET_0$ 最大。

（2）土壤含水量的亏缺对玉米的株高、叶面积、干生物量，以及根系的生长发育均造成了严重影响，但对茎粗影响不大。因此适时的水分灌溉可以提高玉米的产量和植株的水分利用效率，避免对产量造成影响。

（3）拔节期是干旱的敏感期，水分胁迫会造成玉米植株的株高和叶面积明显降低；在抽雄期和灌浆期，水分亏缺会使得叶面积降低，造成灌浆速率降低，进而造成减产。对玉米产量指标的影响程度次序为：抽雄期＞灌浆期＞拔节期，主要影响因素为粒重、秃尖长、果实长。2015 年 7 月 3 日至 8 月 6 日（35d）发生严重旱情（降水量仅为 15mm），雨养条件下的玉米产量降低了 25.2%，产量降低主要是由于百株重、单株穗粒数和果实长度的显著降低。

（4）基于作物生长、生理和产量指标对土壤含水量的响应特征，建立了基于土壤含水量和冠层温度的玉米干旱和旱灾判定指标，见表 6.41。

**表 6.41**　　　　　　　　　　　　　**玉米干旱和旱灾判定指标**

| 项　　目 | 干　旱　等　级 | | | |
|---|---|---|---|---|
| | 特旱 | 重旱 | 中旱 | 轻旱 |
| 土壤含水量/（$cm^3/cm^3$） | ＜0.10 | 0.10～0.15 | 0.15～0.17 | 0.17～0.20 |
| 冠气温度比 | ＞1.2 | 1.1～1.2 | 1.1～1.0 | ＜1.0 |
| 不同阶段含水率变化量/（$cm^3/cm^3$） | | 0.05 | 0.02 | 0.03 |
| 对应不同阶段可消耗水量/mm | | 30 | 12 | 18 |
| 累积耗水量/mm | | 60 | 30 | 18 |
| 对应天数（拔节期）/d | ＞40 | 35～40 | 15～17 | 10 |
| 对应天数（灌浆期）/d | ＞40 | 30～35 | 12～15 | 7 |
| 减产/% | ＞75% | 20%～50% | ＜10% | |

（5）建立了大豆的干旱判定指标，见表 6.42。

**表 6.42**　　　　　　　　　　　　　**大豆干旱和旱灾判定指标**

| | 干　旱　等　级 | | | |
|---|---|---|---|---|
| | 特旱 | 重旱 | 中旱 | 轻旱 |
| 土壤含水量/（$cm^3/cm^3$） | ＜0.12 | 0.12～0.15 | 0.15～0.17 | 0.17～0.20 |
| 冠气温度比 | ＞1.2 | 1.1～1.2 | 1.1～1.0 | ＜1.0 |
| 不同阶段含水率变化量/（$cm^3/cm^3$） | | 0.03 | 0.02 | 0.03 |
| 对应不同阶段可消耗水量/mm | | 18 | 12 | 18 |
| 累积耗水量/mm | | 48 | 30 | 18 |
| 对应天数/d | ＞25 | 19～21 | 9～10 | 5～6 |
| 减产/% | ＞35% | 20%～35% | ＜5% | |

（6）气温和降水是影响研究区玉米产量的主要气象要素。研究区气温与产量的变化关系均呈抛物线型，其中最高气温、最低气温、平均气温的最适区间为 26.1～26.5℃、15.6～16.4℃、20.7～21.1℃。生育期降水量达到 420mm 以上时玉米产量变化较小。为了实现高产稳产，玉米各生育期的雨量在拔节期应大于 125mm，抽雄灌浆期大于 240mm，成熟期大于 130mm。

（7）典型年产量降低的因素分析得出，1954 年减产的主要原因是温度较低；2000 年减产的主要原因是降水量偏少，最低和最高温度偏高；2009 年减产的主要因素是雨量偏少。因此总体可以看出，雨量偏少是研究区玉米减产的主要因素。

（8）基于 RZWQM 分析不同生长阶段不同降水情景后得出，在初始土壤水分充足条件下，苗期和成熟期降水缺乏对研究区玉米的生长、耗水和产量影响较小，但是缺水会影响土壤水分的变化；拔节期微量缺水对生长及产量影响较小，但是在严重亏水情况下生物量会显著下降约 7%，而在后期水分充足的条件下产量变化较小；在抽雄灌浆期缺水会显著影响生物量和产量，在严重亏水的情景 10 和 11，产量分别下降了 25% 和 47%，生物量也分别下降了 18% 和 31%，产量的降低可能主要是缺水缩短了灌浆过程和降低了灌浆速率。因此在抽雄灌浆期若发生连续干旱，应及时灌溉以保障玉米高产稳产。

## 6.2　水稻对干旱的响应研究

### 6.2.1　试验设计与观测

#### 1. 试验条件

经实地考察和调研，试验场地选择在黑龙江省水利科技试验研究中心（位于哈尔滨市机场路 16.5km，东经 126°36′35″，北纬 45°43′09″）。该中心隶属黑龙江省水利科学研究院，中心占地面积 35hm²，建有省旱情信息监测中心、农业水土工程实验室、工程冻土实验室、水利新技术试验室等科学研究场所、农田灌溉试验示范区、野外观测试验场、设施农业节水示范区以及规划水利科技产业化基地等。本试验位于农业水土工程实验室田间试验场，试验区占地面积 40m×60m，设有活动遮雨棚，方便排除降水对土壤含水量的影响，周围均种植水稻。

（1）气象条件。试验区多年平均降水量为 492.58mm，7—9 月的降水量占全年的70%，多年平均蒸发量 796mm。春季干燥多风，4—6 月的蒸发量占全年的 40% 以上，7—10 月的蒸发量占全年的 50% 左右。多年平均气温 4.67℃，极端最高气温 36.5℃，极端最低气温−35.2℃。试验区气象因素多年月平均统计值见表 6.43。

表 6.43　　　　　　　　　　试验区气象因素多年月平均值

| 月份 | 降水量/mm | | 蒸发量/mm | | 气温 /℃ |
| --- | --- | --- | --- | --- | --- |
| | 月降水量 | % | 月蒸发量 | % | |
| 1 | 7.54 | 1.53 | 10.2 | 1.28 | −18.83 |
| 2 | 4.57 | 0.93 | 17.0 | 2.13 | −13.35 |

| 月份 | 降水量/mm | | 蒸发量/mm | | 气温 /℃ |
|---|---|---|---|---|---|
| | 月降水量 | % | 月蒸发量 | % | |
| 3 | 14.01 | 2.84 | 49.2 | 6.18 | −5.42 |
| 4 | 25.67 | 5.21 | 103.4 | 12.99 | 8.27 |
| 5 | 47.44 | 9.63 | 127.8 | 16.05 | 17.29 |
| 6 | 72.66 | 14.75 | 116.7 | 14.66 | 20.01 |
| 7 | 126.72 | 25.73 | 105.9 | 13.30 | 23.36 |
| 8 | 104.09 | 21.13 | 87.9 | 11.04 | 21.79 |
| 9 | 43.86 | 8.90 | 75.4 | 9.47 | 14.91 |
| 10 | 27.42 | 5.57 | 61.0 | 7.66 | 7.02 |
| 11 | 10.73 | 2.18 | 29.3 | 3.68 | −5.89 |
| 12 | 7.88 | 1.60 | 12.5 | 1.57 | −13.14 |
| 全年 | 492.58 | 100.0 | 796.3 | 100.0 | 4.67 |

　　试验站 2015 年水稻生育期（5 月 1 日至 9 月 30 日）每日的降水、蒸发、平均气温、相对湿度、饱和水汽压差和风速资料如图 6.115～图 6.119 所示。2015 年降水量、蒸发量和多年平均值比较如图 6.120 所示。

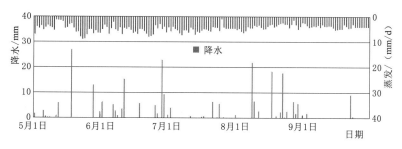

图 6.115　试验区水稻生育期降水量和蒸发量（2015 年）

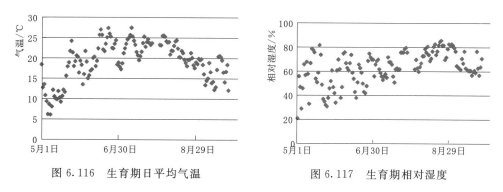

图 6.116　生育期日平均气温　　　　　图 6.117　生育期相对湿度

　　从图 6.116 可以看出，研究区温度从 5 月开始逐渐升高，在 7 月达到最大值，然后再逐渐减小。而相对湿度、饱和水汽压差和风速在生育期内的变化不显著，虽然风速有一定的下降趋势，但是图 6.116～图 6.119 也明显显示出，从 5 月至 9 月，各个气象要素的日

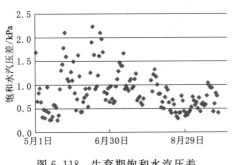

图 6.118　生育期饱和水汽压差

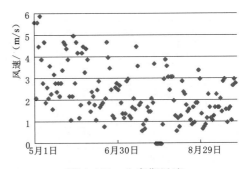

图 6.119　生育期风速

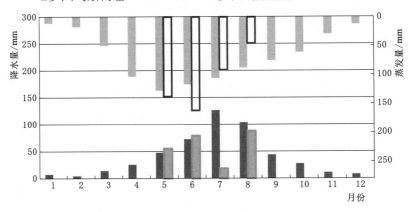

图 6.120　2015 年水稻生育期降水量、蒸发量与多年平均值比较

间变化越来越小。表明气象条件的变化规律性增强。

从图 6.120 可以看出，水稻生育期内，5—6 月降水量和蒸发量均高于多年平均值，7—8 月降水量和蒸发量均低于多年平均值。除个别天数的降水量满足蒸发外（5 月仅 12 日、18 日和 28 日；6 月仅 6 日、25 日和 28 日；8 月仅 27 日和 29 日），其余天数的蒸发量均大于降雨量，说明水稻生长的关键期——返青期（6 月 15 日）至抽穗开花期（8 月 18 日）天气均较旱。

（2）土壤理化性质。试验区地形平坦，地下水埋深 7.8m，土壤质地为壤土。土壤养分速效氮（N）元素含量为 154.4mg/kg，速效磷 $P_2O_5$ 为 40.1mg/kg，速效钾（$K_2O$）含量为 376.8mg/kg，pH 值为 7.27。30cm 土层内的饱和体积含水率为 42.9%，土壤容重为 1.46g/cm³。不同土层的饱和含水率和容重值见表 6.44。

表 6.44　　　　　　　　　　　　试验区土壤容重及饱和含水率

| 土层深度/cm | 重量饱和含水率/% | 容重/(g/cm³) | 体积饱和含水率/% |
| --- | --- | --- | --- |
| 0~10 | 32.96 | 1.37 | 45.16 |
| 10~20 | 28.89 | 1.48 | 42.75 |
| 20~30 | 26.69 | 1.52 | 40.69 |
| 30~40 | 29.39 | 1.47 | 43.22 |

2. 试验方案设计

（1）试验品种与农艺措施。水稻品种为当地常见的稻花香，施肥等农艺措施均按照当地高产优质模式进行统一管理。施肥处理情况，6 月 1 日（泡田期），施底肥（尿素）；6 月 15 日（返青期），施返青肥（尿酸）；7 月 15 日（拔孕期），施孕穗肥（复合肥）。

（2）试验方案。

1）水稻生育期划分。已有研究成果表明：返青期不建立水层能减少病虫害的发生，还能使地表土直接受到太阳辐射，有利于提高地温，使水稻发根快，扎根深，有利于提前返青分蘖；分蘖初期、中期水分不宜过大，可以促进水稻低位分蘖，植株整齐，新陈代谢比较旺盛，形成合理的群体结构；分蘖末期，植株逐渐转向生殖生长，土壤含水量应控制在偏低水平，可以改变土壤通透性，促进根系发育，抑制无效分蘖；拔节孕穗期对土壤含水量比较敏感，这个时期缺水会导致颖花分化少，穗小，产量低；抽穗开花期光合作用强，新陈代谢旺盛，是水稻生育期内需水较多的时期。此期缺水受旱会降低水稻的光合作用能力，影响有机物合成和枝梗颖花的发育，增加颖花的退化和不孕。

根据已有的研究成果，水稻需水量主要集中在分蘖期、拔节孕穗期和抽穗开花期；水稻在生长初期阶段需水强度较小，到拔节孕穗期达到整个生育期的最高水平。据此，本试验将水稻划分为 6 个生育阶段：返青期、分蘖期、拔节孕穗期、抽穗开花期、乳熟期、黄熟期。其中分蘖期又分为前期、中期和后期，见表 6.45。

表 6.45　　　　　　　　　　　水稻生育阶段划分及生育期天数

| 生育期 | 返青期 | 分蘖期 | | | 拔节孕穗期 | 抽穗开花期 | 乳熟期 | 黄熟期 |
| | | 前期 | 中期 | 后期 | | | | |
|---|---|---|---|---|---|---|---|---|
| 日期 | 6 月 15 日—6 月 23 日 | 6 月 24 日—7 月 4 日 | 7 月 5 日—7 月 10 日 | 7 月 11 日—7 月 17 日 | 7 月 18 日—8 月 6 日 | 8 月 7 日—8 月 18 日 | 8 月 19 日—9 月 9 日 | 9 月 10 日—9 月 29 日 |
| 天数/d | 9 | 11 | 6 | 7 | 20 | 12 | 22 | 20 |

2）试验组次的设置。水稻生长干旱处理在黑龙江省水利水电科学研究院已有的研究成果《寒地水稻节水控制灌溉技术规范》中确定的节水灌溉水分调控指标基础上进行，见表 6.46。

表 6.46　　　　　　　　　　　灌溉水分调控指标

| 控制指标 | 返青期 | 分蘖期 | | | 拔节孕穗期 | 抽穗开花期 | 乳熟期 | 黄熟期 |
| | | 前期 | 中期 | 后期 | | | | |
|---|---|---|---|---|---|---|---|---|
| 蓄水上限/mm | 50 | 50 | 50 | 0 | 50 | 50 | 20 | 0 |
| 灌水上限/mm | 30 | 20 | 20 | 0 | 20 | 20 | 20 | 0 |
| 灌水下限/% | 80 | 85 | 85 | 60 | 85 | 85 | 70 | 60 |
| 土壤裂缝表相/mm | 6～8 | 4～6 | 4～6 | 10～15 | 4～6 | 4～6 | 8～10 | 10～15 |

注　上限为水层深度，下限为土壤体积含水率。

采用测桶栽植水稻进行试验，测桶共 48 个，测桶规格为内径 0.46m，高 0.4m 的金属桶；每个测桶内移栽 5 株水稻，其中测定基本苗为 3 株，分三组每组 16 种不同干旱处理进行重复试验，见表 6.47。试验区内现有移动式遮雨棚，可以避免天然降雨对试验的影响。

表 6.47 水稻干旱复水灌溉试验处理设置表

| 处理编号 | 处理内容 | | 受旱程度 | 控制灌溉水分调控指标 | | 干旱处理水分调控指标 | | 备 注 |
|---|---|---|---|---|---|---|---|---|
| | 受旱时期 | | | 灌水上限/mm | 灌水下限/% | 灌水上限/mm | 灌水下限/% | |
| 1 | 分蘖期 | 前期 | 轻旱 | 20 | 85 | 20 | 80 | 轻旱、中旱和重旱处理按节水灌溉模式灌水下限土壤含水量进行控制，轻旱灌水下限下幅 5%，中旱灌水下限下幅 10%，重旱灌水下限下幅 15%。当土壤含水量达到下限值时，灌水至正常处理的状况 |
| 2 | | 前期 | 中旱 | 20 | 85 | 20 | 75 | |
| 3 | | 前期 | 重旱 | 20 | 85 | 20 | 70 | |
| 4 | | 中期 | 轻旱 | 20 | 85 | 20 | 80 | |
| 5 | | 中期 | 中旱 | 20 | 85 | 20 | 75 | |
| 6 | | 中期 | 重旱 | 20 | 85 | 20 | 70 | |
| 7 | 拔节孕穗期 | | 轻旱 | 20 | 85 | 20 | 80 | |
| 8 | | | 中旱 | 20 | 85 | 20 | 75 | |
| 9 | | | 重旱 | 20 | 85 | 20 | 70 | |
| 10 | 抽穗开花期 | | 轻旱 | 20 | 85 | 20 | 80 | |
| 11 | | | 中旱 | 20 | 85 | 20 | 75 | |
| 12 | 乳熟期 | | 中旱 | 20 | 70 | 20 | 60 | |
| 13 | | | 重旱 | 20 | 70 | 20 | 55 | |
| 14 | 分蘖前期＋拔节孕穗期 | | 中旱 | 20＋20 | 85＋85 | 20＋20 | 75＋75 | |
| 15 | 抽穗开花期＋乳熟期 | | 中旱 | 20＋20 | 85＋70 | 20＋20 | 75＋60 | |
| 16 | 节水灌溉模式（对照） | | 按《寒地水稻节水控制灌溉技术规范》进行灌溉 | | | | | |

**3. 试验仪器与测定内容**

（1）试验仪器。植物气孔计（型号 Yaxin - 1301）、土壤水分测定仪、叶面积仪、水尺。

（2）试验测定内容和方法。

1）水稻生长发育动态。株高：隔 5 天观测一次株高，抽穗前株高为土面至最高叶尖的高度，抽穗后株高为土面至穗顶高度。茎蘖动态：在试验区内，定点观测水稻每穴苗数，考察茎蘖增减动态、最高分蘖数、有效分蘖数。开始分蘖时，隔 5 天观测一次，临近分蘖高峰期至抽穗期每隔 2～3 天加测一次。叶面积指数：采用叶面积仪，分别在水稻 6 个生育阶段测量叶面积指数。

2）水稻各阶段蒸散耗水量。采用土壤水分测定仪定期测定测桶内水量变化，计算水稻蒸散耗水量。灌水下限土壤含水量采用土壤水分仪进行测定。灌水上限水层深度采用水尺进行测定。测桶内每次灌水量采用有刻度的容积进行计量。

3）水稻生态指标观测。采用植物气孔计，从分蘖期开始，选取各生育期晴好天气从 8：00 开始至 16：00，每隔 2 小时对各处理单元选取若干功能叶片进行生理指标的测定，包括蒸腾速率、气孔导度、叶片温度、空气温度、相对湿度等指标。

4）产量及相关因素测定。成熟期测定各处理单元有效穗数、计算每穴有效穗数，收获时测定各处理单元测桶内水稻产量。

### 6.2.2 水稻试验的生长、产量和耗水

1. 植株生长指标

（1）株高。水稻受旱后株高增长受抑制，受旱阶段以及之后短期内株高比未受旱者低。受旱以后恢复充分的水分条件，株高增长率显著提高，以致在生育期的后期，株高与未受旱者接近。但长期连续受旱之后不能恢复原有株高。水稻在分蘖期、拔节孕穗期受旱对株高影响最大，乳熟期后受旱影响不大。水分胁迫对株高增长的抑制，一方面表明在作物水势过低时细胞分化受阻，另一方面也说明作物对养分、特别是氮肥的吸收和传输能力减弱。因此，在水稻株高基本稳定后的水分胁迫，虽然对株高无影响，但会对水稻生长发育产生不利影响。

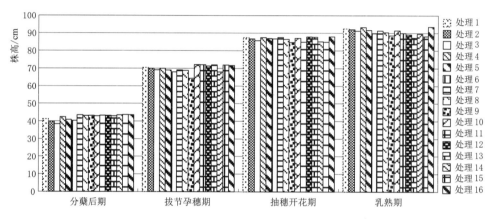

图 6.121　水稻生育期不同处理下株高比较

从图 6.121 中可以看出，水稻在分蘖期和拔节孕穗期是株高生长的高峰，株高增加最快，到抽穗开花期，株高变化趋于稳定，由营养生长转变为生殖生长。

水分胁迫对水稻株高的影响贯穿于整个生育期。分蘖期进行水分胁迫对水稻株高的生长有一定的影响，植株生长较为缓慢，总体上没有正常灌溉的植株长势良好，水分胁迫程度越大对植株的生长影响越大，如图 6.122 所示。

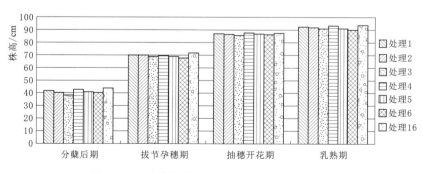

图 6.122　分蘖期受旱与正常灌溉模式株高比较

拔节孕穗期干旱处理组株高低于分蘖期干旱处理组，如图 6.123 所示。这说明，水稻孕穗期株高的增长体现在节间的伸长，孕穗期干旱对株高有更加明显的抑制作用。从株高生长的幅度来看，分蘖期到孕穗期大于孕穗期到收获期，这说明株高的增加阶段主要是分蘖完成后的拔节抽穗期，此阶段应保障水分供应。

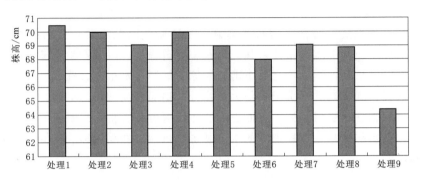

图 6.123　分蘖期与拔节孕穗期受旱对株高的影响比较（8 月 4 日）

（2）茎蘖动态。水稻分蘖消长动态是水稻群体与个体发育的一个重要指标，水稻受到不同程度的水分胁迫，其分蘖生长动态也不同。控制和促进水稻对水分和养分的吸收可以通过水分调节来实现，它对水稻的营养生长有重要作用。从图 6.124 中可以看出水稻的分蘖消长动态，不同水分处理水稻茎蘖消长动态基本一致，都是茎蘖数达到最大值后，逐渐下降，到抽穗开花期（8 月 7—18 日）基本稳定。

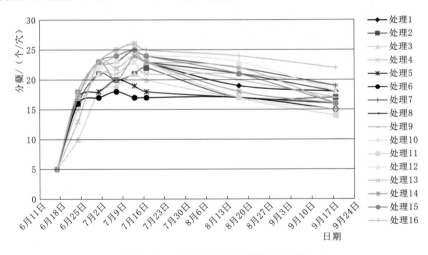

图 6.124　不同处理组分蘖动态比较

水稻分蘖数受分蘖期不同水分处理的影响较大，且分蘖数的最高值出现日期比充分灌溉处理要晚一些，而且水分胁迫程度越严重，其分蘖数的最高值出现日期越晚，这说明作物分蘖期受旱对分蘖数具有最明显的影响，且随着土壤含水量降低而下降。

由图 6.125 和图 6.126 可见，常规水分管理水稻分蘖动态变化趋势平稳，分蘖期干旱处理和孕穗期干旱处理水稻分蘖动态变化趋势明显。干旱处理使最终有效分蘖减少，且分蘖期干旱处理的影响程度大于孕穗期干旱处理。

图 6.125 中的处理 3 和处理 6 分别在分蘖初期和中期受旱严重，亩茎数最低，有效分蘖较少，最终导致减产；处理 1 在分蘖初期受轻旱，在分蘖中期不受旱，亩茎数较高；对照组处理 16 充分灌溉亩茎数最高，有效分蘖最多，产量最高。

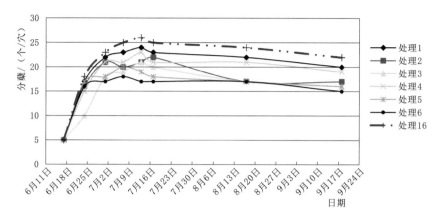

图 6.125　分蘖期受旱与常规水分管理分蘖动态比较

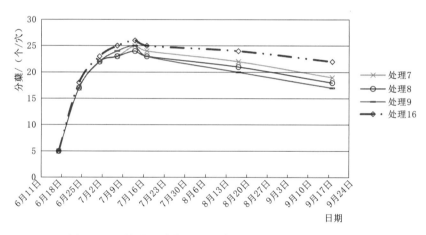

图 6.126　拔节孕穗期受旱与常规水分管理分蘖动态比较

（3）叶面积指数。水稻叶面积指数是指单位土地面积上的叶片面积，关系到冠层对太阳光直接辐射的截获与蒸腾。叶面积的增长具有明显的两面性。较高的叶面积指数意味着有较大的光合面积，可以形成较多的光合产物，从而达到高产；但叶面积指数过高又容易造成荫蔽，降低叶片净同化率，结实率相应降低，结果反而影响产量。而叶面积指数过小则光合量不足，不可能形成高产。因此，综合分析水稻叶面积指数的变化规律及其变化动态，对理解水稻产量形成过程具有重要意义。

不同水分调控的水稻叶面积指数变化规律如图 6.127 所示。从图 6.127 中可以看出，

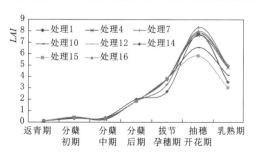

图 6.127　不同水分调控的水稻叶面积指数变化比较

在正常水分情况下，水稻叶面积指数是从返青期逐渐增大，到抽穗开花期达到高峰，而后开始下降。拔节孕穗期上升最快，这也是这一阶段腾发强度上升最快的原因之一。

土壤轻旱，使作物产生微弱的水分胁迫，叶面积指数下降。这是由于缺水会长时间地抑制细胞扩大，使细胞分裂产生"反馈"效应，从而使叶面积生长减慢，叶面积指数变低。受旱结束复水后，由于根系吸水、吸肥能力增强，叶面积生长能力恢复，甚至生长速率更高，产生"反弹"现象。

土壤受旱较重或连续受旱，根系吸水量严重不足，植株为了降低蒸腾维持体内水分平衡，收缩或关闭叶气孔，此过程影响水稻的呼吸与光合作用，也严重影响叶面积的增长。复水后，这些机能逐渐恢复，但最终叶面积指数仍比充分灌溉处理低。

处理14从分蘖前期开始到分蘖末期结束，叶面积指数上升较快，这是由于分蘖前期受旱程度较重，到分蘖末期受轻旱以后，根系吸水能力增强，叶面积生长能力恢复；从拔节孕穗期到抽穗开花期上升缓慢，主要是由于在拔节孕穗期受旱程度较重，叶面积缺水而抑制细胞扩大，从而使叶面积生长减慢，叶面积指数变低。由图6.127还可以看出，分蘖期干旱处理和孕穗期干旱处理后，与对照组相比叶面积指数均受到不同程度的影响。其中，分蘖期干旱处理的影响程度大于孕穗期，孕穗期干旱处理后，叶面积指数与对照组相比有所增加，说明适时控水，促进无效分蘖和枯叶的脱落，复水对水稻的叶面积指数有促进作用，且与产量指标影响趋势是一致的。

2. 水稻各阶段蒸散耗水量

作物的实际蒸散发量由土壤水量平衡法计算，公式如下：

$$ET_a = IW + P - D - R \pm \Delta S + C_u \tag{6.30}$$

式中：$IW$ 为作物灌水量；$P$ 为有效降水量；$D$ 为根系层以外的深层渗漏；$R$ 为地表径流；$\Delta S$ 为根系层内的储水量变化量；$C_u$ 为地下水上升量。其中 $IW$ 由记录所得；试验区内有移动式遮雨棚，不考虑降水量的影响。忽略深层渗漏和地下水影响，根据式（6.30）计算得到试验区16个对照组不同生育期的蒸散发量见表6.48。

在水分充足的条件下，水稻的蒸散发量主要受气象条件而变：气温高、蒸发力强，则蒸散发量大。从5月到9月，黑龙江省的气温是逐渐升高，7月、8月温度较高，9月下降，蒸散发量也是呈低—高—低的规律。图6.128～图6.130表明，轻旱、中旱、重旱处理下，蒸散发量均呈现从返青期开始逐渐升高，在7月下旬至8月上旬的拔节孕穗期达到高峰，以后逐渐下降的规律；且不同干旱程度处理下，拔节孕穗期蒸散发量均较其他生育期蒸散发量大，说明拔节孕穗期水稻需水量最大。

表 6.48　　　　　　　　　　试验区水稻不同生育期不同处理下蒸散发量

| 处理 | 蒸散发量/mm | | | | | | |
| --- | --- | --- | --- | --- | --- | --- | --- |
| | 返青期 | 分蘖初期 | 分蘖中期 | 分蘖后期 | 拔节孕穗期 | 抽穗开花期 | 乳熟期 |
| 1 | 31.29 | 31.23 | 34.40 | 31.40 | 196.96 | 101.50 | 121.00 |
| 2 | 36.70 | 29.91 | 34.00 | 30.08 | 190.66 | 102.15 | 120.56 |
| 3 | 47.71 | 26.78 | 34.10 | 30.11 | 196.11 | 101.30 | 114.89 |
| 4 | 40.80 | 45.10 | 32.50 | 30.23 | 199.12 | 102.41 | 120.06 |

| 处理 | 蒸 散 发 量/mm | | | | | | |
|------|------|------|------|------|------|------|------|
| | 返青期 | 分蘖初期 | 分蘖中期 | 分蘖后期 | 拔节孕穗期 | 抽穗开花期 | 乳熟期 |
| 5 | 33.47 | 42.30 | 29.50 | 30.54 | 185.82 | 103.06 | 119.84 |
| 6 | 31.34 | 42.38 | 26.20 | 30.51 | 192.81 | 102.72 | 119.95 |
| 7 | 25.66 | 47.46 | 33.52 | 29.48 | 175.78 | 103.14 | 121.38 |
| 8 | 23.61 | 48.62 | 32.50 | 29.56 | 156.32 | 103.27 | 120.94 |
| 9 | 33.23 | 48.11 | 31.50 | 30.20 | 137.06 | 102.91 | 120.50 |
| 10 | 26.99 | 48.26 | 33.40 | 30.91 | 192.97 | 91.39 | 120.12 |
| 11 | 31.69 | 44.12 | 32.10 | 30.26 | 184.77 | 80.66 | 112.69 |
| 12 | 38.17 | 49.96 | 33.41 | 30.45 | 193.73 | 100.75 | 93.45 |
| 13 | 24.65 | 48.18 | 33.80 | 31.54 | 195.35 | 101.76 | 76.96 |
| 14 | 48.46 | 29.80 | 34.60 | 31.73 | 153.42 | 101.02 | 104.45 |
| 15 | 47.98 | 47.62 | 33.22 | 31.27 | 190.41 | 90.32 | 92.63 |
| 16（ck） | 49.05 | 48.48 | 34.51 | 31.41 | 199.17 | 103.34 | 122.10 |

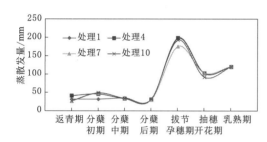

图 6.128　轻旱处理下水稻蒸散发量变化过程线

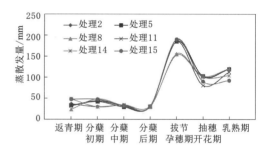

图 6.129　中旱处理下水稻蒸散发量变化过程线

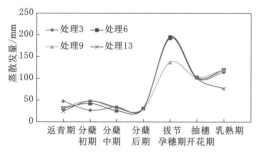

图 6.130　重旱处理下水稻蒸散发量
变化过程线

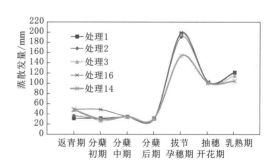

图 6.131　不同干旱处理下水稻蒸散发量
变化过程线

　　不同对照试验组均具有如下规律，生育期受旱，则蒸散发量较低，干旱复水后，产生轻微的"反弹"现象，蒸散发量上升，比不受旱的处理要高一些。

　　处理1～处理3，分蘖初期不同程度受旱，蒸散发量较低，从分蘖中期复水后，蒸散发量逐渐升高，且受旱越轻，蒸散发量越大。

处理 14 在分蘖前期和拔节孕穗期中旱，蒸散发量较小；在抽穗开花期复水后蒸散发量仍较低，说明水稻受旱时间过长，水稻组织特别是根系生长发育受阻，生理活动受限制，根系吸水能力降低，叶面积减少，蒸散发量降低，产量也较低。

3. 产量

不同水分处理对水稻的生长发育以及生理活动所产生的一系列影响，最终会在产量上体现出来。不同水分处理对产量的影响结果见表 6.49 和图 6.132。由图 6.132 可以看出，处理 1、处理 2 与处理 4 的产量高于处理 3 和处理 6，这表明，水稻在分蘖期实施重旱处理严重影响了水稻的正常生长发育，造成了水稻产量的下降，而轻旱和中旱则有利于获得较高的产量。水分处理对产量的影响差别较大，具体如下：处理 16＞处理 12＞处理 13＞处理 1＞处理 2＞处理 4＞处理 7＞处理 3＞处理 8＞处理 14＞处理 5＞处理 10＞处理 6＞处理 11＞处理 15＞处理 9。

表 6.49　　　　　　　　　　试验区水稻不同水分处理产量结果

| 处　理 | 1 | 2 | 3 | 4 | 5 | 6 | 7 | 8 |
|---|---|---|---|---|---|---|---|---|
| 产量/(kg/hm²) | 9377 | 8879 | 8466 | 8828 | 7876 | 7073 | 8516 | 8148 |
| 产量/(kg/亩) | 625 | 592 | 564 | 589 | 525 | 472 | 568 | 543 |
| 处　理 | 9 | 10 | 11 | 12 | 13 | 14 | 15 | 16（ck） |
| 产量/(kg/hm²) | 6664 | 7858 | 6764 | 9457 | 9398 | 8085 | 6678 | 9551 |
| 产量/(kg/亩) | 444 | 524 | 451 | 630 | 627 | 539 | 445 | 637 |

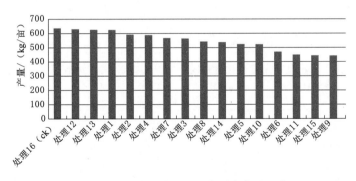

图 6.132　不同水分处理组水稻亩产量比较

减产幅度与受旱的阶段有关，在分蘖初期和分蘖中期受旱，直接影响到水稻的分蘖数，导致产量降低。分蘖前期轻旱处理 1 的产量与对照组处理 16 相差不大，仅比处理 16 低 1.8%；分蘖中期轻旱处理 4 的产量比对照组处理 16 的产量低 7.6%，这说明分蘖期土壤含水量为饱和含水量的 80% 的轻旱处理对水稻产量影响不大。

在中度受旱和重度受旱处理下产量都有所下降，而且受旱程度越高，产量下降越严重。与对照组 16 相比，中旱处理的处理 5 和处理 2 分别减产了 17.5%、7.0%，说明分蘖中期受旱比分蘖前期受旱对产量影响更大；重旱处理的处理 6 和处理 3 分别减产了 25.9%、11.4%。这说明分蘖期土壤含水量为饱和含水量的 75% 和 70% 的中旱和重旱处理会使水稻产量大幅下降，且分蘖中期受旱比分蘖前期受旱对产量影响更大。

由图6.132还可以看出，在拔节孕穗期和抽穗开花期受旱减产率较高，这两个时期是水稻生育期中需水较多的时期，对缺水比较敏感。拔节孕穗期轻旱处理7和抽穗开花期轻旱处理10的产量均低于分蘖期轻旱处理1和处理4，且处理10<处理7，说明抽穗开花期对水分更加敏感；同样，拔节孕穗期中旱处理8、分蘖中期中旱处理5和抽穗开花期中旱处理11产量要低于分蘖前期中旱处理2，且处理11<处理8；拔节孕穗期重旱处理9产量要低于分蘖期重旱处理3和处理6；分蘖前期和拔节孕穗期均中旱处理产量14<处理8<处理2，说明分蘖期和拔节孕穗期连续受旱会使产量降低，拔节孕穗期受旱比分蘖前期受旱对产量的影响程度更大。

总体来看，任何时期干旱胁迫都会导致减产，拔节孕穗期重旱减产幅度最大，与对照组处理16相比减产30.2%。轻度水分胁迫（土壤饱和含水量的80%）对产量影响排序为：处理1（减产1.8%）<处理4（减产7.6%）<处理7（减产10.8%）<处理10（减产17.7%），减产幅度在1.8%～17.7%。

中度水分胁迫（土壤饱和含水量的75%）对产量影响排序为：处理12（减产1.0%）<处理2（减产7.0%）<处理8（减产14.7%）<处理14（减产15.4%）<处理5（减产17.5%）<处理11（减产29.2%）<处理15（减产30.1%），减产幅度在1.0%～30.1%。

重度水分胁迫（土壤饱和含水量的70%）对产量影响排序为：处理13（减产1.6%）<处理3（减产11.4%）<处理6（减产25.9%）<处理9（减产30.2%），减产幅度在1.6%～30.2%。

### 6.2.3　桶栽水稻的生理生态变化及对水分亏缺响应

用Yaxin-1301植物气孔计测定了试验区水稻的生态指标，包括空气温度、相对湿度、叶片温度、叶片蒸腾速率、叶片水汽传输过程中的气孔导度。根据叶片与空气中水气交换原理，采用气体交换法，测量叶室中空气相对湿度、温度，从而计算出叶片蒸腾速率，并通过测定叶面温度，计算叶面与空气之间的水气梯度并根据水气传输的阻抗公式，计算出叶片的气孔阻抗或气孔导度。

1. 气孔导度

气孔是$CO_2$和水分进出植物体的通道。水分胁迫下气孔体积变小，气孔密度增大，输导组织发达，利于营养物质的交换和水分的保持。水分亏缺条件下植物气孔最先做出反应，通过气孔调节限制水分蒸腾。气孔对于水分亏缺的响应是最为迅速的，短期内的胁迫反应是可逆的（即可以恢复的），表现为气孔导度降低，气孔阻力增加。土壤水分亏缺会导致气孔导度降低，降低幅度随水分亏缺程度与亏缺历时的增大而增大。

（1）气孔导度日变化过程。气孔导度 [Gs，单位mmol/($m^2 \cdot s$)] 日变化过程与土壤含水量状况、天气情况和生育阶段有关。抽穗开花期（8月18日）、乳熟期（9月6日）和黄熟期（9月21日）对桶栽试验对照组进行气孔导度测量，选择水稻典型生育期的晴朗天气，全天每隔2个小时测量一次（8：00到18：00），测量其从上向下数第二片完全发育的叶片。气孔导度日变化过程见表6.50。

表 6.50　　　　　　　　　水稻生育期气孔导度日变化过程　　　　　单位：mmol/(m² · s)

| 试验组 | 抽开期（8 月 18 日） | 乳熟期（9 月 6 日） | 黄熟期（9 月 21 日） |
|---|---|---|---|
| 处理 1 | | | |
| 处理 2 | | | |
| 处理 3 | | | |
| 处理 4 | | | |
| 处理 5 | | | |
| 处理 6 | | | |
| 处理 7 | | | |

续表

| 试验组 | 抽开期（8月18日） | 乳熟期（9月6日） | 黄熟期（9月21日） |
|---|---|---|---|

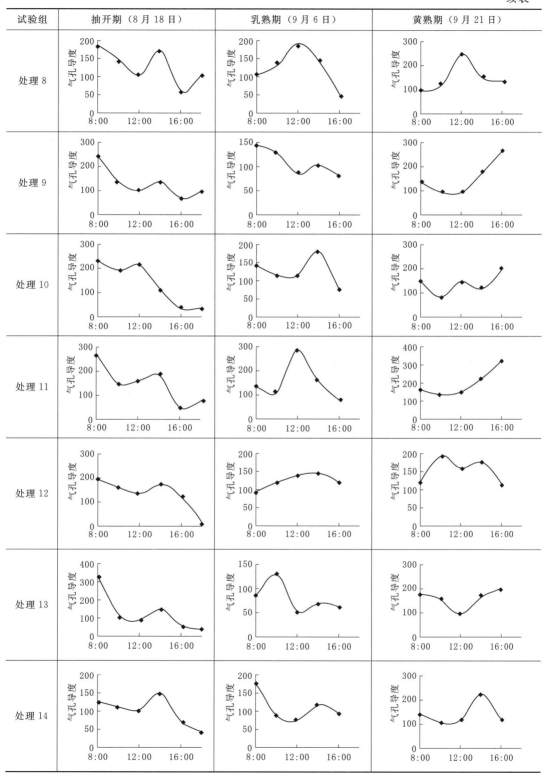

　　由表 6.50 可见，抽穗开花期（8 月 18 日）气孔导度日变化基本呈"W"型，即 8：00—10：00 气孔导度呈下降趋势，10：00—14：00 呈上升趋势，在 12：00—14：00 左右到达第二个高峰，之后呈下降趋势。其中，高峰出现在 8：00、12：00 和 14：00，低谷出现在 10：00。

　　乳熟期（9 月 6 号）气孔导度日变化大部分呈"W"型，对照组 6 和对照组 13 呈"M"型，"W"型的变化特点同抽穗开花期，"M"型的变化特点为 8：00—10：00 气孔导度呈上升趋势，10：00—12：00 呈下降趋势，12：00—14：00 气孔导度又呈上升趋势，14：00 以后下降，两个高峰分别出现在 10：00 和 14：00，低谷出现在 12：00。

　　一般来讲，常规灌溉的水稻，早晨气孔导度随辐射与温度的增加而增加，在 10：00 左右到达第一个高峰，此后由于太阳辐射的继续增强，气温升高，空气饱和差加大，为防止水分过度蒸腾而致使作物失水，正午气孔导度会出现下降，在 14：00 左右会出现一天中的第二个高峰值，即与"M"型的变化特点相吻合。试验结果却表明，控制灌溉的水稻，其气孔导度日变化多呈"W"型，说明控制灌溉水稻在水分较低情况下，为了更有利于光合作用与干物质的积累，经过适应和调节气孔导度减少蒸发后，呈现出与正常灌溉不同的变化特点。

　　（2）亏水对气孔导度的影响。在灌溉条件下当土壤水分充足时，叶片气孔导度较高，而随着连续的水分亏缺，气孔导度会显著下降，并维持在一个极小的范围内，说明植物已经出现了显著的亏水，受到了严重的水分胁迫。

　　图 6.133 和图 6.134 描述了乳熟期重旱处理条件下 12：00 和 14：00 测量的气孔导度随时间的变化过程。从图中可以看出，在试验期间内，亏水对叶片的气孔导度有显著影响，亏水复水后，气孔导度迅速恢复到未缺水的水平。这说明水稻有较强适应干旱的能力。

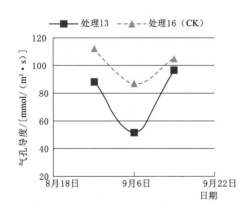

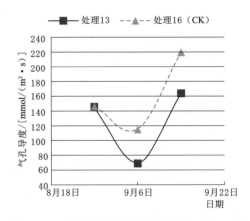

图 6.133　乳熟期重旱气孔导度变化（12：00）　　图 6.134　乳熟期重旱气孔导度变化（14：00）

　　在 14：00 温度较高、蒸腾最为旺盛的阶段，常规灌溉的水稻气孔导度高于控制灌溉，表明土壤水分的控制一定程度上减小了气孔的开度，在正午出现了水分亏缺导致的气孔导度下降。

### 6.2.4 水分生产函数模型的建立

作物水分生产函数是非充分灌溉条件下确定最优灌溉制度与最优配水方案的基本依据，也是确定充分灌溉条件下节水灌溉制度的主要依据。

1. 常用的水分生产函数模型

全生育期的作物水分生产函数模型比较真实地反映了作物产量与蒸散发量之间的关系，但由于全生育期的水分与产量函数隐含着作物各阶段缺水对产量的影响，仅能用于规划设计和宏观经济分析，不能用于解决作物各阶段缺水的优化灌溉制度问题。作物不同生育阶段水分亏缺对作物产量的影响是极其复杂的。作物各生育阶段对水的敏感程度不同，并且会产生交互影响，前一阶段的缺水会给后一阶段作物生长发育带来不利影响。因此，许多学者相继研究了分阶段考虑的全生育期作物水分生产函数模型。按阶段缺水效应的结合方式不同，分阶段考虑的作物水分生产函数又可分为加法模型和乘法模型两种。

加法模型由各阶段的相对蒸散发量或相对缺水量作自变量构成，认为各阶段的缺水效应可通过简单的叠加数学式而构成对产量（即相对产量）的总影响。

(1) Blank 模型。

$$\frac{Y_a}{Y_m} = \sum_{i=1}^{n} A_i \cdot \left[\frac{ET_a}{ET_m}\right]_i \tag{6.31}$$

(2) Stewart 模型。

$$\frac{Y_a}{Y_m} = 1 - \sum_{i=1}^{n} B_i \cdot \left[1 - \frac{ET_a}{ET_m}\right]_i \tag{6.32}$$

(3) Singh 模型。

$$\frac{Y_a}{Y_m} = \sum_{i=1}^{n} C_i \cdot \left[1 - \left(1 - \frac{ET_a}{ET_m}\right)_i^2\right] \tag{6.33}$$

乘法模型由各生育阶段的相对蒸散发量或相对缺水量作自变量，用各阶段连乘的数学式构成阶段效应对产量（即相对产量）总影响的水分生产函数模型，简称乘法模型。

(4) Jensen 模型。

$$\frac{Y_a}{Y_m} = \prod_{i=1}^{n} \left[\frac{ET_a}{ET_m}\right]_i^{\lambda_i} \tag{6.34}$$

式中：$n$ 为划分的水稻生育期阶段数；$i$ 为作物生育阶段编号；$ET_a$、$ET_m$ 分别为实际蒸散发量和潜在蒸散发量，$m^3/hm^2$（正常灌溉处理下）；$Y_a$ 为实际蒸散发量对应的作物实际产量，$kg/hm^2$；$Y_m$ 为潜在蒸散发量对应的作物产量，$kg/hm^2$；$A_i$、$B_i$、$C_i$、$\lambda_i$ 为第 $i$ 个生育阶段的水分敏感指数，反映阶段缺水对产量的影响程度。

2. 敏感指数的计算

各处理不同生育阶段的蒸散量和相应的产量见表 6.51，经过计算分析各处理不同生育阶段的相对产量和相对蒸散量见表 6.52。

表 6.51 模 型 计 算 参 数

| 处理 | 蒸 散 量 | | | | 产量 /(kg/hm²) |
| --- | --- | --- | --- | --- | --- |
| | 分蘖期 | 拔节孕穗期 | 抽穗开花期 | 乳熟期 | |
| 1 | 970 | 1970 | 1015 | 1210 | 9377 |
| 2 | 940 | 1907 | 1022 | 1206 | 8879 |
| 3 | 910 | 1961 | 1013 | 1149 | 8466 |
| 4 | 1078 | 1991 | 1024 | 1201 | 8828 |
| 5 | 1023 | 1858 | 1031 | 1198 | 7876 |
| 6 | 991 | 1928 | 1027 | 1200 | 7073 |
| 7 | 1105 | 1758 | 1031 | 1214 | 8516 |
| 8 | 1107 | 1563 | 1033 | 1209 | 8148 |
| 9 | 1098 | 1371 | 1029 | 1205 | 6664 |
| 10 | 1126 | 1930 | 914 | 1201 | 7858 |
| 11 | 1065 | 1848 | 807 | 1127 | 6764 |
| 12 | 1138 | 1937 | 1008 | 935 | 9457 |
| 13 | 1135 | 1954 | 1018 | 770 | 9398 |
| 16 (ck) | 1144 | 1992 | 1033 | 1221 | 9551 |

表 6.52 水稻相对产量和相对蒸散量

| 处理 | 相 对 蒸 散 量 | | | | 相对产量 |
| --- | --- | --- | --- | --- | --- |
| | 分蘖期 | 拔节孕穗期 | 抽穗开花期 | 乳熟期 | |
| 1 | 0.848 | 0.989 | 0.982 | 0.991 | 0.982 |
| 2 | 0.822 | 0.957 | 0.988 | 0.987 | 0.930 |
| 3 | 0.795 | 0.985 | 0.980 | 0.941 | 0.886 |
| 4 | 0.943 | 1.000 | 0.991 | 0.983 | 0.924 |
| 5 | 0.895 | 0.933 | 0.997 | 0.981 | 0.825 |
| 6 | 0.866 | 0.968 | 0.994 | 0.982 | 0.741 |
| 7 | 0.966 | 0.883 | 0.998 | 0.994 | 0.892 |
| 8 | 0.967 | 0.785 | 0.999 | 0.990 | 0.853 |
| 9 | 0.960 | 0.688 | 0.996 | 0.987 | 0.698 |
| 10 | 0.984 | 0.969 | 0.884 | 0.984 | 0.823 |
| 11 | 0.931 | 0.928 | 0.781 | 0.923 | 0.708 |
| 12 | 0.995 | 0.973 | 0.975 | 0.765 | 0.990 |
| 13 | 0.992 | 0.981 | 0.985 | 0.630 | 0.984 |
| 16 (ck) | 1.000 | 1.000 | 1.000 | 1.000 | 1.000 |

根据表 6.52 中的数据，采用加法模型中的 Blank 模型、Stewart 模型、Singh 模型，乘法模型的 Jensen 模型进行计算，得出各计算模型的具体公式。

Blank 模型：

$$\frac{Y_a}{Y_m}=0.035\times\left(\frac{ET_a}{ET_m}\right)_1+0.807\times\left(\frac{ET_a}{ET_m}\right)_2-1.058\times\left(\frac{ET_a}{ET_m}\right)_3+0.617\times\left(\frac{ET_a}{ET_m}\right)_4$$
$$+0.797\times\left(\frac{ET_a}{ET_m}\right)_5-0.258\times\left(\frac{ET_a}{ET_m}\right)_6 \tag{6.35}$$

Stewart 模型：

$$\frac{Y_a}{Y_m}=1-\left[\begin{array}{l}0.095\cdot\left(1-\frac{ET_a}{ET_m}\right)_1+0.922\cdot\left(1-\frac{ET_a}{ET_m}\right)_2-0.071\cdot\left(1-\frac{ET_a}{ET_m}\right)_3\\+0.625\cdot\left(1-\frac{ET_a}{ET_m}\right)_4+0.902\cdot\left(1-\frac{ET_a}{ET_m}\right)_5-0.115\cdot\left(1-\frac{ET_a}{ET_m}\right)_6\end{array}\right] \tag{6.36}$$

Singh 模型：

$$\frac{Y_a}{Y_m}=-0.524\cdot\left[1-\left(1-\frac{ET_a}{ET_m}\right)_1^2\right]+0.878\cdot\left[1-\left(1-\frac{ET_a}{ET_m}\right)_2^2\right]+0.735\cdot\left[1-\left(1-\frac{ET_a}{ET_m}\right)_4^2\right]$$
$$+1.164\cdot\left[1-\left(1-\frac{ET_a}{ET_m}\right)_5^2\right]-1.408\cdot\left[1-\left(1-\frac{ET_a}{ET_m}\right)_6^2\right] \tag{6.37}$$

Jensen 模型：

$$\frac{Y_a}{Y_m}=\left(\frac{ET_a}{ET_m}\right)_1^{0.057}\cdot\left(\frac{ET_a}{ET_m}\right)_2^{0.987}\cdot\left(\frac{ET_a}{ET_m}\right)_3^{-0.24}\cdot\left(\frac{ET_a}{ET_m}\right)_4^{0.682}\cdot\left(\frac{ET_a}{ET_m}\right)_5^{1.016}\cdot\left(\frac{ET_a}{ET_m}\right)_6^{-0.105}$$
$$\tag{6.38}$$

对 4 个水分生产函数模型进行显著性检验见表 6.53。

表 6.53　　　　　　　　　　水稻水分生产函数敏感指数及检验参数

| 模型 | 分蘖期 | 拔节孕穗期 | 抽开期 | 乳熟期 | 相关系数 $R$ | 检验值 $F$ | 临界值 $F_{0.05}(6, 8)$ |
|---|---|---|---|---|---|---|---|
| Jensen | 0.522 | 0.682 | 1.016 | -0.105 | 0.987 | 45 | |
| Blank | 0.421 | 0.617 | 0.797 | -0.258 | 0.999 | 959 | |
| Stewart | 0.509 | 0.625 | 0.902 | -0.115 | 0.989 | 53 | 4.28 |
| Singh | 0.439 | 0.735 | 1.164 | -1.408 | 0.998 | 349 | |

从表 6.53 可以看出，4 个水分生产函数模型的相关系数 $R$ 均较高，并且检验值 $F$ 均大于显著水平为 0.05 的临界值 $F_{0.05}$，说明水稻植株蒸散发量与产量之间存在显著的线性关系，回归方程显著。复相关系数 $R$ 值表明，Blank 和 Singh 模型拟合效果最好，Jensen 和 Stewart 模型次之。

在分蘖末期晒田可以降低水稻的无效分蘖，促进产量增加。因此，从水稻生育期来看，敏感性指数应大致符合如下规律：拔节孕穗和抽穗开花期是需水敏感期，需水量较大，敏感性指数较大；次之为分蘖期，最小为乳熟期，以上结论也与水稻生长的实际情况相符合。

### 6.2.5 结论

经过 2015—2016 年的田间试验与理论分析，得到如下结论：

（1）土壤水分对水稻生长发育有重要的影响。在不同土壤水分处理条件下，水稻株高和叶面积指数的变化趋势相似，高水分处理水稻的株高、叶面积指数大于低水分处理的水稻。合理的非充分灌溉条件下，水稻株高和叶面积指数比较合理，有助于促进植株进行光合作用，增强植株的抗倒伏能力。可见，一定程度的非充分灌溉可以促进水稻形成合理的植株种群，有利于提高产量。

（2）作物分蘖期受旱对分蘖数具有最明显的影响，且随着土壤含水量降低而下降。干旱处理使最终有效分蘖减少，且分蘖期干旱处理的影响程度大于孕穗期干旱处理。处理 3 和处理 6 分别在分蘖初期和中期受旱严重，亩茎数最低，有效分蘖较少，最终导致减产；处理 1 在分蘖初期受轻旱，在分蘖中期不受旱，亩茎数较高；对照组处理 16 充分灌溉亩茎数最高，有效分蘖最多，产量最高。

（3）分蘖期土壤含水量为饱和含水量 80% 的轻旱处理对水稻产量影响不大。在中度受旱和重度受旱中产量都有所下降，而且受旱程度越高，产量下降越严重，且分蘖中期受旱比分蘖前期受旱对产量影响更大。土壤含水量为饱和含水量 70% 的重度水分胁迫使其产量下降比较明显。拔节孕穗期和抽穗开花期是水稻生育期中需水较多的时期，对缺水比较敏感，这两个时期受旱，减产率较高。

（4）在水分充足的条件下，水稻的蒸散发量主要受气象条件而变：气温高、蒸发力强，则蒸散发量大。从 5 月到 9 月，黑龙江省的气温是逐渐升高，7 月、8 月温度较高，9 月下降，蒸散发量也是呈低—高—低的规律，从返青期开始逐渐升高，在 7 月下旬至 8 月上旬的拔节孕穗期达到高峰，以后逐渐下降；蒸散发量的大小还受作物因素影响，其中最明显的是叶面积指数。在同样的气象条件下，叶面积指数越高，蒸散发量就越大。

（5）选用 Blank 模型、Stewart 模型、Singh 模型和连乘的 Jensen 模型，计算并建立了水稻水分生产函数，获取了不同生长阶段的水分敏感指数。对于考虑阶段影响的水稻水分生产函数模型，Jensen 模型最适用，其结果与 2015 年试验区水稻生长情况相符。因此，Jensen 模型是适合寒地黑土区的。

## 6.3 小结

（1）研究区的平均相对湿度、降水量、日照时数、平均风速和净辐射均呈下降趋势；平均气温和饱和水气压差呈升高趋势；表明东北地区气候呈逐渐暖干化的趋势。研究区的 $ET_0$ 在 5 月末达到峰值，且苗期的累积 $ET_0$ 最大。

（2）土壤含水量的亏缺对玉米的株高、叶面积、干生物量以及根系的生长发育均造成了严重影响，但对茎粗影响不大。因此适时的水分灌溉可以提高玉米的产量和植株的水分利用效率，避免对产量造成影响。

（3）拔节期是干旱的敏感期，水分胁迫会造成玉米植株的株高和叶面积明显降低；在抽雄灌浆期，水分亏缺会使得叶面积降低，造成灌浆速率降低，进而造成减产。干旱对玉米产量指标的主要影响因素为粒重、突尖长、果实长。2015 年 7 月 3 日至 8 月 6 日（35d）发生严重旱情（降水量仅为 15mm），雨养条件下的玉米产量降低了 25.2%。

（4）基于作物生长、生理和产量指标对土壤含水量的响应特征，建立了基于土壤含水量和冠层温度的玉米干旱和旱灾判定指标（表 6.41）以及大豆的干旱判定指标（表 6.42）。

（5）土壤含水量严重影响着水稻的生长发育，当土壤含水量为饱和含水量的 80% 时，水稻能够高产且产量变化较小；当土壤含水量为饱和含水量的 70% 时，为重度水分胁迫，这时水稻产量下降比较明显。建立了基于 Jensen 模型的水稻水分生产函数，得出对产量影响从大到小的生长阶段是：抽穗开花期—分蘖中期—拔节孕穗期—分蘖初期，尤其是拔节孕穗期和抽穗开花期是水稻生育期中需水较多的时期，对缺水比较敏感，这两个时期受旱容易造成较高的水稻减产率。

# 参 考 文 献

郝卫平. 干旱复水对玉米水分利用效率及补偿效应影响研究 [D]. 北京：中国农业科学院，2013.

ALLEN R G，PEREIRA L S，RAES D，et al. Crop evapotranspiration guidelines for computing crop water requirements. FAO Irrigation and Drainage Paper No. 56，Food and Agriculture Organization of the United Nations. Rome，1998.

CAMEIRA M R，FERNANDO R M，AHUJA L R，et al. Using RZWQM to simulate the fate of nitrogen in field soil crop environment in the Mediterranean region. Agricultural Water Management，2007，90：121 – 136.

CHEN，J，KANG S Z，DU T S，et al. Modeling relations of tomato yield and fruit quality with water deficit at different growth stages under greenhouse condition. Agricultural Water Management，2014，146：131 – 148.

CHENG，W.，LU，W.，XIN，X.，et al.，Adaptability of various models of the water production function for rice in Jilin Province，China. Paddy Water Environment，2016，14 (2)：355 – 365.

LEGATES D，MCCABE G. Evaluating the use of "goodness of fit" measures in hydrologic and hydroclimatic model validation. Water Resources Research，1999，35 (1)：233 – 241.

MA L W，TROUT T J，AHUJA L R，et al. Calibrating RZWQM2 model for maize responses to deficit irrigation. Agricultural Water Management，2012，103：140 – 149.

MORIASI D N，ARNOLD J G，VAN LIEW M W，et al. Model evaluation guidelines for systematic quantification of accuracy in watershed simulations. Transactions of the ASABE，2007，50 (3)：885 – 900.

NASH J E，SUTCLIFFE J V. River flow forecasting through conceptual models. Part I. A discussion of principles. Journal of Hydrology，1970，10：282 – 290.

WANG X P，HUANG G H. Evaluation on the irrigation and fertilization management practices under the application of treated sewage water in Beijing，China. Agricultural Water Management，2008，95：1011 – 1027.

YU Q，SASEENDRAN S A，MA L，et al. Modeling a wheat – maize double cropping system in China using two plant growth modules in RZWQM. Agricultural Systems，2006，89：457 – 477.

# 第7章 基于遥感技术的农业旱灾 监测与预警技术

## 7.1 冠层温度与作物生理状态的关系估算

作物缺水研究对于探讨水分对作物生长发育、生理生化过程的影响、指导田间及时灌溉、节约水资源等都有重要意义。用作物本身的生理变化来反映作物的水分状况则是作物缺水研究中一个主要的分支，这些生理变化指标主要有叶水势、茎水势、叶片相对含水量、叶温或冠层温度、叶气孔阻力、叶片或冠层光合速率、作物光谱反射率以及叶片卷曲度等。其中，通过作物的冠层温度来反映作物缺水的研究随着探测方法的进展越来越深入。

冠层温度是作物冠层茎、叶表面温度的平均值，是环境和作物内部因素共同影响冠层能量平衡的结果。当作物水分供应减少时，作物蒸腾的潜热减少，显热增加，冠层温度相应上升。因此，作物冠层温度能够很好地反映作物的水分状况，是监测作物是否遭受水分胁迫的一个重要指标。许多研究已经表明，作物冠层温度是反映作物水分状况的一个良好指标，它克服了其他参数测量时存在的取样误差较大和费时的缺点。Tanner（1963）首先提出采用冠层温度指示作物水分状况，并提出作物冠层温度是反映作物水分状况的一个良好指标。此后许多学者对这一问题进行了研究，提出了一些用冠层温度评价作物缺水的指标。

在早期，研究内容主要是观察作物在不同水分状况下的冠层温度变化特征，并根据冠层温度的变化特征与农田土壤的水分含量或作物的生理变化进行比较来建立反映作物缺水的指标，有代表性的指标主要有胁迫积 SDD（Stress Degree Day）、冠层温度变率 CTV（Canopy Temperature Variability）和温度胁迫日 TSD（Temperature Stress Day）等。这些指标的共同特点是仅考虑作物冠层温度在时间上（如 SDD、TSD）或空间上（如 CTV）的变化特征来反映作物的水分状况。然而由于冠层温度是农田生态系统中能量平衡的结果，冠层温度的变化并不仅仅受到土壤水分多少的影响，因此通过单一冠层温度建立起来的指标在实际应用中并不理想。

利用近地面热红外遥感作物冠层温度定量诊断作物水分胁迫状况和评价土壤水分含量的研究在国外开展得比较早，技术相对成熟。

然而，从目前开展热红外遥感冠层温度的应用研究来看，由于获取冠层温度的手段主要是采用手持式红外测温仪，大部分研究主要集中在田间尺度的应用上，范围比较小。基于卫星遥感的热红外数据反演地表温度（Land Surface Temperature，LST）的算法已经比较成熟，反演误差在 1K 之内。这为利用地表温度提取大范围作物冠层温度奠定了基础。卫星反演的地表温度是地表各种地物的综合温度，认为卫星反演的地表温度等于作物冠层温度的假设在通常情况下并不成立。只有在浓密植被条件下（即植被纯像元）可以用地表温度代替冠层温度，而对于稀疏植被表面，裸土表面产生的强大背景辐射会增加到植被的辐射信号里面，这将导致在白天反演的地表温度会比实际的冠层温度要高。Alistair和 Moria 基于 NOAA - AVHRR 卫星数据反演的地表温度，利用热通量理论推算作物冠层温度，取得较好的效果。

因此，基于前人对冠层温度的研究成果和近些年遥感技术的发展，利用卫星大范围、全天候的监测数据，基于相关原理进行反演计算，在较大尺度上对植被冠层温度进行计算，对农业干旱大范围地实时监测预报、实时配水、灌溉决策具有重大意义。

## 7.1.1　MODIS 地表温度数据产品

在 MODIS 数据的众多产品中，MODIS11 陆地 2、3 级数据产品的内容为地表温度和反射率，Lambert 投影，空间分辨率为 1km，每日数据为 2 级产品，每旬、每月数据为 3 级产品。数据见表 7.1。

表 7.1　MODIS11 产品数据介绍

| 产品简称 | 平台 | MODIS 产品 | 栅格类型 | 分辨率/m | 时间分辨率 | 时 间 范 围 |
|---|---|---|---|---|---|---|
| MOD11_L2 | Terra | 地表温度和辐射率 | Swath | 1000 | 5min | 2000 - 03 - 05—2014 - 12 - 14 |
| MYD11_L2 | Aqua | 地表温度和辐射率 | Swath | 1000 | 5min | 2002 - 07 - 04—2014 - 12 - 16 |
| MOD11A1 | Terra | 地表温度和辐射率 | Tile | 1000 | Daily | 2000 - 03 - 05—2014 - 12 - 12 |
| MYD11A1 | Aqua | 地表温度和辐射率 | Tile | 1000 | Daily | 2002 - 07 - 08—2014 - 12 - 16 |
| MOD11A2 | Terra | 地表温度和辐射率 | Tile | 1000 | 8 - Day | 2000 - 03 - 05—2014 - 12 - 03 |
| MYD11A2 | Aqua | 地表温度和辐射率 | Tile | 1000 | 8 - Day | 2002 - 07 - 04—2014 - 12 - 03 |
| MOD11B1 | Terra | 地表温度和辐射率 | Tile | 6000 | Daily | 2000 - 03 - 05—2014 - 12 - 12 |
| MYD11B1 | Aqua | 地表温度和辐射率 | Tile | 6000 | Daily | 2002 - 07 - 08—2014 - 12 - 16 |
| MOD11C1 | Terra | 地表温度和辐射率 | CMG | 5600 | Daily | 2000 - 03 - 05—2014 - 12 - 12 |
| MYD11C1 | Aqua | 地表温度和辐射率 | CMG | 5600 | Daily | 2002 - 07 - 08—2014 - 12 - 16 |
| MOD11C2 | Terra | 地表温度和辐射率 | CMG | 5600 | 8 - Day | 2000 - 03 - 05—2014 - 12 - 03 |
| MYD11C2 | Aqua | 地表温度和辐射率 | CMG | 5600 | 8 - Day | 2002 - 07 - 04—2014 - 12 - 03 |
| MOD11C3 | Terra | 地表温度和辐射率 | CMG | 5600 | Monthly | 2000 - 03 - 01—2014 - 11 - 01 |
| MYD11C3 | Aqua | 地表温度和辐射率 | CMG | 5600 | Monthly | 2002 - 08 - 01—2014 - 11 - 01 |

MODIS 文件名的命名遵循一定的规则，通过文件名，可以获得很多关于此文件的详细信息，比如：文件名 MOD09A1. A2006001. h08v05. 005. 2006012234657. hdf，MOD09A1—产品缩写；A2006001—数据获得时间（A - YYYYDDD）；h08v05—分片标示（水平 XX，垂直 YY）；005—数据集版本号；2006012234567—产品生产时间（YYYYDDDHHMMSS）；. hdf—数据格式（HDF - EOS）。

**1. MODIS 数据下载**

进入到 Data Pool 中，页面中可以看到 Aqua 数据和 Terra 数据，点击进去就进入到数据目录中，如图 7.1 所示。

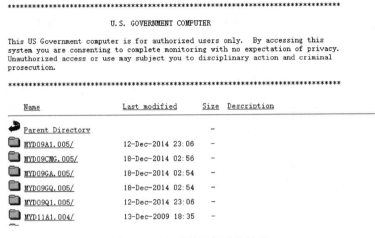

图 7.1 Aqua 数据集下载目录

可以根据自己需要的数据类型参照文件名类型进行下载。反演地表温度的数据产品为 MOD11A1/MYD11A1 级数据，时间尺度为 1d，空间尺度为 1km。目前，通过自主编写的下载工具，设置为每日 8：30 自动下载最新数据，已经下载完从有数据至今所有的该级数据产品。下载工具的界面如图 7.2 所示。

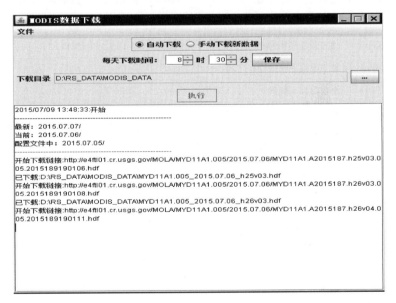

图 7.2 MODIS 数据下载工具界面

**2. MODIS 数据处理**

MODIS 数据 L3 级产品可以通过数据网站提供的处理工具 MODIS Reprojection Tool

进行处理，处理后的数据可以转化为 Geotiff 格式，可以用 Arcgis 打开。如同时加载多个图层，再选择输出则结果为拼接后的结果。

（1）打开程序 ModisTool.jar，单击 Open Input File，打开 *.hdf 文件，同时复制一下文件名称，这个在后面有用，如图 7.3 所示。

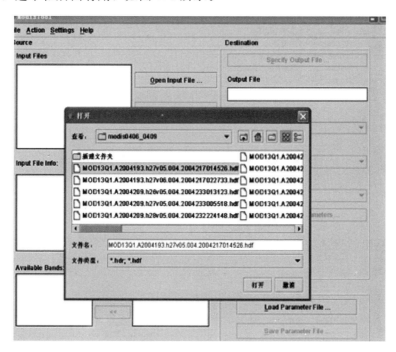

图 7.3　打开 MODIS 数据

（2）在选择波段对话框中把不需要的数据都移出去，右侧为需要留下的波段（图 7.4）。

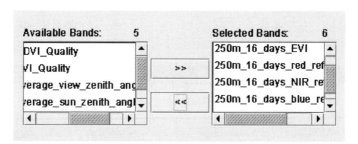

图 7.4　选择处理的波段

（3）单击 Output File，将文件输出到文件夹，保存的文件名字注意是上面的 HDF 的文件名字，注意修改文件后缀为 tif（图 7.5）。

（4）将投影类型修改为 Albers Equal 面积投影（图 7.6）。

（5）投影参数设置如图 7.7 所示。

（6）像素大小修改为 250m，然后单击 Run（图 7.8）。如果同时加载多个图层，再选择输出则结果为拼接后的结果。

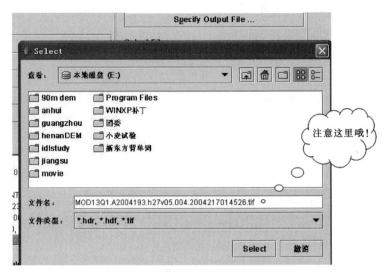

图 7.5　定义输出文件名

### 7.1.2　基于亮温数据的冠层温度反演

1. 作物冠层温度的计算方法

本研究中采用线性混合模型方法来估算混合像元中作物的冠层温度，具体表达式如下：

$$T_{surface} = T_{canopy} \cdot f_c + T_{soil}(1-f_c)$$

(7.1)

式中：$T_{canopy}$，$T_{soil}$ 分别为冠层温度和裸土温度，℃；$T_{surface}$ 为地表的混合温度，℃；$f_c$ 为作物覆盖度（无量纲）。

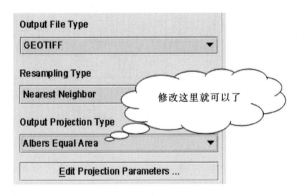

图 7.6　选择输入投影

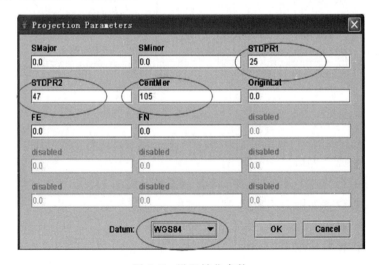

图 7.7　设置转化参数

通过式（7.1）可以得到冠层温度的计算公式：

$$T_{canopy} = \frac{T_{surface} - T_{soil}(1 - f_c)}{f_c}$$ （7.2）

假定植被指数 $NDVI$ 与植被覆盖度 $f_c$ 为线性相关，即

$$f_c = \frac{NDVI - NDVI_{min}}{NDVI_{max} - NDVI_{min}}$$ （7.3）

式中：$NDVI_{min}$ 和 $NDVI_{max}$ 分别对应植被覆盖度为 5% 和 98% 时的 $NDVI$。

2. 土壤温度的计算方法

基于植被指数（$VI$）和地表辐射温度（$T_s$）的组合方法来估算地表蒸散日益成为一个比较流行的方法，这个方法又称为 $VI-T_s$ 方法。通常，$VI-T_s$ 图表明了植被指数 $VI$ 和地表辐射温度 $T_s$ 呈负相关关系的线性或三角形分布特征。首先假设试验区既包含干燥的区域也包含湿润的区域，这样就可以通过 $VI-T_s$ 组成的三角形 ACB（图 7.9）的关系来推算裸土可能存在的最大温度和最小温度以及裸土的实际温度。具体算法如下。

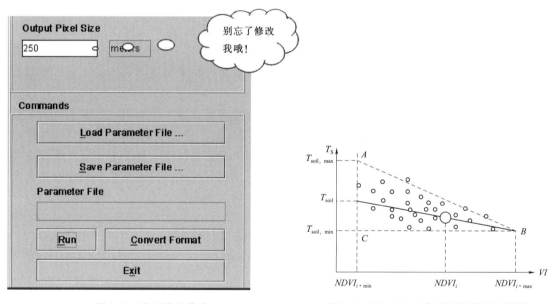

图 7.8　设置输出像素　　　　　　图 7.9　$VI-T_s$ 三角形空间特征示意图

在设定的研究区域内，首先求出 $VI$ 范围从 $NDVI_{min}$ 至 $NDVI_{max}$ 间所有每一个 $NDVI_i$ 值所对应像元的温度最大值 $LST_{NDVI_i,max}$ 和最小值 $LST_{NDVI_i,min}$，然后分别以 $NDVI_i$ 和与 $LST_{NDVI_i,max}$、$NDVI_i$ 和与 $LST_{NDVI_i,min}$ 进行线性拟合，得到直线 $AB$ 和 $BC$ 的方程形式如下：

$$LST_{NDVI_i,max} = a_1 + b_1 \cdot NDVI_i$$ （7.4）

$$LST_{NDVI_i,min} = a_2 + b_2 \cdot NDVI_i$$ （7.5）

当 $NDVI_i$ 等于 $NDVI_{min}$ 时，计算得到的 $LST_{NDVI_i,max}$ 和 $LST_{NDVI_i,min}$ 分别对应 $T_{soil,max}$ 和 $T_{soil,min}$，根据三角形的几何关系，可以求算出 $VI$ 值为 $NDVI_i$ 的某一像元中裸土温度 $T_{soil}$，具体表达式如下：

$$\frac{T_{soil,\max}-T_{soil}}{T_{soil,\max}-T_{soil,\min}}=\frac{LST_{NDVI_i,\max}-LST_{NDVI_i}}{LST_{NDVI_i,\max}-LST_{NDVI_i,\min}} \tag{7.6}$$

$$T_{soil}=T_{soil,\max}-\frac{LST_{NDVI_i,\max}-LST_{NDVI_i}}{LST_{NDVI_i,\max}-LST_{NDVI_i,\min}}\times(T_{soil,\max}-T_{soil,\min}) \tag{7.7}$$

结合以上计算方法，就可以逐像元的计算冠层温度。计算出来的值也可以与地面实测值进行比较，如果有误差，可以进行校正或者原因分析。

3. 土壤温度和冠层温度的计算结果

利用 MODIS 系列产品中的 $NDVI$ 和 $LST$，通过投影转换、数据拼接和数据有效值转换，并用研究区范围进行裁剪，得到所需要区域的植被指数 $NDVI$ 和亮温 $LST$，最后基于上述的方法利用 MATLAB 编程计算，得到整个区域的地表裸土温度和冠层温度。

# 7.2　研究区遥感土壤水验证

## 7.2.1　遥感土壤水数据分析

由于遥感反演的土壤水只有表层几厘米深，表层土壤水受外界影响变化敏感，无法直接反映作物根系层植被可利用土壤水的情况。当降水补给土壤水时，表层土壤水迅速增加并随着蒸发作用较快地降低，在地表反演的遥感土壤水分处于"干旱"情况下，根层土壤水可能可以提供植被足够的水分。因此，本研究将遥感土壤水数据当日之前的十天数据累积平均后作为当日遥感土壤水数据，以此形成的日时间序列数据作为后续研究的数据源。基于该方法重新建立的土壤水数据不仅考虑了由于突发降水或表层土壤蒸发等原因导致的土壤水分变化受到前期含水量的影响部分，可以更合理地体现土壤水分中能被作物吸收利用部分的动态变化，同时在时间序列连续性上得到了提高。

## 7.2.2　遥感数据与预处理

1. ESA CCI 计划与数据介绍

CCI 土壤水分项目是欧洲空间局（European Space Agency，ESA）基本气候变量（Essential Climate Variables，ECV）全球观测计划的一部分，也就是为人熟知的气候变化倡议（Climate Change Initiative，CCI）。该计划旨在为全球气候观测系统（Global Climate Observing System，GCOS）和其他国际组织建立 ECV 数据库。该项目的总体目标是基于主动和被动微波传感器，生产出一套最完整、最具一致性的全球土壤湿度数据。

CCI 产品包括三套数据产品：主动数据集，被动数据集和融合数据集。主动数据集是由维也纳科技大学（TU Wien）生成的，基于 ERS-1、ERS-2 和 METOP-A 平台上对于 C 波段散射计的观测。被动数据集是由阿姆斯特丹大学和美国宇航局共同生产的，基于 Nimbus 7 SMMR、DMSP SSM/I、TRMM TMI、Aqua AMSR-E、Coriolis WindSat 和 GCOM-W1 AMSR2 的被动微波观测。

本研究采用 CCI SM v02.1 版本融合数据集，时间序列为 1979—2013 年，空间分辨率为 0.25°，单位 $m^3/m^3$，时间分辨率平均为 1d，反演土壤水的层深为 $0.5\sim2cm$。CCI

数据以 NetCDF 格式存储，通过注册可以进行免费下载。由于被动微波有升轨和降轨两套数据，ESA CCI 融合产品中被动微波采用降轨数据进行融合，其数据时间对应的是晚上/清晨，因为晚上/清晨近地表温度梯度会降低，此时进行反演得到的土壤水更稳。

计算了 CCI 数据在东北地区连续累加值，确定了 CCI 遥感网格点和农田在研究区内的分布，遥感数据在以下研究中均选用各县农田范围内的网格点均值作为该县的遥感数据。

2. SMOS 数据集

SMOS（Soil Moisture and Ocean Salinity）卫星是世界上第一颗专用于提供全球土壤湿度及海水盐度的卫星，由欧洲太空局于 2009 年 11 月发射。该卫星基于独特的被动微波干涉成像技术，实现常规微波辐射计技术无法达到的高空间分辨率。该卫星唯一的载荷为 MIRSA（Microwave Imaging Radiometer with Aperture Synthesis）（微波成像合成孔径辐射计/被动微波 2D 干涉仪）。MIRAS 有 69 个接收器，测量来自地球表面 L 波段（1.4GHz）的微波辐射亮度，该频段能够灵敏地反映出土壤湿度和海水盐度的变化。还能够尽量减小天气和植被覆盖等因素对测量结果的影响，并具有多角度双极化的特征（H&V 可选择的极化模式），数据更新有一天的延迟，可看作对土壤水的近实时监测。MIRAS 提供的数据对于气象和气候模拟、水资源管理、农业规划、洋流和环流研究、洪水灾害事件预测等至关重要。

SMOS 一级数据（L1）包括传感器遥测获得的元数据产品、定标后的产品、科学产品以及辅助数据。二级数据（L2）包括分析产品、定标后的产品、科学产品以及辅助数据。三级（L3）级土壤水分数据，是对 L2 级数据进行筛选重组后得到的不同分辨率的网格化土壤水分数据，通过对受到无线电频率干扰的数据进行处理，更适合用户直接使用。该数据提供近地表（深度 0～5cm）的土壤水分状况，空间分辨率为 0.25°，单位为体积含水率（$m^3/m^3$）。本书采用西班牙巴塞罗那专家中心 BEC 公布的 2010 年 1 月至 2016 年 3 月期间 SMOS 卫星 L3 级土壤水数据集。该数据集有升轨（6：00）和降轨（18：00）两套数据供用户选择。由于在无线电频率干扰（RFI）的处理中，对某些不符合质量要求的数据进行了舍弃，因此 SMOS_L3 土壤水数据在东北地区的覆盖范围随时间变化。在 4—10 月份之间，数据在东北地区具有较高的覆盖度。SMOS 数据的格式为 NC（NetCDF，Network Common Data Format）格式，中文为网络通用数据格式，netcdf 文件开始的目的是用于存储气象科学中的数据，现在已经成为许多数据采集软件生成文件的格式。SMOS 数据产品中包含以下数据信息：

1）土壤含水量——Soil Moisture Value，$m^3/m^3$。

2）土壤含水量估计值的数据质量指数——Data Quality Index，通过标准离差来估计，$m^3/m^3$。

3）最低点方向的光学粗糙度——optical thickness at the nadir direction（NP）。

4）光学粗糙度估计值的数据质量指数——Data Qualiyty Index value for the optical thickness estimate（NP）。

5）介电常数的实数部分——Real part of retrieved dielectric constant。

6）介电常数的实数部分的数据质量指数——Data Quality Index value for the real

part of retrieved dielectric constant。

7）介电常数中的虚数部分——Imaginary part of retrieved dielectric constant。

8）介电常数的虚数部分的数据质量指数——Data Quality Index value for the imaginary part of retrieved dielectric constant。

SMOS BEC 陆地产品数据的文件名格式为：BEC_AAAAAA_B_CCCCCCCCCCCCCCC_DDDDDDDDDDDDDDD_EEEEEEE_FFF_GGG. nc。文件名中的每个字母代表的含义如下：

1）AAAAAA：产品名称。

—BIN_SM：L3 Soil Moisture products。

—HDE_SM：L4 high resolution delayed soil moisture products。

—HDE_SM：L4 high resolution near real time soil moisture products。

2）B：表示数据产品的轨道构成。

—A 表示上行轨道。

—B 表示下行轨道。

3）CCCCCCCCCCCCCCC：用来创建数据产品的半轨起始通用协调时时间（YYYYMMDD_hhmmss）。

4）DDDDDDDDDDDDDDD：用来创建数据产品的半轨结束通用协调时时间（YYYYMMDD_hhmmss）。

5）EEEEEEE：内部代码。

—NOMINAL：对 L3 级数据而言，表示对 L2 级数据进行的过滤时名义上的。

—AQUA1__：对 L4 级数据而言，表示采用了 AQUA 上的 1km 分辨率的 LST 地温数据。

—TERR1__：对 L4 级数据而言，表示采用了 TERR 上的 1km 分辨率的 LST 地温数据。

6）FFF：栅格指示器。

—025：表示 EASE - ML25km 分辨率的网格。

—4H9：ISEA 网格分辨率。

—IBE：表示数据产品是关于伊比利亚半岛的。

7）GGG：文件的版本号，起始于 001。

卫星一条完整的轨道分为上升轨道（Ascending，升轨）和下降轨道（Descending，降轨）。升轨是指当地时间 6：00，卫星从南纬飞向北纬的轨道；降轨是指当地时间 18：00，卫星从北纬飞向南纬的轨道。晚上近地表温度梯度会降低，反演得到的土壤水更稳健。CCI 数据中的被动微波也是采用晚上的降轨数据，因此在本研究中采用 SMOS 降轨数据开展数据处理。

数据可以通过网站提供的基于 Linux 系统的工具 getBEC 自动下载，注册后通过网址 http：//cp34 - bec. cmima. csic. es/bec - tools/下载自动下载的工具代码。本研究通过自主编写的下载工具，可根据需要设定下载的空间范围和要素，在本研究中设置为每日 8：30 自动下载并更新数据，目前已经下载完从有数据至今所有的该区域的土壤含水量数据产品。下载工具的界面如图 7.10 所示。

图 7.10　SMOS 数据下载工具界面

　　数据每日一景，共有 2000 多景影像数据，每景 72×85 个格点，随着时间推移数据量继续累积。本研究中使用的 SMOS L3 土壤含水量的数据结构主要是由经度、纬度和时间三个维度组成，经纬度分辨率为 0.25°，时间为日。该 NC 数据包含 7 组变量，分别为基于 L2 的格点数量（L2_Points）、时间（time）、经度（lon）、纬度（lat）、土壤含水量（SM）、土壤含水量的数据质量指数（SM_DQX）和土壤含水量的方差（VARIANCE_SM）。其中，土壤含水量为该数据的核心变量，也是本研究中需要提取的有效数据，时间、经度和纬度为数据的属性变量，基于 L2 的格点数量、土壤含水量的数据质量指数和土壤含水量的方差为反映土壤含水量的数据质量和使用价值的参考性变量。本研究将使用MATLAB 编辑出提取土壤含水量数据的程序，把原始 NC 数据作为输入部分，设置研究区的经纬度范围，输出标准的 ASCII 格式数据文件。

　　计算了 SMOS 数据在东北地区连续累加值，确定了 SMOS 遥感网格点和农田在研究区内的分布。遥感数据在以下研究中均选用各县农田范围内的网格点均值作为该县的遥感数据。

### 7.2.3　遥感数据验证方法

　　在现有遥感数据和实测数据的对比分析中，使用的相对验证方法有归一化处理、离差分析、误差分析等。数据归一化处理，是将数据按比例缩放，使之落入一个小的特定区间，使得数据之间具有可比性。从数据角度，归一化是将有量纲的数据变成无量纲数据。因此在进行不同度量单位不同要素间的比较或多元回归时，通常利用归一化对数据进行前处理。常用的归一化方法是基于样本中最大值最小值的归一化，另外通过均值和标准差，设定置信区间计算最大值和最小值的方法还可以排除测量误差和设备噪声产生的异常值。

常用的相关分析方法有皮尔逊（Pearson）积矩相关系数、斯皮尔曼（Spearman）和肯德尔（Kendall）秩相关系数。Pearson系数可用于描述两个不同的随机变量之间的线性相关程度，该方法具有较高的检验功效且检验结果明确；Spearman和Kendall秩相关系数被用来描述在二维或多维空间中两个不同的随机变量之间的共变趋势并忽略其变化幅度，该方法的检验功效比参数法稍差，检验结果的明确性也不如参数法。相关分析时，通过系数值和散点图可以直观地展示两变量之间相关关系。

皮尔逊相关系数 $\rho_{XY}$ 对两者相关性进行分析，其公式如下：

$$\rho_{XY} = \frac{\text{Cov}(X,Y)}{\sqrt{\text{Var}(X)\text{Var}(Y)}} \tag{7.8}$$

式中：Var为变量的方差；Cov为变量的协方差。相关系数 $\rho_{XY}$ 的域值为 $[-1, 1]$，其中，1表示 $X$ 和 $Y$ 完全正相关，$-1$ 表示完全负相关，0表示无关，绝对值越大表明相关性越强。相关系数 $\rho_{XY}$ 通常也用符号 $R$ 表示。

利用Pearson相关进行分析的前提约束条件有：①两个变量具有线性关系；②变量是连续变量；③变量均为正态分布，且二元分布也为正态分布；④两变量相互独立。如果不满足正态分布的约束条件，两变量可能属于非线性相关关系。在进行正态分布检验时，P值大于0.05则为正态分布，小于0.05为非正态分布。当两个随机变量或经过数据变换后的随机变量服从二元正态分布，则可以用描述线性相关关系的Pearson积矩相关系数来分析，如果随机变量或变换后的随机变量不服从正态分布，则可以选用检验功效较低的Spearman或Kendall秩相关系数。

### 7.2.4　研究区遥感数据有效性验证

为了验证遥感反演土壤水数据的准确性，需选取公开发表的权威实测数据进行验证。中国气象数据网—农气资料中土壤相对湿度旬值数据，包含了1992—2013年多层土壤相对湿度旬值数据。为了与表层遥感土壤水进行比对，选取农田土壤湿度旬值数据集10cm（最浅层）土壤相对湿度，作为遥感数据验证的参考数据。由于实测站点土壤水为土壤相对湿度，而遥感土壤水的体积含水量是土壤绝对含水量，两者之间需要通过田间持水量进行换算。田间持水量是指充分灌溉并稳定下来后，土壤所能维持的稳定的最大含水量，其值与土壤质地有关。应用该数据进行遥感土壤水验证，需首先进行体积含水量和相对湿度的转换，两者换算公式如下：

$$土壤体积含水量＝土壤相对湿度×田间持水量 \tag{7.9}$$

通过计算田间持水量，可以将土壤相对湿度换算成土壤体积含水量。将各站点实测土壤相对湿度换算成土壤体积含水量后，再验证遥感融合土壤水。在研究区中，主要的土壤类型（亚类）有暗棕壤、黑土、黑钙土、草原风沙土、草甸土和水稻土，其土壤质地和属性见表7.2。在研究区范围内，实测站点共有8个。站点周边土壤类型见表7.3。田间持水量表征土壤有效水的上限，凋萎含水量表示植物不能从土壤中吸收水分而萎蔫时的含水量，是有效水的下限。两者之差为土壤有效含水量，表示能被植被吸收利用的土壤水部分。由于实测站点稀少，且遥感数据本身可能存在一定的位置偏移，因此本研究选取实测站点附近几个遥感网格数据平均后与该站点数据进行对比。具有长时间序列的 CCI 遥感土壤水在本研究中首先被用来作为标准数据进行融合；通过长时间序列的频率分析进行遥感土壤水干旱等级评价标准的划分以及粮食产量模型的构建。SMOS 数据经过融合后，以融合后的数据形式进行干旱监测与干旱等级评价。因此本研究在此先对 CCI 遥感土壤水进行验证，随后对融合后 SMOS 数据再进行验证。

**表 7.2** 研究区土壤类型及水力性质

| 土壤亚类 | 粒径组成（美制） | | | 田间持水量/% | 凋萎含水量/% | 有效含水量/% |
|---|---|---|---|---|---|---|
| | 黏粒/% | 粉砂粒/% | 砂粒/% | | | |
| 暗棕壤 | 7.30 | 40.24 | 52.46 | 19.6 | 6.5 | 13.1 |
| 黑土 | 28.30 | 71.70 | 0.00 | 37.7 | 17.8 | 19.9 |
| 黑钙土 | 40.30 | 29.45 | 30.25 | 37.8 | 24.5 | 13.3 |
| 草原风沙土 | 10.00 | 1.51 | 88.49 | 13.0 | 8.0 | 5.0 |
| 草甸土 | 33.80 | 31.58 | 34.62 | 35.1 | 21.3 | 13.8 |
| 水稻土 | 31.20 | 67.86 | 0.94 | 28.3 | 19.5 | 8.8 |

**表 7.3** 8 个台站所在地点的土壤亚类

| 台站名称 | 土壤亚类 | 台站名称 | 土壤亚类 |
|---|---|---|---|
| 克山 | 草甸土 | 安达 | 黑钙土、草甸土 |
| 富裕 | 黑钙土 | 前郭尔罗斯 | 水稻土 |
| 海伦 | 黑土、草甸土 | 哈尔滨 | 水稻土 |
| 泰来 | 草原风沙土、草甸土 | 长岭 | 黑钙土、草甸土 |

### 7.2.5 CCI 与实测数据皮尔逊相关分析

本研究通过遥感土壤水 CCI 数据和实测土壤水数据进行 Anderson-Darling 检验，两者均符合正态分布。采用 Pearson 相关系数判断 CCI 土壤水与实测站点 10cm 土壤水数据的相关性，时间序列选取 1992—2013 年，将每年 5—9 月生长季的数据进行对比。

在这里，由于 CCI 和实测站点数据同是体积含水量数据，其数据分布范围差异不明显，因此归一化处理后的数据其相关性几乎没有变化。各实测站点对应的遥感数据是站点周边一定半径内遥感网格点的均值。如图 7.11 是富裕、克山、海伦、泰来、安达、哈尔滨、长岭和前郭尔罗斯 8 个实测站点数据与遥感数据的验证散点图。在克山、泰来、哈尔滨、长岭的 Pearson 相关系数可以达到 0.5 左右。考虑到遥感数据本身与实测站点数据存在位置的偏移、测深的差异以及测定机理的差异，认为 CCI 遥感土壤水数据在一定程度上可以反映地表土壤水分的变化情况。

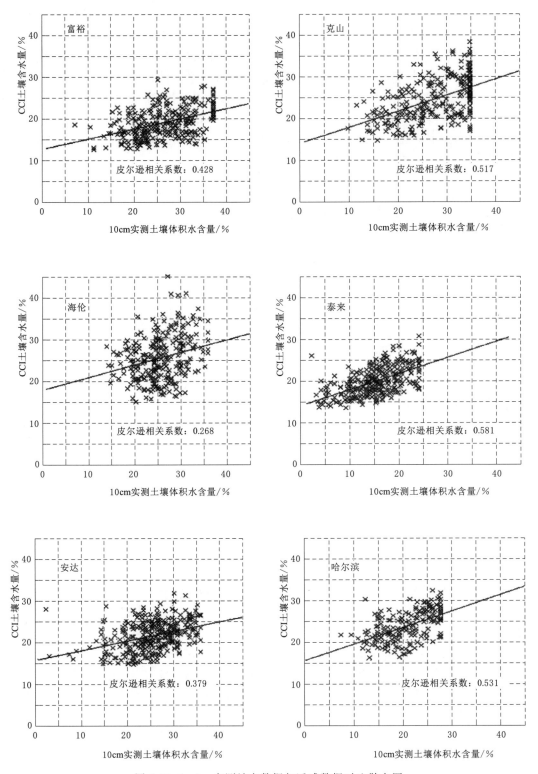

图 7.11（一）　实测站点数据与遥感数据对比散点图

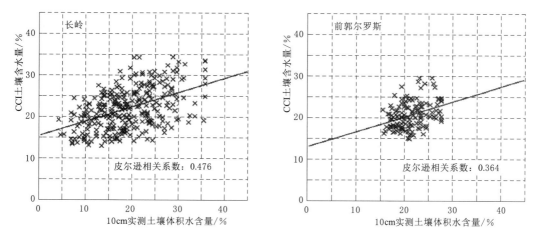

图 7.11（二）　实测站点数据与遥感数据对比散点图

# 7.3　多源遥感土壤水连续融合方法研究

实时更新的被动微波 SMOS 土壤水数据（2010 年至今）可以对研究区开展实时干旱监测，但由于缺乏长时间序列，无法开展频率分析；CCI 主、被动数据产品（1979—2013年）具有长时间序列特征，但由于更新速度缓慢，无法开展实时评价研究。为了综合以上两种来源遥感数据的优势，将两种数据进行融合可以生成具有长时间序列特征的近实时遥感土壤水数据产品。对遥感数据来说，相对动态变化分析在应用中具有重要意义，融合后的土壤水数据其动态变化特征不能被改变。累积分布函数匹配法是通过将多源遥感数据累积分布曲线构建关系以实现融合，目前融合的计算方法是分段线性回归，由于分段构建关系拟合的曲线在分段处可能导致融合结果有较大误差。本研究基于累积分布函数匹配原理构建了多源遥感土壤水的连续融合计算方法，提高了累积分布曲线拟合关系，保证了融合数据的准确性。同时，该方法可以保持原遥感数据的相对动态变化特征。

## 7.3.1　遥感数据融合原理

累积分布函数（CDF）是指随机变量落在样本空间某一区间内的概率之和，是概率密度函数的积分。其公式定义为：对随机变量 $x$，所有不大于 $a$ 的值出现的概率之和，即

$$F(a) = P(x \leqslant a) \tag{7.10}$$

在绘制积分分布函数时，由于真实的概率分布函数未知，往往定义为直方图分布的积分。在本研究中，以长时间序列遥感土壤水数据产品 CCI 数据作为基准数据，通过累积分布函数匹配法将近实时的 SMOS 数据融合到长时间序列的 CCI 数据上，可使得遥感数据同时具备长时间序列特征且能反映近实时情况。通过 $CDF$ 匹配之后，SMOS 土壤水与CCI 土壤水有相似的分布形。被融合的 SMOS 土壤水可以写成：

$$cdf_c(x') = cdf_s(x) \tag{7.11}$$

式中：$cdf_c$ 为 CCI 土壤水的 $CDF$，$cdf_s$ 为 SMOS 土壤水的 $CDF$，$x$ 为实际 SMOS 重新

得到的土壤水，$x'$ 为融合的 SMOS 土壤水。

RSM 被用来修正 SMOS 结果以及 CDF 匹配技术的时间变率。融合 SMOS 土壤水写成：

$$Z(j,i) = \overline{y_i} + \frac{\sigma(y_i)\left[x(j,i) - \overline{x_i}\right]}{\sigma(x_i)} \tag{7.12}$$

式中：$Z(j,i)$ 为融合的 SMOS 土壤水，$x(j,i)$ 为原始的 SMOS 土壤水结果，$\overline{x_i}$ 和 $\sigma(x_i)$ 为 SMOS 土壤水的平均值和偏差，$\overline{y_i}$ 和 $\sigma(y_i)$ 为 CCI 土壤水响应的平均值和偏差。

累积分布函数匹配法融合原理示意如图 7.12 所示，通过数据匹配算法将 SMOS 累积分布曲线无限靠近 CCI 累积分布曲线，最终使得 SMOS 具有与 CCI 最接近的分布形，两条曲线越接近表明融合效果越好，融合误差越小。

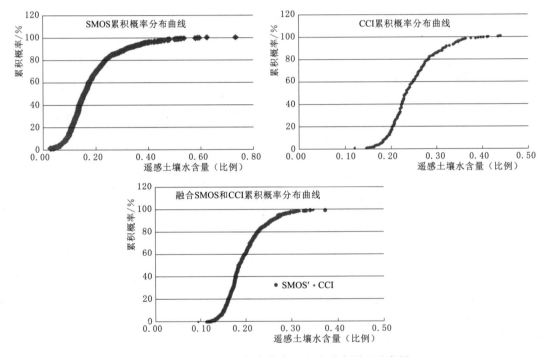

图 7.12 CDF 累积概率分布匹配法融合原理示意图

### 7.3.2 多源遥感土壤水连续融合方法构建

将两种来源遥感土壤水的累积分布曲线建立关系方程后，不仅可以融合生成一套 1979—2013 年的长时间序列遥感土壤水数据，而且实时更新的每一个 SMOS 数据能够据此关系推算具有相同累积概率分布的 CCI 值，根据 CCI 数据构建的干旱等级评价标准进行实施干旱评价。

分段线性拟合是目前遥感土壤水数据融合的基本算法，在 Liu（2009）等的研究中，利用分段线性拟合将 AMSR－E 和 ASCAT 数据融合到 Noah 模拟结果上，取得了较好的效果。每个网格遥感数据的分布曲线形状不同，为了建立更好的分段关系，不同网格的分段需要主观判断，手动计算工作量大且融合误差较大。在本研究中，基于 CDF 融合原理，发展了 CDF 融合计算方法。研究发现研究区遥感土壤水累积分布曲线与 Loglogistic 曲线分布极为类似，因此引入了该曲线对不同来源遥感数据分别进行拟合，通过拟合方程联系方程组，建立了两条曲线的连续性关系，其效果比分段线性回归效果有了很大改善，但数据在表征干旱的低值区仍然有一定误差。为提高遥感土壤水含量较低位置的拟合效果，本研究又提出了一元等距全区间拉格朗日插值连续融合法。通过三种方法的对比，最终选择研究区内拟合效果最理想的全区间拉格朗日一元等距插值构建连续融合方法，实现 SMOS 网格均值和 CCI 网格均值在各分位数上的融合，最终生成近实时且具有长时间序列特征的融合土壤水数据产品。本研究以县级行政区作为融合计算单元，将县内农田范围遥感网格旬滑动均值进行融合。现有分段线性回归和本研究提出的两种融合计算方法的原理和计算结果对比情况如下。

### 1. 分段线性回归

分段线性回归是对累积分布曲线分别设定相同的分段，在同一分段内分别建立线性关系，即两者分段进行拟合。分段线性回归计算原理如图 7.13 所示，以研究区双城市 SMOS 和 CCI 网格均值的融合计算为例（图 7.14）。在图 7.14（a）中，两种土壤水数据的数据范围明显不同，SMOS 数据土壤水含量范围为 0.13～0.32，CCI 数据范围为 0.16～0.35，融合后 SMOS 应该与 CCI 数据范围接近。分别将 SMOS 和 CCI 两种遥感土壤水的时间序列数据作累积概率分布曲线，举例根据 0%、10%、20%、30%、40%、50%、60%、70%、80%、90%、100% 划分 10 段和 11 个分位点，求取每段内两种数据相关性的线性方程，从而得到 SMOS 和 CCI 数据的一个分段表征相关关系的方程组。通过这种分段的线性匹配方法，可以实现相同分位数上两种数据的融合，即将 SMOS 数据融合到长时间序列的 CCI 数据上。优点是通过设定较多的分段可以得到较好的拟合关系，缺点是需要人为判断如何分段以达到较好拟合效果，在不同地点由于数据累积分布曲线形状不同，可能需要在不同位置增加分位点分段，尤其在曲线两端拐点处，分段较少容易导致融合效果不佳。

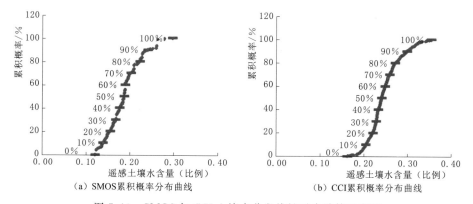

（a）SMOS累积概率分布曲线　　（b）CCI累积概率分布曲线

图 7.13　SMOS 与 CCI 土壤水分段线性融合计算示意图

以研究区双城市 SMOS 和 CCI 网格均值的融合计算为例，对 SMOS 和 CCI 累积分布曲线划分 10 段，分别建立线性相关关系后得到 SMOS 与 CCI 数据累积概率分布曲线的关系如图 7.14（b）所示。在图中，通过分段线性回归，累积概率分布曲线在中间平缓部位可以得到较好的拟合效果，这与此处分段线性方程的精度保持了一致。而在曲线变化剧烈的两端，尤其表征干旱的底部位置有较大误差。通过对曲线底部放大来看，融合 SMOS（图中以 SMOS′标注）与 CCI 数据有较大出入，将会使得融合数据开展实时干旱监测以及旱灾损失研究结果具有一定的误差。

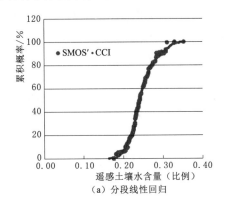
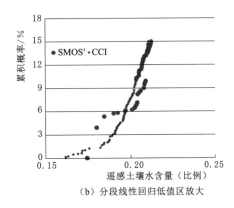

（a）分段线性回归　　　　　　　（b）分段线性回归低值区放大

图 7.14　双城市分段线性回归融合后 SMOS 与 CCI 累积概率分布

### 2. Loglogistic 曲线回归

Loglogistic 增长曲线是对 Logistic 增长曲线取对数，其曲线形状类似，但增长最快的临界点位置有向左或向右的偏移。通过比较，该曲线比 Logistic 曲线更接近东北地区两种遥感土壤水分的累积分布曲线，也是众多非线性回归中形状最接近本研究区遥感土壤水累积分布的曲线。通过该方法对遥感土壤水概率分布曲线进行拟合，由于拟合过程是连续的，可以得到较好的拟合效果。Loglogistic 回归是非线性回归的一种，具有四个参数，一个预测变量。通过设定四个参数的初始值、置信区间，对参数进行迭代计算获得最佳回归曲线。其公式如下所示：

$$Theta1 + \frac{Theta2 - Theta1}{1 + \dfrac{\exp(x - Theta3)}{Theta4}} \tag{7.13}$$

式中：$Theta1$ 为 $x$ 趋近于无穷大或无穷小时，计算结果的最小值；$Theta2$ 为 $x$ 趋近于无穷大或无穷小时，计算结果的最大值；$Theta3$ 为曲线拐点；$Theta4$ 为曲线斜率。

Loglogistic 增长曲线有两种形式，如图 7.15 所示。在本研究中选取图 7.15（a）的形式拟合遥感土壤水累积分布曲线。分别对 SMOS 和 CCI 累积分布曲线进行 Loglogistic 非线性回归拟合，联立方程组，两套数据的累积分布曲线可以建立较好的回归关系，据此关系对 SMOS 数据进行融合。Loglogistic 曲线拟合计算原理如图 7.16 所示。

以研究区双城市 SMOS 和 CCI 网格均值的融合计算为例，分别建立 Loglogistic 回归拟合后得到 SMOS 与 CCI 数据累积概率分布曲线的关系如图 7.17 所示。通过 Loglogistic 回归，整体来看累积概率分布曲线的拟合效果相比分段线性回归法得到了明显提高，在表征干旱的低值区拟合效果改善明显。通过对曲线底部放大来看，融合 SMOS（图中以

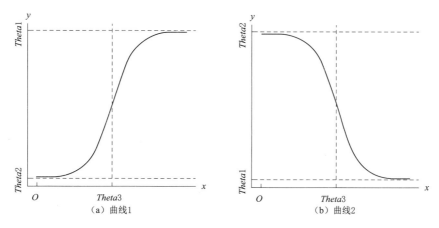

图 7.15　Loglogistic 回归曲线两种曲线

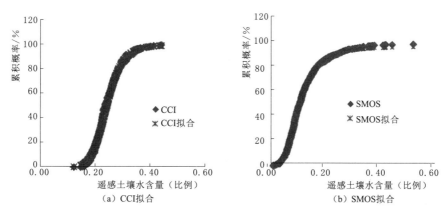

图 7.16　SMOS 与 CCI 土壤水 Loglogistic 回归融合计算示意图

SMOS′标注）在 3％以内的数据有一定缺失，可能是在曲线拟合过程数据有所偏移导致的。可能会导致遥感干旱监测等级新标准中特大干旱的情况无法识别或有遗漏。

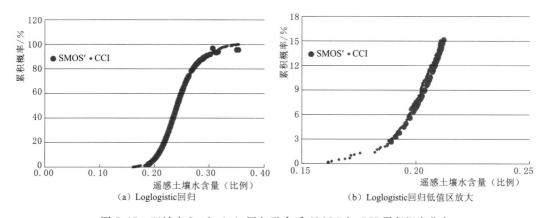

图 7.17　双城市 Loglogistic 回归融合后 SMOS 与 CCI 累积概率分布

## 3. 拉格朗日连续融合方法构建

通过以上对研究区内分段线性回归和 Loglogistic 曲线回归两种方法的融合效果分析，

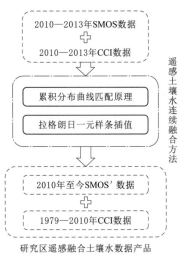

分段线性回归融合法的融合效果较差，在表征干旱的低值区融合结果有较大出入，将会带来较大融合误差。本研究提出的 Loglogistic 曲线回归融合法整体融合效果较好，但在表征干旱的低值区有少量数据缺失，可能会在遥感干旱监测中对特大干旱无法识别。为了进一步提高融合精度，本研究放弃了曲线拟合的思路，又提出了一元插值算法应用于多源遥感土壤水的连续融合计算。该算法的提出，突破了传统融合思路中累积分布曲线拟合或回归的局限性。通过验证该方法可以取得理想的融合效果，因此本研究基于累积分布曲线匹配融合原理，构建了连续融合方法，将 SMOS 和 CCI 遥感土壤水数据进行融合，解决了现有方法融合效果不佳、误差较大的问题。东北研究区遥感土壤水连续融合方法计算过程如

图 7.18　遥感土壤水连续融合方法

图 7.18 所示，该图中融合算法标注的是通过后文研究筛选出的拉格朗日一元样条插值法。

（1）函数用来表示实际问题中某些内在联系或规律，很多函数需通过实验和观测来了解。如对实践过程中某个物理变量在不同地方得到的若干观测值，这些值可以通过拉格朗日插值法找到一个多项式，可以在各点取得对应的观测值，这样的多项式称为拉格朗日插值多项式。

对某个多项式函数，已知有 $(x_0, y_0)$，$(x_1, y_1)$，…，$(x_k, y_k)$ 共 $k+1$ 个取值点，现作一条函数 $f(x)$ 使其经过这 $k+1$ 个点。假设任意两个 $x_j$ 互不相同，则应用 Lagrange 插值公式得到的 Lagrange 插值多项式为

$$L(x) = \sum_{j=0}^{k} y_j 1_j(x) \tag{7.14}$$

其中，$1_j(x)$ 为 Lagrange 基本多项式（又称插值基函数），其公式为

$$1_j(x) = \prod_{i=0, i \neq j}^{k} \frac{x - x_i}{x_j - x_i} = \frac{(x - x_0)}{(x_j - x_0)} \cdots \frac{(x - x_{j-1})}{(x_j - x_{j-1})} \frac{(x - x_{j+1})}{(x_j - x_{j+1})} \cdots \frac{(x - x_k)}{(x_j - x_k)}$$

$$\tag{7.15}$$

（2）一元三点抛物线插值是用抛物插值法计算指定点位插值的函数。三点抛物线插值算法是精度较高的插值算法，插值曲线比线性插值算法获取的曲线显得更为平滑。计算过程使用二次函数进行曲线拟合。

（3）埃特金（Aitken）逐步线性插值法可以逐步升阶，且克服了全区间拉格朗日插值法计算精度如果不高，须增加插值节点重新计算这一缺点。

（4）三次样条函数由三次多项式组成，是最常用的样条函数，满足处处有二阶连续导数。三次样条函数计算时需要引入边界条件，通常有自然边界、夹持边界和非扭结边界等。在 Matlab 中非扭结边界条件被当做默认边界条件。满足插值条件和某一类边界条件

的三次样条函数存在且唯一。

　　判断不同方法插值效果，主要有两种判断途径：一是利用插值数据与实测数据的拟合图形；二是采用实际观测值 $T_r$ 与插值 $T_c$ 的离差（$T_r-T_c$）或误差平方和 $\sum(T_r-T_c)^2$ 的最小二乘法判断插值效果，当 $\sum(T_r-T_c)^2$ 值越小，反映插值点与实测点的离散程度越低，曲线拟合效果越好。本研究通过以上各方法在研究区的插值融合情况，根据图形法判断插值效果，最终选择拉格朗日插值法构建了遥感土壤水连续融合方法，利用 Visual Basic 语言开发了遥感土壤水拉格朗日连续融合工具，对研究区内各县 CCI 和 SMOS 数据分别进行融合计算。

　　为了得到每一个 SMOS 数据对应的 CCI 值，充分利用了累积概率分布曲线上等距分布的分位点。每一个 SMOS 值都有其对应的概率分布值 $P$，在 CCI 累积概率分布曲线上，相同累积概率分布 $P$ 可能也有一个 CCI 值相对应，这种条件下可直接取 CCI 值，但也可能没有一个 CCI 值相对应，此时需要进行插值计算。由于对 CCI 累积概率分布曲线插值过程中，将等距的概率作为输入，因此在插值过程采用了一元等距的插值方法。通过一元插值，任何一个 SMOS 数据都有对应的 CCI 数值，由于该方法插值得到的 CCI 值在累积概率曲线上偏差极小。原始 SMOS 累积分布曲线，经过拉格朗日插值连续融合，融合后 SMOS 的累积分布曲线与 CCI 累积分布曲线几乎完全重合。

　　通过拉格朗日插值融合，SMOS 累积概率分布曲线的融合效果得到了显著提高，在表征干旱的低值区仍然具有非常好的融合效果。融合 SMOS 遥感土壤水累积概率分布曲线与 CCI 累积概率分布曲线几乎完全重合，通过对曲线底部放大来看，在表征干旱的底部位置，两者关系仍然一致。利用拉格朗日插值连续融合法对不同来源遥感土壤水数据进行融合，可以得到最佳融合效果，并可以生成一套研究区内融合精度较高的遥感融合土壤水数据产品。这为下面开展的实时干旱监测以及遥感土壤水旱灾阈值研究提供了遥感数据支撑。

### 7.3.3　融合遥感土壤水数据时间序列分析

　　通过融合前后的遥感土壤水数据时间序列进行对比分析，可以从日尺度上了解 SMOS 土壤水融合前后的差异。本研究的融合是以县级行政区均值开展的，这里只给出了研究区有代表性的几个县区均值的时间序列对比情况，如图 7.19 所示。

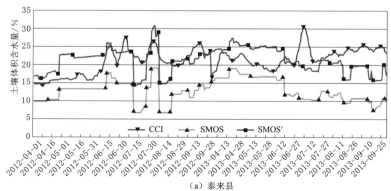

（a）泰来县

图 7.19（一）　研究区部分县区 SMOS 数据融合前后时间序列

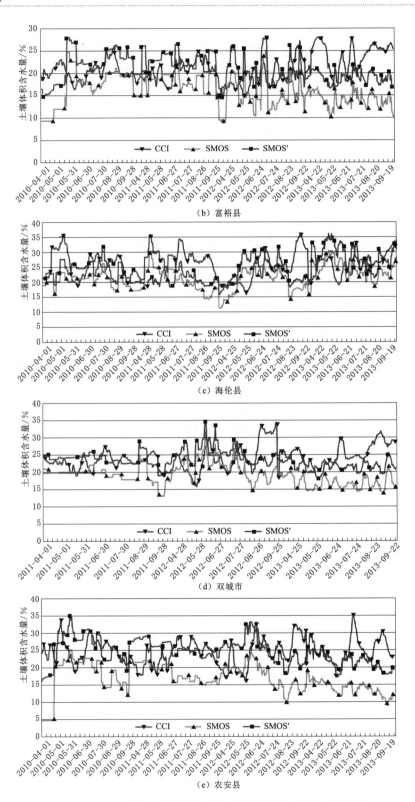

图 7.19（二）　研究区部分县区 SMOS 数据融合前后时间序列

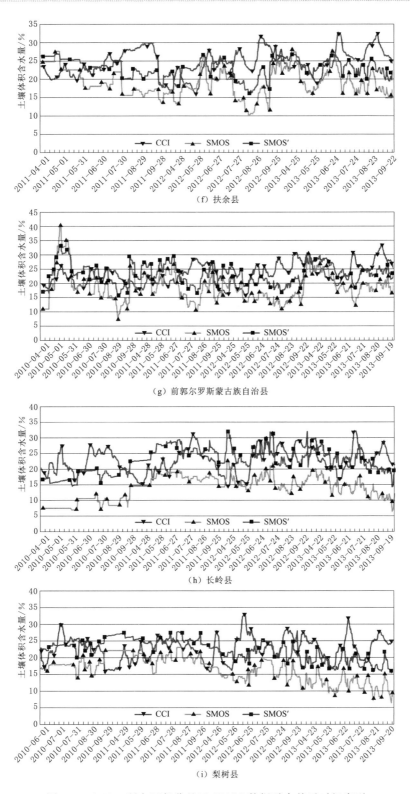

（f）扶余县

（g）前郭尔罗斯蒙古族自治县

（h）长岭县

（i）梨树县

图 7.19（三）　研究区部分县区 SMOS 数据融合前后时间序列

各县 SMOS 遥感土壤水的系统偏差得到了很好的纠正，融合后 SMOS（图 7.31 以 SMOS′标注）更接近于 CCI 数据分布情况，且保留了原始数据的相对变化模式。从图 7.31 可知，融合之前的 SMOS 数据从 2010 年至 2013 年的时间序列数值整体小于 CCI 数据值，每年 4、5 月份个别日期 SMOS 会高于 CCI 值。经过融合后 SMOS 数据土壤含水量数值整体增加，且在土壤含水量较低的月份明显提高。SMOS 数据融合后保留了原数据时间序列的变化特征，但数据值的范围得到了一定的调整，数据更加靠拢于 CCI 数据值。泰来县 SMOS 遥感土壤含水量由匹配前的 7％～19％ 变为 15％～31％；富裕县 SMOS 数据由匹配前的 9％～22％ 变为 14％～28％；海伦县 SMOS 数据由匹配前的 11％～31％ 变为 16％～36％；双城市 SMOS 数据由匹配前的 13％～30％ 变为 19％～35％；农安县 SMOS 数据范围由匹配前的 5％～25％ 变为 16％～35％；扶余县 SMOS 数据由匹配前的 10％～29％ 变为 16％～27％；前郭尔罗斯蒙古族自治县 SMOS 数据由匹配前的 7％～41％ 变为 16％～34％；长岭县 SMOS 数据由匹配前的 8％～22％ 变为 15％～32％；梨树县 SMOS 数据由匹配前的 6％～23％ 变为 15％～28％，所有县土壤水分数据整体提高。

## 7.4　基于遥感土壤水的农业干旱监测评价方法研究

土壤水分是指土壤非饱和层（也称包气带）的水分含量。在环境和气候系统中起着重要作用，其对农业和水文过程、产流过程、干旱发展和其他过程都产生着影响，通过气候反馈，它同样影响着气候系统。土壤水分能反映农业干旱程度，在农业灌溉管理中能起到指导作用。农业干旱是以土壤含水量和植物生长形态为特征，反映土壤含水量低于植物需水量的程度。农作物生长的水分主要是靠根系直接从土壤中吸取的，土壤水分的不足会影响农作物的正常发育。因此农业旱灾的本质是土壤水分含量太低，无法满足植被（作物）对水分的需求，所以干旱监测的本质是监测土壤水分含量，通过土壤含水量的分布和多少来反映干旱的分布范围和干旱程度。土壤含水量指标有土壤绝对含水量、土壤相对含水量和土壤有效水分存储量。土壤绝对含水量是指土壤水分重量占干土重的百分数，土壤相对含水量是土壤水分占田间持水量的百分比，《旱情等级标准》（SL 424—2008）给出的土壤相对含水量旱情等级划分指导标准是，土壤相对含水量 40％ 时为特旱；当土壤相对含水量为 30％～40％ 时为重旱；40％～50％ 时为中旱，而在 50％～60％ 时为轻旱。土壤某一厚度层中存储的能被植物根系吸收的水分叫土壤有效水分存储量，该值小到一定程度植物就会发生凋萎，因此可以用它来反映土壤的缺水程度并评价农业旱情。

常规的土壤水分监测主要采用称重法和中子仪探测法等，这些方法由于测点少，反映的是测点的土壤水分信息，而不是面上土壤水分的总体状况，难以满足抗旱决策对面上灾害情况快速了解的需求。而基于遥感技术的干旱监测，则可以实时、快速和大范围地获取旱情信息。土壤水分作为农业干旱遥感监测的重要指数之一，适宜于农业旱情预警及土壤干旱型农业旱情的监测。

### 7.4.1　遥感表层土壤水与根深层土壤水关系分析

通过文献调研,遥感土壤水反演的表层土壤水含量与根深层(40cm)土壤水含量具有一定的相关关系。本书利用在研究区内布设的三个连续监测站点分层实测土壤水数据分析研究区内表层与根深层土壤水分关系。三个站点表层与根深层每日实测土壤水数据均具有较好的线性关系,这一结果表明利用遥感反演的研究区表层土壤水的变化可以反映根深层土壤水分的变化情况。

图7.20~图7.22所示为本研究布设水分测定仪HOBO测得的2015年重要生长阶段土壤体积含水量数据分布情况,纵坐标为10cm土壤体积含水量,横坐标为40cm土壤体积含水量。在研究区北部齐齐哈尔地区(图7.20)地下水位埋深较浅,土壤深层含水量稳定,对表层土壤水分有一定的补偿作用,浅层土壤水与深层土壤水线性关系较好。中部哈尔滨地区(图7.21)表层土壤含水量整体较低,深层土壤水补充作用明显。南部四平地区(图7.22)深层土壤水含量变动很小,与浅层土壤水相关性较好。三个测点表层10cm与深层40cm土壤水分有较好的相关性。由于东北地区玉米种植密度高,7月玉米处于拔节期,需水量开始明显增大,开始进入玉米生长的关键需水阶段。由于当地玉米植株较高且种植密集,太阳直射土壤表面的时间逐渐减少,对表层土壤水的影响作用开始降低,土壤表层含水量与深层含水量具有较好的线性关系,且具有相近的变化趋势。这一分析结果表明东北研究区遥感土壤水数据在一定程度上可以反映根深层土壤水分的变化情况,利用遥感土壤水开展农业干旱监测和对粮食产量的影响研究是可行的。

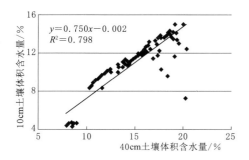

图7.20　2015年7—10月齐齐哈尔10cm与40cm土壤体积含水量散点图

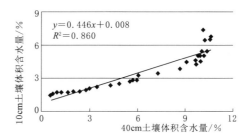

图7.21　2015年7—9月哈尔滨10cm与40cm土壤体积含水量散点图

### 7.4.2　基于遥感土壤水的农业干旱监测评价方法构建

传统干旱监测方法是基于站点采样数据来评估干旱的程度及范围,土壤墒情、气象和水文数据是应用最多的站点数据。站点数据通过经验或统计方法运用不同形式的指数来评价干旱等级,但无法评价大尺度面域旱情。影响干旱的因素有气候、地理、地貌、水文、植被、

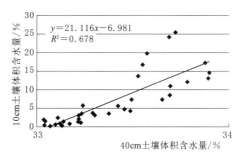

图7.22　2015年7—9月四平10cm与40cm土壤体积含水量散点图

土壤地质条件、人类活动等。某一因素的改变都可能导致旱情的不同，所以任何干旱指标在等级阈值上具有时域专一性和地域专一性。例如，在半湿润地区，生长季的一段时间无雨会发生严重干旱以至于植被生长受到威胁，但对于半干旱地区来说，相同时段内无雨可能是正常的天气情况，植被生长不受到影响。同样，在某个地区导致干旱的条件不一定在另外的地区也会导致干旱，在某个时间导致干旱的条件不一定在另外时段内也会导致干旱。不同的土壤质地，作物受旱的土壤湿度阈值不同，砂性土壤的阈值较小，黏性土壤的阈值较高。

土壤湿度是农业干旱等级的直接指标，国内多采用土壤相对湿度表示，国际上遥感土壤水主要采用土壤绝对湿度—体积含水量来表示。土壤湿度指标通常是基于土壤水分平衡原理和耕作层土壤水分消退模式推算不同生长阶段的土壤水分含量，并根据不同生长状态即正常或缺水状态下对应的土壤水分实测数据作为不同等级干旱判断标准。由于我国国土面积辽阔，跨越不同气候带，区域气候差异较大。为了使指标更准确地反映研究区当地干旱实际情况，该指标在应用时多采用累积频率法对干旱等级标准进行修正，使得修正后的等级标准具有地域专一性，以便较为准确地对当地干旱情况开展定量评价。由于公认的基于遥感土壤水的干旱等级评价标准尚未形成，遥感土壤水在农业干旱监测方面的应用评价受到相当程度的阻碍。基于长时间序列数据累积频率法修正土壤相对湿度干旱等级标准这一方式，为构建遥感土壤水农业干旱等级判断标准提供了研究思路。

研究区遥感土壤水干旱等级评价标准利用累积频率法，以各县旬累积滑动平均后的CCI长时间序列遥感土壤水数据（1979—2013 年）为基础，进行了累积频率分析，划分了针对CCI遥感土壤水的四个干旱等级，并确定了各等级干旱遥感土壤水的阈值。这四个等级分别对应于《旱情等级标准》（SL 424—2008）中四级干旱等级。以海伦县为例（图 7.23），从特大干旱到轻度干旱分别以 2%，7%，15% 和 30% 的累积概率为划分依据。在海伦县，特大干旱对应的CCI遥感土壤水体积含水量为 16.65%，遥感土壤水低于该值，开始进入特大干旱等级；严重干旱的遥感土壤水含量为 18.0%，遥感土壤水低于该值，开始进入严重干旱等级；中度干旱为 19.41%，遥感土壤水低于该值，开始进入中度干旱等级；轻度干旱为 21.50%，遥感土壤水低于该值，开始进入轻度干旱等级；遥感土壤水大于 21.5% 表示无旱。

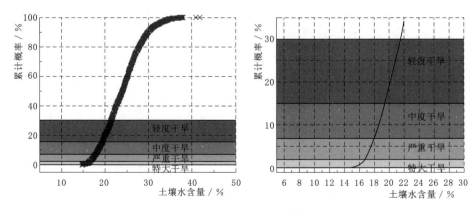

图 7.23  海伦县 CCI 遥感土壤水累积概率分布

通过各县农田区CCI遥感网格土壤水均值的频率分析，求得各县2％、7％、15％和30％四个分位点的遥感土壤水数值，确定了各县（市）CCI遥感土壤水的干旱等级新标准见表7.4，45个县（市）的四个干旱等级标准均不相同，表现了干旱标准在空间上的地域专一性。

表7.4 主要县区CCI遥感土壤水新干旱等级标准

| 县（市） | 特 旱 | 重 旱 | 中 旱 | 轻 旱 |
|---|---|---|---|---|
| 讷河市 | $W \leqslant 15.96$ | $15.96 < W \leqslant 17.11$ | $17.11 < W \leqslant 18.35$ | $18.35 < W \leqslant 20.3$ |
| 克山县 | $W \leqslant 16.52$ | $16.52 < W \leqslant 17.95$ | $17.95 < W \leqslant 19.38$ | $19.38 < W \leqslant 20.88$ |
| 克东县 | $W \leqslant 16.35$ | $16.35 < W \leqslant 17.66$ | $17.66 < W \leqslant 18.96$ | $18.96 < W \leqslant 20.68$ |
| 甘南县 | $W \leqslant 15.98$ | $15.98 < W \leqslant 17.02$ | $17.02 < W \leqslant 17.85$ | $17.85 < W \leqslant 19.31$ |
| 富裕县 | $W \leqslant 13.5$ | $13.5 < W \leqslant 14.33$ | $14.33 < W \leqslant 15.36$ | $15.36 < W \leqslant 16.94$ |
| 依安县 | $W \leqslant 15.63$ | $15.63 < W \leqslant 16.65$ | $16.65 < W \leqslant 17.57$ | $17.57 < W \leqslant 19.17$ |
| 拜泉县 | $W \leqslant 16.38$ | $16.38 < W \leqslant 17.49$ | $17.49 < W \leqslant 18.56$ | $18.56 < W \leqslant 20.5$ |
| 齐齐哈尔市 | $W \leqslant 15.03$ | $15.03 < W \leqslant 16.01$ | $16.01 < W \leqslant 17.2$ | $17.2 < W \leqslant 18.49$ |
| 龙江县 | $W \leqslant 14.1$ | $14.1 < W \leqslant 15.36$ | $15.36 < W \leqslant 16.2$ | $16.2 < W \leqslant 17.59$ |
| 泰来 | $W \leqslant 14.7$ | $14.7 < W \leqslant 15.95$ | $15.95 < W \leqslant 16.82$ | $16.82 < W \leqslant 18.16$ |
| 林甸县 | $W \leqslant 14.69$ | $14.69 < W \leqslant 15.54$ | $15.54 < W \leqslant 16.48$ | $16.48 < W \leqslant 18.03$ |
| 明水县 | $W \leqslant 15.53$ | $15.53 < W \leqslant 16.43$ | $16.43 < W \leqslant 17.55$ | $17.55 < W \leqslant 18.89$ |
| 海伦市 | $W \leqslant 16.65$ | $16.65 < W \leqslant 18$ | $18 < W \leqslant 19.41$ | $19.41 < W \leqslant 21.49$ |
| 绥棱县 | $W \leqslant 17.99$ | $17.99 < W \leqslant 19.12$ | $19.12 < W \leqslant 10.47$ | $10.47 < W \leqslant 22.24$ |
| 庆安县 | $W \leqslant 18.41$ | $18.41 < W \leqslant 19.69$ | $19.69 < W \leqslant 20.76$ | $20.76 < W \leqslant 22.29$ |
| 绥化市 | $W \leqslant 16.87$ | $16.87 < W \leqslant 18.03$ | $18.03 < W \leqslant 19.42$ | $19.42 < W \leqslant 21.2$ |
| 望奎县 | $W \leqslant 16.49$ | $16.49 < W \leqslant 17.6$ | $17.6 < W \leqslant 18.95$ | $18.95 < W \leqslant 21.03$ |
| 青冈县 | $W \leqslant 15.98$ | $15.98 < W \leqslant 17.47$ | $17.47 < W \leqslant 18.66$ | $18.66 < W \leqslant 20.39$ |
| 安达市 | $W \leqslant 13.98$ | $13.98 < W \leqslant 15.29$ | $15.29 < W \leqslant 16.54$ | $16.54 < W \leqslant 18.71$ |
| 兰西县 | $W \leqslant 14.99$ | $14.99 < W \leqslant 16.26$ | $16.26 < W \leqslant 17.58$ | $17.58 < W \leqslant 19.22$ |
| 肇东市 | $W \leqslant 15.53$ | $15.53 < W \leqslant 16.61$ | $16.61 < W \leqslant 17.98$ | $17.98 < W \leqslant 19.87$ |
| 肇州县 | $W \leqslant 14.1$ | $14.1 < W \leqslant 15.27$ | $15.27 < W \leqslant 16.52$ | $16.52 < W \leqslant 18.46$ |
| 肇源县 | $W \leqslant 13.54$ | $13.54 < W \leqslant 15.01$ | $15.01 < W \leqslant 15.92$ | $15.92 < W \leqslant 17.6$ |
| 双城市 | $W \leqslant 16.48$ | $16.48 < W \leqslant 18.09$ | $18.09 < W \leqslant 19.33$ | $19.33 < W \leqslant 21.23$ |
| 哈尔滨市 | $W \leqslant 16.63$ | $16.63 < W \leqslant 17.72$ | $17.72 < W \leqslant 18.91$ | $18.91 < W \leqslant 20.93$ |
| 宾县 | $W \leqslant 16.65$ | $16.65 < W \leqslant 18.87$ | $18.87 < W \leqslant 20.55$ | $20.55 < W \leqslant 22.84$ |
| 巴彦县 | $W \leqslant 16.78$ | $16.78 < W \leqslant 18.18$ | $18.18 < W \leqslant 19.71$ | $19.71 < W \leqslant 21.88$ |
| 扶余县 | $W \leqslant 16.52$ | $16.52 < W \leqslant 17.72$ | $17.72 < W \leqslant 18.94$ | $18.94 < W \leqslant 20.87$ |
| 前郭 | $W \leqslant 15.74$ | $15.74 < W \leqslant 16.83$ | $16.83 < W \leqslant 17.99$ | $17.99 < W \leqslant 20.03$ |
| 乾安县 | $W \leqslant 15.24$ | $15.24 < W \leqslant 16.3$ | $16.3 < W \leqslant 17.65$ | $17.65 < W \leqslant 19.76$ |
| 长岭县 | $W \leqslant 14.38$ | $14.38 < W \leqslant 15.61$ | $15.61 < W \leqslant 17.24$ | $17.24 < W \leqslant 19.59$ |

续表

| 县（市） | 特 旱 | 重 旱 | 中 旱 | 轻 旱 |
|---|---|---|---|---|
| 农安县 | $W \leq 15.1$ | $15.1 < W \leq 16.68$ | $16.68 < W \leq 18.37$ | $18.37 < W \leq 20.82$ |
| 德惠市 | $W \leq 16.05$ | $16.05 < W \leq 17.55$ | $17.55 < W \leq 18.72$ | $18.72 < W \leq 21.31$ |
| 榆树市 | $W \leq 17.84$ | $17.84 < W \leq 19.3$ | $19.3 < W \leq 21.11$ | $21.11 < W \leq 23.13$ |
| 九台市 | $W \leq 16.7$ | $16.7 < W \leq 18.56$ | $18.56 < W \leq 20.28$ | $20.28 < W \leq 22.18$ |
| 公主岭市 | $W \leq 14.99$ | $14.99 < W \leq 16.64$ | $16.64 < W \leq 18.44$ | $18.44 < W \leq 20.95$ |
| 双辽市 | $W \leq 11.36$ | $11.36 < W \leq 12.49$ | $12.49 < W \leq 13.81$ | $13.81 < W \leq 16.06$ |
| 梨树县 | $W \leq 13.66$ | $13.66 < W \leq 15.45$ | $15.45 < W \leq 17.02$ | $17.02 < W \leq 19.17$ |
| 四平市 | $W \leq 14.52$ | $14.52 < W \leq 17.25$ | $17.25 < W \leq 18.26$ | $18.26 < W \leq 21.04$ |
| 伊通满族 | $W \leq 15.35$ | $15.35 < W \leq 17.46$ | $17.46 < W \leq 19.24$ | $19.24 < W \leq 21.39$ |
| 东辽县 | $W \leq 15.25$ | $15.25 < W \leq 17.22$ | $17.22 < W \leq 18.68$ | $18.68 < W \leq 20.64$ |
| 辽源市 | $W \leq 15.32$ | $15.32 < W \leq 17.87$ | $17.87 < W \leq 19.85$ | $19.85 < W \leq 22.22$ |
| 东丰县 | $W \leq 16.65$ | $16.65 < W \leq 18.25$ | $18.25 < W \leq 20.25$ | $20.25 < W \leq 22.04$ |
| 梅河口市 | $W \leq 15.96$ | $15.96 < W \leq 17.49$ | $17.49 < W \leq 19.19$ | $19.19 < W \leq 21.26$ |
| 松原市 | $W \leq 16.52$ | $16.52 < W \leq 17.72$ | $17.72 < W \leq 18.94$ | $18.94 < W \leq 20.87$ |

注 $W$ 表示遥感土壤水，即土壤体积含水量，单位：%，$m^3/m^3$。

**1. 遥感土壤水农业干旱等级评价方法的优势**

四分法农业干旱等级对应的频率分位点见表 7.5。本研究提出的方法采用以日为时间尺度的遥感土壤水数据，每景数据覆盖率高，对干旱状况的监测具有较高时间分辨率。基于以上两点优势，利用 CCI 数据构建研究区干旱监测等级评价标准，可以提高干旱标准的准确性。

**表 7.5 累积频率划分等级标准**

| 所占比重 | 累积频率 | 干旱等级 | 所占比重 | 累积频率 | 干旱等级 |
|---|---|---|---|---|---|
| 2% | 0～2% | 特大干旱 | 15% | 15%～30% | 轻度干旱 |
| 5% | 2%～7% | 严重干旱 | 70% | 30%～100% | 无旱 |
| 8% | 7%～15% | 中度干旱 | | | |

本研究将频率法应用于东北研究区遥感土壤水干旱等级标准的确定，生成以县级行政区为单元的具有空间异质性的干旱等级新标准，再根据融合遥感土壤水开展农业干旱监测与评价。本研究基于 CCI 遥感土壤水数据频率分析和遥感融合土壤水构建的遥感土壤水农业干旱等级评价方法的应用步骤如下。

（1）将各县旬累积滑动平均后的 CCI 长时间序列遥感土壤水进行频率分析，选取 2%、7%、15% 和 30% 分位点的对应的遥感土壤水含量分别作为特大干旱、严重干旱、中度干旱和轻度干旱的标准阈值。生成了一套以县级行政区为单位的遥感土壤水干旱等级判断新标准。

（2）利用上节研究得到的实时更新的融合 SMOS 数据，对研究区内农业干旱等级进行实时评价。融合 SMOS 数据时间段为 2010—2015 年。

（3）在相同时段内，利用实测站点土壤相对含水量数据根据《旱情等级标准》（SL 424—2008）对干旱进行评价。

2．CCI 遥感土壤水频率空间分析

通过对研究区内各遥感网格 CCI 历史数据计算累积频率，得到四个干旱等级对应的四个分位数的 CCI 遥感土壤水空间分布。四个分位点遥感土壤水在空间上有着相似的分布特征。研究区范围内自东向西，遥感土壤含水量逐渐降低。这一差异是当地气候、土壤等条件的综合体现。东北和东南地区靠近山脉，降水多土壤含水量高，干旱等级标准也高。在东部出现特大干旱的土壤含水量数值，可能在西部地区并不干旱。从区域内部比较来看，西北部地区 30% 分位点对应的轻度干旱发生的阈值较低，西南部 2% 分位点对应的特大干旱发生的阈值较低。为此在研究区内不同地区设定不同的遥感干旱等级标准，实施不同的干旱管控具有非常重要的现实指导意义。

# 7.5　基于遥感土壤水的粮食灾损研究

有旱情不一定有旱灾，为了回答旱情发展到何种程度会出现旱灾的问题，本书进一步对遥感土壤水与粮食产量关系进行了分析，来确定旱灾出现时的遥感土壤水分阈值。农业旱灾损失研究是基于粮食产量模型开展的，模型要体现两点：一是能够体现旱灾的影响，反映粮食因旱损失量或因旱损失率；二是在不同生长阶段能够预测可能的旱灾损失。考虑到遥感土壤水分的特性，统计模型更适合建立遥感土壤水与粮食产量的关系模型。本书通过对东北春玉米不同生长期土壤水分胁迫对产量的影响分析，利用两种不同机理的粮食产量统计模型，基于生成的融合遥感土壤水数据产品构建了双模型模拟校核体系，来分析作物不同生长期遥感土壤水对粮食产量的影响。尝试确定东北粮食主产区旱灾发生时所对应的玉米生长期遥感土壤水阈值，并对干旱敏感期内出现的农业干旱等级和可能导致的农业旱灾等级进行对应关系分析。本书研究成果可为开展农业旱灾预警提供参考。

本书粮食灾损等级标准采用中华人民共和国水利行业标准《干旱灾害等级标准》（SL 663—2014）中农业干旱灾害等级标准中的粮食因旱损失率指标进行旱灾等级的判断。干旱的发生机理复杂，在受到各种自然条件如降水、温度、地形、土壤等影响的同时，还受到人为因素影响，如农田管理、品种选择等。本研究在假设表征受人为影响、科技进步趋势的产量部分保持稳定不变的基础上，通过拟合趋势产量完成对各县气象产量的分离，构建以遥感土壤水、气温和日照时数为自变量，气象产量为因变量的关系双模型，分析遥感土壤水变化对粮食损失的定量影响。

## 7.5.1　粮食产量模拟模型

构建粮食产量关系模型常用的方法主要分为基于统计分析和基于数值模拟两大类。由于数值模拟模型中考虑了作物生长的物理机制，其参数众多难获取、可操作性差、模拟结果不确定性强，而且遥感土壤水表征土壤表层 5cm 含水量无法直接参与机理过程的计算。基于本书对遥感表层土壤水和根层土壤水分关系的分析，本研究区内土壤表层水分动态变化可以反映深层土壤水分变化的情况，因此利用遥感土壤水开展作物产量统计关系模型构建是可行的。现有气象站点资料中缺乏太阳辐射数据，本研究以日照时数表征太阳辐射。通过同时建立多元线性回归和非线性神经网络两种不同模拟机理的模型，在研究区开展基于融合遥感土壤水、气温、日照时数三个指标在各个生长阶段的粮食产量关系构建与分析。本文构建的双模型模拟校核体系首先是基于多元线性回归模型中的逐步回归法，结合研究区文献研究结果，遴选以玉米为主要作物不同生长阶段的关键影响因子，构建粮食气象产量多元回归模型。利用多元线性回归模型识别出的关键自变量，构建 BP 神经网络非线性模型，组成双模型校核体系。双模型校核体系通过对研究区内模拟结果以及和情景模拟结果的相互校验，结果一致可以证明模拟结果可靠并可据此开展旱灾阈值研究。通过两个模型的样本模拟结果相互校验后，设定多组遥感土壤水条件情景，预测不同情景条件下可能的粮食产量及粮食损失，对情景下遥感土壤水和粮食减产情况关系分析，确定研究区发生旱灾时对应的遥感土壤水阈值。

1. 多元线性回归

本研究选取作物生长关键阶段中融合遥感旬值土壤水、旬平均气温和旬日照时数三个变量，构建与粮食产量之间的多元线性回归方程。多元回归方程公式如下，通过优化得到回归系数 $a_0$，$a_1$，$a_2$，…。

$$y = a_0 \times x_1 + a_1 \times x_2 + a_2 \times x_3 + \cdots \tag{7.16}$$

进行线性回归时，方程判断指标 $R^2$ 表征回归平方和与总离差平方和的比值，这一比值越大，模型越精确，回归效果越显著。从数值上说，$R^2$ 介于 $0 \sim 1$，越接近 1，回归拟合效果越好，一般认为超过 0.8 的模型拟合精度较高。在多元回归方程中，当不断添加变量使模型变得复杂时，复决定系数 $R^2$ 会变大（模型的拟合精度提升，而这种提升是虚假的）。为了消除自变量增多造成的假象，对 $R^2$ 调整得到的系数称为调整 $R^2$。调整 $R^2$ 是考虑了变量个数对决定系数的影响，当加入的变量没有统计意义的时候，校正的决定系数会变小。在实际应用中决定系数和调整决定系数与自变量的取值范围也有一定关系。当取值范围比较小时，调整决定系数会变大，同时误差均方也很大，这就导致了 $y$ 的估计值的取值范围很大，这就失去了回归方程的意义。另外一个判断指标为 $P$ 值（SPSS 中显示为 Sig.），当该值小于 0.05 时，表示具有显著的统计学意义，当该值小于 0.01 时，表明具有非常显著的统计学意义。多元线性回归在 SPSS 软件中进行，结合文献总结，利用逐步回归法选择模型自变量。

2. 人工神经网络

人工神经网络是被广泛使用的非线性复杂网络系统，以其健全性与容错性等独特性能引起广泛关注。BP（Back Propagation）神经网络对输入输出样本的学习过程是调整网络权值使网络的实际输出和样本输出之间的误差 $E$ 逐步减少到规定精度的过程，实际是一个非线性优化问题。

在本研究中，利用多元线性回归分析得到的敏感时期敏感变量作为神经网络模型的数据，通过网络学习，建立起神经网络模型模拟各县粮食单产的训练参数，据此进行模型的验证和情景预测。

BP 神经网络模型的学习过程是利用梯度下降法，通过误差的反向传播不断调整中间网络的权重和阈值，得到最小误差平方和完成训练过程。BP 网络模型的拓扑结构包括三层，即输入层、隐含层和输出层。反向传播算法分正向传播和反向传播两步。BP 神经网络模型的训练过程包括以下几步：

（1）网络初始化：根据输入输出，确定输入、输出层和隐含层的节点数，初始化输入层、输出层和隐含层神经元之间的连接权值 $\omega_{ij}$、$\omega_{jk}$，初始化隐含层和输出层阈值，给定学习速率和神经元激活函数。

（2）隐含层输出计算：根据输入层和隐含层间连接权值 $\omega_{ij}$ 以及隐含层阈值 $a$，计算隐含层输出 $H$。

$$H_j = f(\sum_{i=1}^{n} w_{ij}x_i - a_j) \quad (j=1,2,\cdots,l) \tag{7.17}$$

式中：$l$ 为隐含层节点数；$f$ 为隐含层激活函数即神经元的传递函数，一般采用 Sigmoid 型函数，如下式所示：

$$f(x) = \frac{1}{1+e^{-x}} \tag{7.18}$$

（3）输出层输出计算：根据 $H$、$\omega_{ij}$、$b$，计算网络预测输出。

$$O_k = \sum_{j=1}^{l} H_j w_{jk} - b_k \quad (k=1,2,\cdots,m) \tag{7.19}$$

（4）误差计算：根据网络预测输出和期望输出，计算网络预测误差 $e$。

$$e_k = Y_k - O_k \quad (k=1,2,\cdots,m) \tag{7.20}$$

式中：$Y_k$ 为期望输出。

（5）权值更新：根据网络预测误差 $e$ 更新网络连接权值 $\omega_{ij}$、$\omega_{jk}$。

$$\omega_{ij} = \omega_{ij} + \eta H_j (1-H_j) x(i) \sum_{k=1}^{m} \omega_{jk} e_k \quad (i=1,2,\cdots,n; j=1,2,\cdots,l) \tag{7.21}$$

$$\omega_{jk} = \omega_{jk} + \eta H_j e_k \quad (j=1,2,\cdots,l; k=1,2,\cdots,m) \tag{7.22}$$

式中：$\eta$ 为学习速率。

（6）阈值更新：根据网络预测误差更新网络节点阈值。

$$a_j = a_i + \eta H_j (1-H_j) \sum_{k=1}^{m} \omega_{jk} e_k \quad (j=1,2,\cdots,l) \tag{7.23}$$

$$b_k = b_k + e_k \quad (k=1,2,\cdots,m) \tag{7.24}$$

（7）判断算法迭代是否结束，若没有结束，返回步骤（2）。

BP 网络算法是一种监督式学习算法，其计算思想是通过输入学习的样本，利用反向传播算法反复调整训练网络的权重和偏差，使得输出向量不断逼近期望向量。当输出的误差平方和小于预设的误差时，训练过程结束，保存此时网络模型的参数、权重和偏差，用来开展模拟与预测。神经网络算法作为非线性回归算法的一种，通过在研究区内对样本数据的反复学习，得到对粮食单产的模拟值，其参数和权重值保存后可以进行情景的模拟和预测。

## 7.5.2　研究区分区

考虑到不同地区的区域特点以降低研究对象的空间异质性，本研究根据研究区多年生长季平均气温和多年平均降水量，将研究区范围划分为四个分区（北部、东南部、西南部、西北部）。研究区北部被大小兴安岭包围，温度低降水多，多年生长季均温约 18℃，多年平均降水约 550 mm；东南部为长白山脉，整个东部地区降水丰富，年降水约 600mm，靠近山脉县区多年生长季均温约 19℃，其他区县温度较高；西南部临近内蒙大陆性气候，生长季炎热干燥，年降水约为 500mm；西北部干燥少雨，年降水处于 400～500mm，生长季均温为 19℃。在模型构建过程中，同一分区内各县级行政区各年统计数据作为一个分区的样本。在遥感土壤水粮食灾损研究中，以四个分区为研究单元，拟通过分区内构建粮食产量双模型模拟校核体系，结合情景设定，分析各农业干旱等级可能造成的旱灾损失以及旱灾出现时对应的遥感土壤水阈值。

### 7.5.3 粮食产量双模型模拟体系构建

多元线性回归模型具有模型难建立但各自变量影响易于解释的特点，神经网络模型具有模型易建立但内部参数不易解释且无法具备明确关系模型的特点。因此本研究将同一分区内所有样本利用相关矩阵结合文献调研，筛选分区内对粮食产量敏感的自变量（包括不同时段的影响因子），通过 SPSS 逐步回归确定自变量并构建分区多元线性回归模型。采用同样的自变量建立神经网络模型，构建双模型模拟校核体系。通过设定不同遥感土壤水分情景，开展遥感旱灾土壤水阈值的确定。双模型在样本模拟和情景模拟两部分进行相互校验，保证模拟结果的可靠性。由于受土壤水和气象因素影响的粮食产量为气象产量部分，首先对气象产量数据从统计粮食单产中进行分离。

1. 粮食气象产量分离

影响粮食产量的因素包括社会因素和自然因素两大部分，社会因素的影响表现在科技和生产力水平的提高使得粮食产量逐步递增，这部分产量称为趋势产量，具有渐进性和相对稳定的特性；自然因素的影响主要表现在由于年际间自然条件波动造成的产量变化，由于在同一地区下垫面属性较为稳定，变动的自然因素主要指气象条件和土壤水分，因此由气象和土壤水分等条件改变引起的变化部分称为气象产量，具有波动性；此外，由其他因素变动引起的变化部分称为随机产量，这部分占比很少可忽略不计。在临近地区，趋势产量被认为是基本相同的，此时干旱引起的产量波动部分为气象产量。从粮食单产中分离出气象产量的方法众多，基本思路是通过对稳定的趋势产量进行拟合，从实际粮食单产中扣除趋势产量即为气象产量。趋势产量拟合的主要方法有：回归分析法、滑动平均法、滤波法、调和权重等。粮食实际单产与趋势产量、气象产量关系如下式所示：

$$Y = Y_t + Y_w \tag{7.25}$$

式中：$Y$ 为实际粮食产量（单产）；$Y_t$ 为趋势产量（单产）；$Y_w$ 为气象产量（单产）。

$$Y_w = Y - Y_t \tag{7.26}$$

为定量评估干旱对农作物产量的影响，旱灾评估指标选取是关键。水利行业标准《干旱灾害等级标准》（SL 663—2014）中规定的农业旱灾评估指标主要有粮食因旱损失量和因旱损失率，适用于不同粮食收获类型的因旱损失评估。由于研究区地域跨度大，粮食因旱损失率的评价更有可比性。粮食因旱损失率指粮食因旱损失量与正常年粮食总产量的比值，其计算公式如下：

$$P_{gl} = \frac{Y_{gl}}{Y_{gt}} \times 100\% \tag{7.27}$$

式中：$P_{gl}$ 为研究区粮食因旱损失率，%；$Y_{gl}$ 为研究区粮食因旱损失量；$Y_{gt}$ 为研究区正常年份或夏（秋）粮的粮食总产量。标准中根据粮食因旱损失率 $P_{gl}$ 对旱灾等级划分为轻度、中度、重度、特大旱灾四个等级。这一标准以多年旱灾损失统计和典型实验成果数据为依据，正常年份的粮食产量较难获悉，从而影响损失评估的准确性。研究表明，在一个地区连续数年出现气象灾害是比较常见的，比如在旱灾发生频率较高的地区连续出现几年的现象时有发生，加上其他灾害的影响，连续年份会继续延长。统计记录的数据可能包括了几种灾害的叠加影响，因此单一旱灾的准确定量评估需要继续开展大量研究。相关研究中利用长时间序列粮食统计产量，拟合出表征无灾状态下期望产量曲线，以期望产量与实际产量之差表示气象灾害减产量，气象灾害减产量与期望产量比值表示气象灾损率。在缺乏长时间序列粮食产量数据时，也有研究利用趋势产量代替期望产量，计算粮食因旱减产率。

由于在东北研究区统计年鉴粮食产量数据时间序列较短，且干旱发生频率高，无法拟合较为准确的期望产量曲线。因此本研究采用趋势产量代替期望产量，结合分离的气象产量，构建粮食因旱减产率，其计算公式如下式所示。

$$Y_r = \frac{Y_w}{Y_t} \times 100\% \tag{7.28}$$

式中：$Y_r$ 为相对气象产量，当 $Y_r < 0$ 时，表示减产率。

研究区范围内各县统计年鉴收录到的数据时间长短不一，最长范围为 1990—2013 年，因此本研究采用三年滑动平均求取各县的趋势产量。以前郭尔罗斯蒙古族自治县玉米单产和趋势产量逐年分布情况为例，如图 7.24 所示。

在玉米实际产量时间序列中，趋势产量占比一般为 65%～85%，如果拟合得到的趋势产量与实际单产相关性维持在这个范围之间，可以认为趋势产量较理想。实际上，气象对产量的效应有正有负，当气象因素对产量有正效应时，趋势占比是上文的 65%～85%，同理当气象因素对产量有负效应时，趋势占比约 120% 左右。由于某个区域范围内生产力水平投入的相似性，且临近地区的气候产量同样具有较强的相似性，其趋势产量变化特征基本一致。通过以上两点的对比，可以判断某个地区分离得到的气象产量或趋势产量是否可靠。另外，统计部门发布的由于气象灾害引发的粮食减产率等相关数据也可以作为气象产量准确性的一种判断方法。根据研究区范围内各县趋势产量占比的直方图（图 7.25）可知，大部分趋势产量占比处于 80%～120%，符合前文介绍的占比。通过将各县级行政区内分离的趋势产量数据对比发现，在临近地区趋势产量变化一致。如图 7.26 所示，扶余县与前郭尔罗斯蒙古族自治县，农安县和德惠市，东丰县和东辽县，富裕县和龙江县，讷河市和克山县，巴彦县、肇源县、肇州县、望奎县和双城市，安达市、青

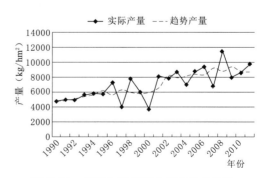

图 7.24　前郭尔罗斯蒙古族自治县玉米实际产量与趋势产量变化

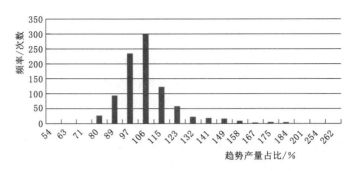

图 7.25　研究区各县趋势产量分布频率占比直方图

冈县、肇东市、明水县和庆安县等，几组县区由于地理位置相近、气候相似，粮食趋势产量具有相似的变化特征。基于以上两点，根据三年滑动平均求算的各县粮食趋势产量基本符合实际情况。如若粮食单产数据量足够，可以对几种常用的分离方法进行比对分析，由于本研究区内搜集到的数据有限，对比分析不在本研究研究范围之内。

在研究区内各县分离出的气象产量有正有负，说明气候变化对粮食产量的影响有正、负效应之分。相关研究也表明东北地区近 30 年气象产量不存在显著的变化趋势，气象产量的分布随着气候变化是随机离散形式的。基于遥感土壤水以及气象因子构建关系产量模型，以各县气象产量（单产）作为模型因变量。

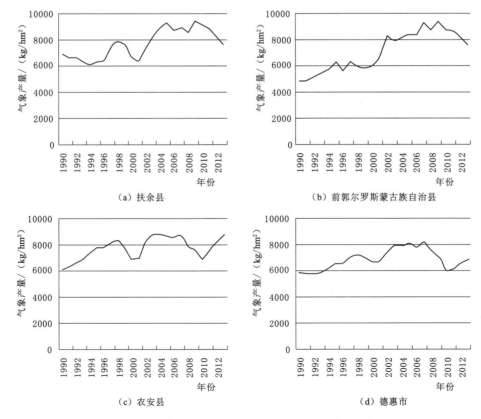

图 7.26（一）　研究区部分县区粮食趋势产量时间变化特征

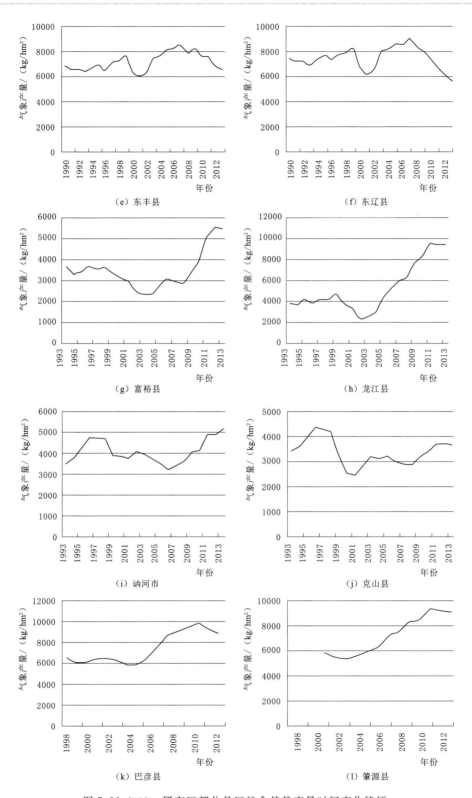

图 7.26（二）  研究区部分县区粮食趋势产量时间变化特征

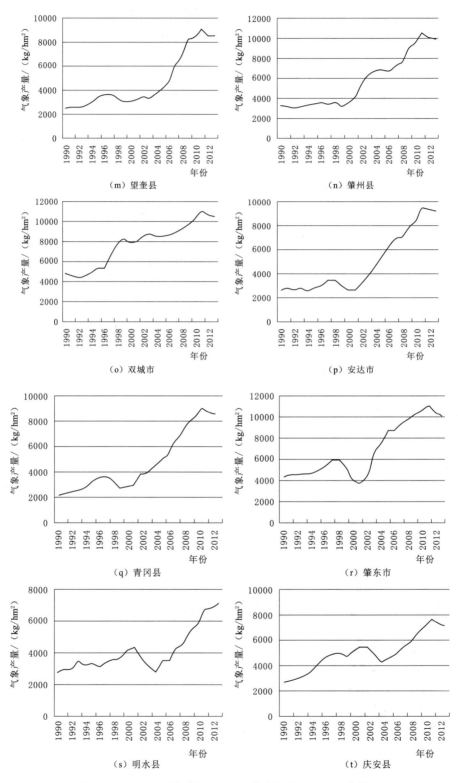

图 7.26（三） 研究区部分县区粮食趋势产量时间变化特征

2. 主要作物物候期影响因子分析

近年来由于东北地区的气候变化对玉米物候期带来一定影响。东北地区春玉米分为苗期、拔节期、抽雄期、灌浆期和成熟期，各生长阶段的起止日期见表7.6。根据研究区近年来气象旬报资料（来源于吉林省、黑龙江省两省气象科学所），7月上旬玉米大部分进入拔节期；7月中旬进入拔节末期；7月下旬玉米普遍进入抽雄期；8月上旬大部分玉米进入灌浆初期；8月中旬部分地区玉米开始进入乳熟期，此时玉米扎根较深；8月下旬至9月上旬玉米普遍处于乳熟期至成熟期，此时需要适宜气温并保持充足的光照，对玉米灌浆十分有利；北部地区如若出现霜冻则影响灌浆；9月中旬玉米相继进入成熟期，此时较高气温、充足光照、适宜的土壤水分适合作物成熟；9月下旬玉米处于普遍成熟期，少量降水和充足的光照适宜作物后期的成熟和收获。

表 7.6                         研究区春玉米生育期时段

| 生长阶段 | 时　间　段 | 生长阶段 | 时　间　段 |
| --- | --- | --- | --- |
| 苗期 | 5月下旬至6月下旬 | 灌浆期 | 8月上旬至9月上旬 |
| 拔节期 | 7月上旬至7月下旬 | 成熟期 | 9月上旬至9月下旬 |
| 抽雄期 | 7月下旬至8月上旬 | | |

对玉米不同生育时期水分胁迫的研究表明，任何生长阶段的土壤水分不足均会导致玉米减产，其中抽雄—灌浆期水分胁迫减产最严重，其次是拔节期，苗期相对较轻。相关研究通过对东北地区气象因子分时段与粮食产量建立关系发现，黑龙江省西部地区8月上旬—中旬的土壤水对粮食产量具有重要影响，吉林省中部地区6月平均气温、8月平均气温和9月降水量对粮食产量具有重要影响。在北方地区，土壤含水量对玉米产量在整个生长季多为正效应，尤其在非灌溉的雨养农田区，土壤含水量越高产量也越高，也表明水分是这些地区玉米生产的主要限制因子。除了土壤含水量，对作物生长有重要影响的气象因子还有温度和太阳辐射（日照时数）。玉米在发育初期和末期，温度偏高有利于产量的提高，东北地区玉米生长后期较高的温度条件可促使玉米成熟完全，但在抽雄灌浆期内的高温也会导致粮食减产的发生。黑龙江省的6—8月是作物生长发育的主要时期，若该时期内温度较正常水平偏低，则会因热量不足造成农作物的贪青晚熟而导致减产。

3. 分区多元线性回归模拟

本研究利用1979—2013年的遥感融合土壤水数据集，以四个分区内各县1991—2013年5—9月各旬的平均气温和日照时数作为候选自变量，与粮食单产数据（最长时段为1990—2013年）构建基于遥感土壤水的粮食产量关系双模型，并以此预测未来不同干旱状况下粮食灾损率情况。在粮食产量关系构建过程中的时间尺度为旬，主要粮食作物——玉米关键生长阶段中的遥感土壤水、气象因子（自变量）以及气象产量（因变量）作为模型输入，以分区内所有数据作为分区的样本构建关系模型。由于变量间不符合双变量正态分布的假设，本研究在做逐步回归分析之前，通过SPSS软件计算7月上旬到9月中旬各旬的土壤水、平均气温和日照时数与气象产量的Spearman秩相关系数，分析各自变量对气象产量的相关关系。结合文献调研，与粮食产量存在显著相关关系的气象因子（显著性水平 $\alpha = 0.05$）参与逐步回归。通过逐步回归筛选出关系模型自变量并构建粮食产量模型。

采用逐步回归可以使得所有自变量通过显著性检验，且能够克服自变量间的多重共线性，以得到最佳回归方程。

四个回归方程的显著性检验小于 0.01，所有系数的显著性检验小于 0.05（大部分小于 0.01），西南区方程调整 $R^2$ 最高为 0.47，北区方程调整 $R^2$ 为 0.41，但东区和西北区方程调整 $R^2$ 偏低，使得方程拟合结果与气象产量值有较大误差。模型不理想与气象产量分布的随机离散性有较大关系，较难采用同一方程表达，也不排除气象产量求算不合理等其他原因。从影响因子来看，气温和日照时数是主要影响因子，北区在降水较少的 9 月中旬遥感土壤水敏感；东区降水较充沛，土壤水不是敏感因子；西南区和西北区分别于 7 月上旬和 7 月下旬遥感土壤水敏感。从作物生长阶段来看，虽然抽雄—灌浆期（7 月下旬至 9 月上旬）水分胁迫对作物产量影响最显著，是生理角度的土壤水分敏感期，但在实际情况中由于受到降水分配的影响，研究区拔节期的土壤水分成为玉米生长的敏感因子。四个分区模拟粮食气象产量和实际气象产量散点图如图 7.27～图 7.30 所示，其中西南区模拟结果与实测结果最接近。

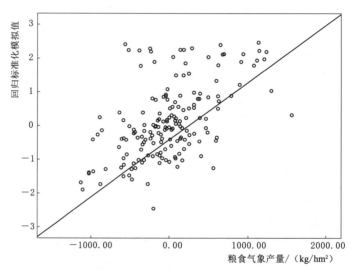

图 7.27　北区模拟和实际气象产量的散点图

在北区，土壤深层含水量较高，作物在生长过程中基本不会受到地表土壤水分的制约，构建的多元回归模型中主要为气温和日照时数两种因子。8 月上旬玉米处于灌浆期，温度偏高会带来减产，温度每升高一度，粮食单产将会减少 142.5kg/hm²；9 月上旬北部玉米普遍进入乳熟期，需要较高温度且要避免霜冻，温度每升高一度，粮食单产将会增加 109kg/hm²；9 月中旬玉米进入成熟期，此时需要适宜的水分和温度，温度每升高一度，将减产 118.6kg/hm²，而此时土壤含水量每增加 1％，则会增产 30.2kg/hm²。东区东部是长白山脉，土壤含水量较高，生长过程中作物不会受到地表土壤水含量的制约，气温和光照成为主要影响因素，多元回归模型中也识别出气温和日照时数两种因子。8 月中下旬玉米进入乳熟期，此时需要适宜的温度和光照，温度每升高 1℃，粮食减产 154.6kg/hm²；9 月上旬大部分玉米进入成熟期，少部分处于灌浆期末尾，需要较高温度，温度每升高一度增产 98.8kg/hm²。西北地区较为干燥，7 月下旬玉米处于拔节期，玉米根系较

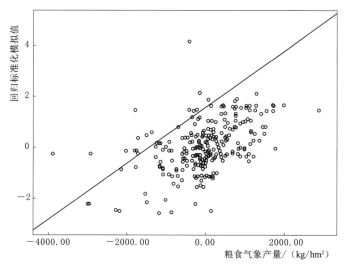

图 7.28　东区模拟和实际气象产量的散点图

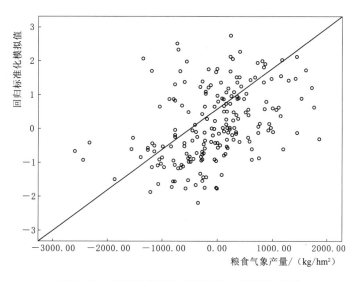

图 7.29　西北区模拟和实际气象产量的散点图

浅且需水量较大，此时表层土壤水含量每增加 1%，则会增产 44.8kg/hm$^2$；8 月上旬温度升高一度将减产 152kg/hm$^2$。西南区是研究区内温度较高且干燥的地区，7 月上旬玉米处于耗水量大的拔节期，且玉米根系较浅，对表层土壤含水量十分敏感，此时表层土壤水每增加 1%，则会增产 149.3kg/hm$^2$；8 月上旬和下旬玉米处于灌浆期，温度过高将影响产量，此时每升高一度将分别减产 538.6、548.4kg/hm$^2$；9 月上旬温度每升高 1℃，产量减产 281kg/hm$^2$。从四个分区各因素对粮食产量影响大小来看，西南区遥感土壤水和气温对粮食产量的影响最大，温度均呈显著的负效应，土壤水为显著的正效应。日照时数对粮食产量的影响是波动的，两者无显著相关关系，这一变化与其他学者的相关研究结果一致，因此本研究只针对遥感土壤水和气温对产量的影响展开研究。

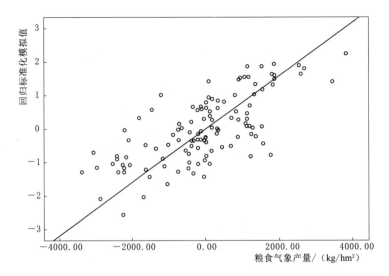

图 7.30　西南区模拟和实际气象产量的散点图

在整个研究区内遥感土壤水和气温对产量的影响具有较好的一致性，遥感土壤水在北部、西南和西北区分别检测出 9 月中旬（成熟期）、7 月（拔节期）对产量敏感，这与三个地区的气候条件有关。北部地区较为湿润，在成熟之前土壤水分足够维持玉米生长需水量，9 月中旬在北区容易出现干旱，因此也检测出高温对产量的负效应，所以这时适当提高土壤含水量可以缓解干旱提高产量。西北和西南地区本身干旱少雨，拔节期和抽雄期根系浅耗水量大，因此提高土壤表层含水量可提高产量。8 月份的气温在四个地区均对产量有负效应，此时玉米处于灌浆期扎根较深，是生长的关键时期，需要适宜的温度、光照和水分条件，整个研究区内深层土壤水基本可以维持供水量，但温度过高导致失水干旱、光合速率降低则会带来减产。9 月玉米进入成熟期，需要较高温度和光照，促进灌浆成熟，因此 9 月上旬的温度对产量主要是正效应，西南地区由于本身温高少雨，8 月到 9 月的温度在这里都是负效应，北区 9 月中旬易发生干旱，因此温度也是负效应。综上分析，研究区西北和西南部，温度负效应显著，积温增加反而减少粮食产量，同时土壤水分正效应突出，水分增加粮食产量大幅提高，这与其他学者的研究结果一致。

4. 典型分区识别

四个分区内各因子对产量的影响效应见表 7.7。综合各因子对产量影响的程度，8 月、9 月温度对粮食产量的正、负效应贡献都很高，尤其 8 月的减产效应，在西南区比较明显。可以看出在西南高温干燥地区，温度的负效应比较显著。遥感土壤水在 7 月和北区的 9 月中旬都是正效应，在高温干燥的西南地区，遥感土壤水分对产量的正效应是 149.3（kg/hm²)/％，正效应是最显著的。东区较为湿润，土壤水不是敏感因子。通过以上分析，研究区范围内四个分区识别出来的多元线性回归方程基本可以表征当地表层土壤水和气象条件对产量的影响，符合当地玉米生长的实际情况，也与相关研究结果较为一致。四分区中西南区多元回归方程拟合效果最佳。多元回归方程识别出来的重要影响因子可以作为神经网络模型的输入变量，以此来构建双模型模拟校核体系，分析遥感土壤水对粮食产量的影响。

**表 7.7** 遥感土壤水和气温对各分区产量的影响效应

| 分区 | 遥感土壤水 | 气　温 | |
|---|---|---|---|
| | 正效应 | 正效应 | 负效应 |
| 北区 | 9 月中旬（成熟期） | 9 月上旬（成熟期） | 8 月上旬；9 月中旬（灌浆—成熟期） |
| 东区 | — | 9 月上旬（成熟期） | 8 月中旬；8 月下旬（灌浆期） |
| 西南区 | 7 月上旬（拔节期） | — | 8 月上旬；8 月下旬；9 月上旬（灌浆期） |
| 西北区 | 7 月下旬（抽雄期） | — | 8 月上旬（灌浆期） |

**注** "—"表示没有识别。

通过分析四区中遥感土壤水和气温绝对效应（系数绝对值），在干燥高温的西南区，土壤水和气温的绝对效应都是最高的，即对产量的影响作用非常显著，在气候变暖大背景下，西南区干旱灾害将更加突出，土壤水协同高气温造成粮食产量负效应的概率较高，是急需开展旱灾模拟和预警的地区。西南区包括：双辽市区、长岭县、乾安县、前郭尔罗斯蒙古族自治县、扶余县、松原市区、肇源县、泰来县，共 6 个县级行政区和 2 个市区。从生态环境角度，西南区靠近内蒙古地区，处于农牧交错地带，其生态环境在不受人类干扰的情况下具有隐性的敏感性和脆弱性，在强烈人为活动或气候变化影响下，环境的敏感性和脆弱性会很快以灾害的形式显现出来。在缺水和高温的状态下，该地区农田区域将以旱灾的形式呈现。从土壤属性参数角度，西南地区分布有草原风沙土，土壤有效含水量平均为 9.1%，是研究区土壤含水量最低的区域，其土壤保水能力略差，作物生长时期对土壤水分十分敏感。而东区和北区土壤水分较为充足，遥感土壤水对粮食产量影响较弱，西北区回归方程精度较差，得到的结果无法较准确表明当地情况。综合以上分析，本研究选取西南区作为典型区域，开展双模型校验和土壤水旱灾阈值的确定研究。

典型区内粮食相对气象产量数据频率分析如图 7.31 所示，相对气象产量负值表示气象的负效应即干旱引起的减产率，正值表示气象的正效应。在典型区 119 个样本中，粮食出现减产 53 次，多年粮食因旱减产累积频率达到 44.5%，是粮食旱灾高发地区。

5. 典型区样本双模型模拟校核

在本研究中，利用多元线性回归分析得到的模型自变量作为神经网络模型的输入数据，以样本中大部分数据作为训练数据，少部分数据作为验证数据。通过学习，建立起神经网络模型模拟各县粮食单产的训练参数，据此进行模型的验证和情景预测。通过在模型样本模拟和情景模型两个阶段，与多元线性回归模型模拟结果进行相互校验，以验证两个模型模拟结果的可靠性。

本研究对神经网络算法做了改进，改进后训练和验证过程可以同时开展，且在每次参数初始化时可以同时展示训练和验证的结果，据此来选择可能的最佳参数组。典型区神经网络模型通过学习训练和

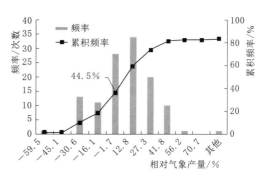

图 7.31　典型区各县粮食相对气象产量分布直方图

验证，得到了拟合关系较好的模型，图 7.32 为典型区神经网络模型训练和验证的结果，训练和验证两个阶段模拟产量与实测产量的趋势线非常接近。表 7.8 展示了典型区训练和验证的误差，$R^2$ 和 Nash 效率系数在两个阶段均大于 0.45，神经网络模拟模型效果较为理想。

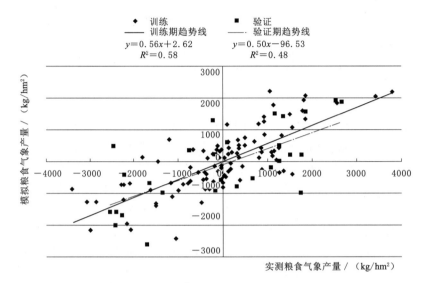

图 7.32　典型区神经网络模型训练和验证结果

表 7.8　　　　　　　　　　　典型区神经网络模型误差

| 训练 $R^2$ | 训练 Nash | 验证 $R^2$ | 验证 Nash |
| --- | --- | --- | --- |
| 0.58 | 0.58 | 0.48 | 0.48 |

通过在典型区建立多元回归模型和神经网络模型，完成了双模型模拟校核体系的建立。通过对两个模型对全体样本数据的模拟结果分析（图 7.33），两个模型对全样本的模拟结果基本一致，神经网络模型全样本 $R^2$ 为 0.55，多元回归模型全样本 $R^2$ 为 0.51。这一结果通过了双模型模拟校核体系的相互校验，两模型均可以较好的模拟西南区粮食产量情况，可以开展情景模拟分析。

### 7.5.4　遥感土壤水旱灾阈值研究

为进一步确定旱灾发生时的遥感土壤水分阈值，本研究构建了典型区遥感土壤水敏感时期水分变化情景，利用双模型校核体系对情景模拟结果开展进一步校核，通过双模型模拟结果综合确定这一阈值范围。本研究对旱灾等级的评价采用水利行业标准《干旱灾害等级标准》（SL 663—2014）中农业干旱灾害评估指标-粮食因旱损失率及其等级标准。粮食因旱损失率等同于前文介绍的粮食因旱减产率，在此不再赘述公式。在该标准中，基于粮食因旱损失率的农业干旱灾害等级划分标准见表 7.9。根据该标准多情景模拟得到的粮食减产率（损失率）进行旱灾等级的评价。根据典型区内县级行政区数量以及面积大小，以市（地、州、盟）级旱灾等级标准作为分区旱灾等级划定标准。

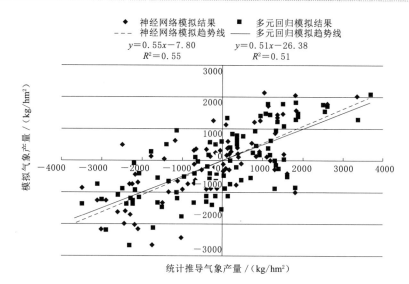

图 7.33 典型区全样本数据双模型模拟结果对比

表 7.9 　　　　　　　　　　　　　　**农业干旱灾害等级划分标准** 　　　　　　　　　　　%

| 旱灾等级 | 粮食因旱损失率 $Pr$ | | | |
|---|---|---|---|---|
| | 全国 | 省（直辖市、自治区） | 市（地、州、盟） | 县级行政区 |
| 轻度旱灾 | $4.5 \leqslant Pr < 6.0$ | $10 \leqslant Pr < 15$ | $15 \leqslant Pr < 20$ | $20 \leqslant Pr < 25$ |
| 中度旱灾 | $6.0 \leqslant Pr < 7.5$ | $15 \leqslant Pr < 20$ | $20 \leqslant Pr < 25$ | $25 \leqslant Pr < 30$ |
| 重度旱灾 | $7.5 \leqslant Pr < 9.0$ | $20 \leqslant Pr < 25$ | $25 \leqslant Pr < 30$ | $30 \leqslant Pr < 35$ |
| 特大旱灾 | $9.0 \leqslant Pr$ | $25 \leqslant Pr$ | $30 \leqslant Pr$ | $35 \leqslant Pr$ |

　　本研究通过设定不同的遥感土壤水分情景，对遥感土壤水分旱情等级及其可能造成的旱灾等级也进行了对比分析。典型区内基于遥感土壤水的农业干旱等级标准根据 7.4.2 中确定的各县遥感土壤水干旱等级标准平均得到，见表 7.10。

表 7.10 　　　　　　　　**基于遥感土壤水的西南区干旱等级划分标准**

| | 特大干旱 | 严重干旱 | 中度干旱 | 轻度干旱 |
|---|---|---|---|---|
| 泰来 | $W \leqslant 14.7$ | $14.7 < W \leqslant 15.95$ | $15.95 < W \leqslant 16.82$ | $16.82 < W \leqslant 18.16$ |
| 肇源县 | $W \leqslant 13.54$ | $13.54 < W \leqslant 15.01$ | $15.01 < W \leqslant 15.92$ | $15.92 < W \leqslant 17.6$ |
| 扶余县 | $W \leqslant 16.52$ | $16.52 < W \leqslant 17.72$ | $17.72 < W \leqslant 18.94$ | $18.94 < W \leqslant 20.87$ |
| 前郭 | $W \leqslant 15.74$ | $15.74 < W \leqslant 16.83$ | $16.83 < W \leqslant 17.99$ | $17.99 < W \leqslant 20.03$ |
| 乾安县 | $W \leqslant 15.24$ | $15.24 < W \leqslant 16.3$ | $16.3 < W \leqslant 17.65$ | $17.65 < W \leqslant 19.76$ |
| 双辽市 | $W \leqslant 11.36$ | $11.36 < W \leqslant 12.49$ | $12.49 < W \leqslant 13.81$ | $13.81 < W \leqslant 16.06$ |
| 长岭县 | $W \leqslant 14.38$ | $14.38 < W \leqslant 15.61$ | $15.61 < W \leqslant 17.24$ | $17.24 < W \leqslant 19.59$ |
| 西南区 | $W \leqslant 14.5$ | $14.5 < W \leqslant 15.7$ | $15.7 < W \leqslant 16.91$ | $16.91 < W \leqslant 18.88$ |

　　**注**　$W$ 表示遥感土壤水，即土壤体积含水量，单位：%，$m^3/m^3$。

1. 典型区遥感土壤水情景设定

　　根据典型区（西南区）多元线性回归模型，春玉米拔节期的 7 月上旬遥感土壤含水量（简写为 SW07/10）对粮食产量十分敏感，其变化与粮食产量变化成正相关。在情景设定中，以拔节期的 7 月上旬作为典型区内玉米生长的干旱敏感期。通过对西南区各县所有样本的自变量和气象产量分别求平均，得到一套基准样本，基准样本粮食减产率为 0.66%，认为气象条件对粮食生产几乎没有影响，设定该样本为正常粮食生产样本。在基准样本中，玉米干旱敏感期 7 月上旬遥感土壤水含量为 22.9%，以该水分含量值为基础，构建等比例减少的遥感土壤水情景共 38 个，情景中其他自变量维持基准样本值不变（表7.11）。情景中遥感土壤水最小值范围不超过全样本值范围。通过两种模型对 38 个情景的模拟，将情景模拟结果与基准样本的产量（正常粮食产量）进行对比，计算不同情景下的减产率并分析减产情况。

表 7.11　　西南区春玉米干旱敏感期（拔节期 7 月上旬）遥感土壤水变化情景

| 情景 | 减少比例/% | 遥感土壤水/% | 情景 | 减少比例/% | 遥感土壤水/% |
|---|---|---|---|---|---|
| 情景 1 | 1 | 22.7 | 情景 20 | 20 | 18.3 |
| 情景 2 | 2 | 22.5 | 情景 21 | 21 | 18.1 |
| 情景 3 | 3 | 22.2 | 情景 22 | 22 | 17.9 |
| 情景 4 | 4 | 22.0 | 情景 23 | 23 | 17.6 |
| 情景 5 | 5 | 21.8 | 情景 24 | 24 | 17.4 |
| 情景 6 | 6 | 21.5 | 情景 25 | 25 | 17.2 |
| 情景 7 | 7 | 21.3 | 情景 26 | 26 | 17.0 |
| 情景 8 | 8 | 21.1 | 情景 27 | 27 | 16.7 |
| 情景 9 | 9 | 20.9 | 情景 28 | 28 | 16.5 |
| 情景 10 | 10 | 20.6 | 情景 29 | 29 | 16.3 |
| 情景 11 | 11 | 20.4 | 情景 30 | 30 | 16.0 |
| 情景 12 | 12 | 20.2 | 情景 31 | 31 | 15.8 |
| 情景 13 | 13 | 19.9 | 情景 32 | 32 | 15.6 |
| 情景 14 | 14 | 19.7 | 情景 33 | 33 | 15.4 |
| 情景 15 | 15 | 19.5 | 情景 34 | 34 | 15.1 |
| 情景 16 | 16 | 19.2 | 情景 35 | 35 | 14.9 |
| 情景 17 | 17 | 19.0 | 情景 36 | 36 | 14.7 |
| 情景 18 | 18 | 18.8 | 情景 37 | 37 | 14.4 |
| 情景 19 | 19 | 18.6 | 情景 38 | 38 | 14.2 |

2. 多元回归模型情景模拟分析

基于典型区多元回归模型对以上情景模拟得到的气象产量，计算求得减产率见表 7.12 所示，减产率在这里以正值表示。粮食减产率随情景中干旱敏感期遥感土壤水含量降低而升高。当典型区内 7 月上旬干旱敏感期遥感土壤水含量下降至 16.7% 时，粮食减产 15%，开始出现轻度旱灾；7 月上旬遥感土壤水含量下降至 15.1% 时，粮食减产 18.6%，处于轻度旱灾等级；7 月上旬遥感土壤水含量下降至 14.2% 时，粮食减产率为 20.7%，处于中度旱灾等级。多元线性回归模型对典型区情景的模拟识别出轻度旱灾和中度旱灾等级。

表 7.12 西南区多元回归模型情景模拟结果

| 情景 | 模拟气象产量/(kg/hm²) | 减产率/% | 情景 | 模拟气象产量/(kg/hm²) | 减产率/% |
|---|---|---|---|---|---|
| 情景 1 | −87.00 | 1.3 | 情景 20 | −736.99 | 11.3 |
| 情景 2 | −121.21 | 1.9 | 情景 21 | −771.20 | 11.8 |
| 情景 3 | −155.42 | 2.4 | 情景 22 | −805.41 | 12.3 |
| 情景 4 | −189.63 | 2.9 | 情景 23 | −839.62 | 12.8 |
| 情景 5 | −223.84 | 3.4 | 情景 24 | −873.83 | 13.4 |
| 情景 6 | −258.05 | 3.9 | 情景 25 | −908.04 | 13.9 |
| 情景 7 | −292.26 | 4.5 | 情景 26 | −942.25 | 14.4 |
| 情景 8 | −326.47 | 5.0 | 情景 27 | −976.46 | 14.9 |
| 情景 9 | −360.68 | 5.5 | 情景 28 | −1010.67 | 15.4 |
| 情景 10 | −394.89 | 6.0 | 情景 29 | −1044.88 | 16.0 |
| 情景 11 | −429.10 | 6.6 | 情景 30 | −1079.09 | 16.5 |
| 情景 12 | −463.31 | 7.1 | 情景 31 | −1113.30 | 17.0 |
| 情景 13 | −497.52 | 7.6 | 情景 32 | −1147.51 | 17.5 |
| 情景 14 | −531.73 | 8.1 | 情景 33 | −1181.72 | 18.1 |
| 情景 15 | −565.94 | 8.6 | 情景 34 | −1215.93 | 18.6 |
| 情景 16 | −600.15 | 9.2 | 情景 35 | −1250.14 | 19.1 |
| 情景 17 | −634.36 | 9.7 | 情景 36 | −1284.35 | 19.6 |
| 情景 18 | −668.57 | 10.2 | 情景 37 | −1318.56 | 20.1 |
| 情景 19 | −702.78 | 10.7 | 情景 38 | −1352.77 | 20.7 |

**3. 神经网络模型情景模拟分析**

通过典型区神经网络模型对情景模拟得到的粮食减产率见表 7.13。与多元回归模型情景模拟结果相比，粮食减产率有少量偏低，这种误差可能由于两模型的拟合程度略有不同导致的，但结果变化的趋势整体一致。在神经网络模型模拟结果中，粮食减产率随情景遥感土壤水含量降低而升高。当典型区 7 月上旬干旱敏感期遥感土壤水含量下降至 16.7% 时，粮食减产 11.8%，处于无灾水平；7 月上旬遥感土壤水含量下降至 15.1% 时，粮食减产 15.6%，开始出现轻度旱灾；7 月上旬遥感土壤水含量下降至 14.2% 时，粮食减产率为 17.3%，仍处于轻度旱灾等级。神经网络模型对典型区情景的模拟只识别出轻度旱灾等级。

**4. 情景双模型模拟校核与旱灾阈值确定**

典型区玉米生长干旱敏感期为拔节期初期的 7 月上旬，在该时期遥感土壤水含量连续降低的 38 个情景下，两种计算机理不同的模型模拟减产率表现出较好的一致性。两种模型模拟的粮食因旱减产率均随敏感期遥感土壤水分的降低而增加，且增加的比率接近。通过双模型校核体系对情景模拟结果的相互校核，再次证明了两个模型在典型区模拟粮食减产率是合理的，38 个情景下模拟得到的粮食减产率基本一致。该模拟结果可以用来开展遥感土壤水旱灾阈值研究。

表 7.13　　　　　　　　　　西南区神经网络模型情景模拟结果

| 情景 | 模拟气象产量/(kg/hm²) | 减产率/% | 情景 | 模拟气象产量/(kg/hm²) | 减产率/% |
|---|---|---|---|---|---|
| 情景 1 | 68.89 | −1.1 | 情景 20 | −536.05 | 8.2 |
| 情景 2 | 39.68 | −0.6 | 情景 21 | −569.70 | 8.7 |
| 情景 3 | 8.99 | −0.1 | 情景 22 | −603.51 | 9.2 |
| 情景 4 | −21.85 | 0.3 | 情景 23 | −637.47 | 9.8 |
| 情景 5 | −52.83 | 0.8 | 情景 24 | −671.59 | 10.3 |
| 情景 6 | −83.98 | 1.3 | 情景 25 | −704.35 | 10.8 |
| 情景 7 | −115.28 | 1.8 | 情景 26 | −738.74 | 11.3 |
| 情景 8 | −146.75 | 2.2 | 情景 27 | −773.26 | 11.8 |
| 情景 9 | −178.38 | 2.7 | 情景 28 | −807.90 | 12.4 |
| 情景 10 | −210.17 | 3.2 | 情景 29 | −842.66 | 12.9 |
| 情景 11 | −242.14 | 3.7 | 情景 30 | −877.52 | 13.4 |
| 情景 12 | −274.27 | 4.2 | 情景 31 | −912.48 | 14.0 |
| 情景 13 | −306.58 | 4.7 | 情景 32 | −947.53 | 14.5 |
| 情景 14 | −337.64 | 5.2 | 情景 33 | −982.65 | 15.0 |
| 情景 15 | −370.28 | 5.7 | 情景 34 | −1017.83 | 15.6 |
| 情景 16 | −403.10 | 6.2 | 情景 35 | −1053.06 | 16.1 |
| 情景 17 | −436.08 | 6.7 | 情景 36 | −1088.34 | 16.7 |
| 情景 18 | −469.24 | 7.2 | 情景 37 | −1122.10 | 17.2 |
| 情景 19 | −502.56 | 7.7 | 情景 38 | −1131.96 | 17.3 |

通过对情景模拟粮食减产率与遥感土壤水关系分析，在多元回归模型中粮食减产率达到 15%，进入轻度旱灾水平时，对应的敏感期遥感土壤水分为 16.7%，当粮食减产率达到 20%，进入中度旱灾水平时，对应的敏感期遥感土壤水分为 14.4%；在神经网络模型中粮食减产率达到 15%，进入轻度旱灾水平时，对应的敏感期遥感土壤水分为 15.4%。神经网络模型对情景模拟的结果没有识别出中度旱灾。综合双模型分析结果，在玉米生长的干旱敏感时段（拔节期初期）遥感土壤水旱灾阈值范围为 15.4%～16.7%，当遥感土壤水含量下降到该范围而不采取任何人为干预时，将会出现旱灾。这一旱灾阈值适用于以玉米为主要作物的大尺度东北雨养粮食主产区，为该地区开展遥感土壤水农业旱灾预警提供了理论参考。

5. 农业干旱等级与农业旱灾等级关系分析

为了进一步分析旱情与旱灾等级对应关系，在双模型情景模拟结果中，四个干旱等级对应的旱灾等级分析如下。

在多元回归模型中，当典型区玉米生长拔节期初期遥感土壤水含量下降至 18.8% 时，开始进入轻度干旱水平，粮食减产 10.2%，并无旱灾出现；遥感土壤水含量下降至 16.7% 时，开始进入中度干旱水平，粮食减产 14.9%，并无旱灾出现；遥感土壤水含量下降至 15.7% 时，开始进入严重干旱水平，粮食减产 17.5%，处于轻度旱灾等级；遥感土壤水含量下降至14.5%时，开始进入特大干旱水平，粮食减产率为20.1%，开始进入中度旱灾等级。在神经网络模型中，当典型区玉米生长拔节期初期遥感土壤水含量下降至18.8%时，开始进入轻度干旱水平，粮食减产7.2%，并无旱灾出现；遥感土壤水含量下降至16.7%时，开始进入中度干旱水平，粮食减产11.8%，并无旱灾出现；遥感土壤水含量下降至15.7%时，开始进入严重干旱水平，粮食减产14.5%，即将进入轻度旱灾等级；遥感土壤水含量下降至14.5%时，开始进入特大干旱水平，粮食减产率为17.2%，处于轻度旱灾等级。多元回归模型在情景内识别出中度旱灾，神经网络模型只识别出轻度旱灾。通过以上双模型情景模拟结果的定量分析，典型区旱情和旱灾等级具有非一致性，当农业干旱旱情较为严重时，旱灾等级并没有相应提高。

根据以上结果，玉米拔节期的7月上旬遥感土壤水在不超出样本最小值的情景条件中，当遥感土壤水的农业干旱等级处于轻度干旱水平和部分中度干旱水平时，并不会出现旱灾或者玉米生产可能有少量减产但不构成旱灾；当农业干旱等级达到部分中度干旱和严重干旱水平时，对应出现的旱灾等级只能达到轻度旱灾；当农业干旱等级达到特大干旱水平时，对应出现的旱灾等级只能达到中度旱灾。以上分析表明在干旱频发的典型区内农业干旱等级与旱灾等级存在不对等的关系，在玉米拔节期初期（7月上旬）遥感土壤水出现轻度干旱时，不一定会导致旱灾；而出现严重干旱和特大干旱而不做干预时，可能出现轻度旱灾和中度旱灾损失。

综合以上分析，典型区各县级行政区农业管理人员应在玉米拔节期初期对遥感土壤水进行密切关注。结合确定的旱灾阈值，当玉米拔节期初期遥感土壤水降低到15.4%～16.7%范围时，要及时进行旱灾预测分析并进行干旱预警以避免可能造成的轻度甚至中度旱灾损失。

# 7.6　小结

（1）构建了基于MODIS遥感地温产品的冠层温度反演方法，为作物水分生产模型及农业干旱综合评价体系提供了遥感作物生理指标。

（2）在遥感土壤水数据有效性验证基础上，基于累积概率分布融合原理，构建了多源遥感土壤水连续融合方法，实现了遥感土壤水数据同时开展频率分析、干旱实时评价的应用目的。将该方法应用于东北研究区，生成了长时间序列（1979—2015年）CCI-SMOS遥感土壤水融合数据产品。

本研究基于CDF累积分布融合原理，将拉格朗日一元插值法引入到遥感土壤水数据融合中，提出了多源遥感土壤水连续融合方法。与传统分段融合法相比，连续融合法具有明显优势，尤其在土壤水低值区，有效降低数据的融合误差。本研究应用该方法完成了东北研究区CCI和SMOS两种遥感土壤水数据的融合，生成了一套时长为1979—2015年的长时间序列、近实时的遥感土壤水数据产品，为进一步开展遥感土壤水农业干旱等级评价和旱灾损失研究提供了数据支撑。

（3）基于研究区表层—根层土壤水相关关系，构建了遥感土壤水农业干旱评价方法，确定了研究区45个县的遥感土壤水农业干旱等级标准。填补了遥感土壤水监测干旱等级无标准的空白。

研究区表层土壤水与根层土壤水分具有较高的线性相关性，本研究通过对遥感融合数据的有效性验证，在累积频率修正法基础上，构建了遥感土壤水农业干旱等级评价方法，并在研究区生成了一套县级行政区的遥感土壤水农业干旱监测等级新标准，填补了目前遥感土壤水开展农业干旱监测无标准的空白，为遥感土壤水农业干旱监测提供了理论依据。

（4）分析不同时段作物产量对土壤水分的敏感性，构建了粮食产量双模型模拟体系。设计遥感土壤水情景，得到干旱敏感时段（玉米拔节初期）遥感土壤水旱灾阈值为15.7%～16.9%，当遥感土壤水下降到该值区间不做干预时，很可能出现旱灾。

本研究通过分析玉米不同生育期内遥感土壤水和气象因子对气象产量的影响，构建了气象产量多元线性回归和BP神经网络双模型模拟校核体系，两个模型通过样本模拟和干旱情景模拟分别进行相互校验，证明模型模拟的可靠性和有效性。通过开展多情景分析，确定了典型区干旱敏感时段——玉米拔节期初期的遥感土壤水旱灾阈值为15.7%～16.9%，当该时段遥感土壤水下降到该阈值不做干预时，很可能出现旱灾。这一结论对当地开展农业抗旱管理和旱灾预警具有重要意义。

（5）本研究基于累积概率分布融合原理和作物需水规律，从遥感土壤水数据预处理、多源数据融合、数据有效性验证、遥感土壤水农业干旱等级评价，到粮食因旱损失估算及遥感土壤水旱灾阈值划分等提出了一系列技术，形成了一套完整的农业干旱评价与旱灾计算方法体系，并在东北研究区得到了初步验证。

本研究提出了基于遥感土壤水的农业干旱评价与旱灾计算方法体系，通过在东北粮食主产区的应用研究，证明了该方法体系的有效性，得到了预期成果，可在类似雨养粮食产区进行推广。

# 参 考 文 献

白向历，孙世贤，杨国航，等. 不同生育时期水分胁迫对玉米产量及生长发育的影响 [J]. 玉米科学，2009，17（2）：60-63.

蔡焕杰，康绍忠. 棉花冠层温度的变化规律及其用于缺水诊断研究 [J]. 灌溉排水学报，1997（1）：1-5.

曹铁华，梁烜赫，刘亚军，等. 吉林省气候变化对玉米气象产量的影响 [J]. 玉米科学，2010，18（2）：142-145.

陈亮，张宝石，王洪山，等. 生态环境与种植密度对玉米产量和品质的影响 [J]. 玉米科学，2007，15（2）：88-93.

陈朋. 传感器网络数据插值算法研究 [D]. 长沙：湖南大学，2011.

陈晓楠，黄强，邱林，等. 基于混沌优化神经网络的农业干旱评估模型 [J]. 水利学报，2006（2）：247-252.

陈兴旺，孙惠珍. 黑龙江省夏季低温气候规律及其对粮食产量的影响 [C]. 北京：气象出版社，1981：79-82.

陈艳春，何祥登，黄九莲. 山东省农田干旱预警模型 [J]. 山东气象，2005（2）：24-25.

董加瑞，王昂生. 干旱、洪涝灾害预测及损失评估耦合模式 [J]. 自然灾害学报，1997（2）：72-79.

房世波. 分离趋势产量和气候产量的方法探讨 [J]. 自然灾害学报，2011（6）：13-18.

符琳. 双参数有理插值 [D]. 合肥：安徽理工大学，2014.

宫德吉, 陈素华. 农业气象灾害损失评估方法及其在产量预报中的应用 [J]. 应用气象学报, 1999, 10 (1): 66 - 71.

顾颖, 刘静楠, 薛丽. 农业干旱预警中风险分析技术的应用研究 [J]. 水利水电技术, 2007 (4): 61 - 64.

郝卫平. 干旱复水对玉米水分利用效率及补偿效应影响研究 [D]. 北京: 中国农业科学院, 2013.

何新林, 郭生练, 盛东, 等. 土壤墒情自动测报系统在绿洲农业区的应用 [J]. 农业工程学报, 2007 (8): 170 - 175.

洪景山, 蔡雅婷. 地基 GPS 资料同化在午后雷雨之降水预报 [C]. 2011 年海峡两岸气象科学技术交流研讨会, 2011.

侯英雨, 孙林, 何延波, 等. 利用 EOS - MODIS 数据提取作物冠层温度研究 [J]. 农业工程学报, 2006, 22 (12): 8 - 12.

吉奇. 基于 Logistic 和灾减率方法制作玉米产量的预测 [J]. 中国农学通报, 2012, 28 (6): 293 - 296.

贾慧聪, 王静爱, 潘东华, 等. 基于 EPIC 模型的黄淮海夏玉米旱灾风险评价 [J]. 地理学报, 2011 (5): 643 - 652.

康绍忠, 张富仓, 梁银丽. 玉米生长条件下农田土壤水分动态预报方法的研究 [J]. 生态学报, 1997 (3): 245 - 251.

李波涛, 杨长春, 陈雨红, 等. 基于 B 样条函数的散乱数据曲面拟合和数据压缩 [J]. 地球物理学进展, 2009, 24 (3): 936 - 943.

李思佳, 孙艳楠, 李蒙, 等. 国内外农作物遥感估产的研究进展 [J]. 世界农业, 2013: 125 - 127.

厉玉昇, 翁永辉, 陈怀亮, 等. 黄淮平原农业干旱预警系统研究 [J]. 气象科技, 2005 (S1): 151 - 155.

梁烜赫, 徐晨, 王冰, 等. 吉林省不同生态区气象因子对玉米产量影响的评价 [J]. 吉林农业科学, 2015 (4): 17 - 20.

刘良明. 基于 EOS MODIS 数据的遥感干旱预警模型研究 [D]. 武汉: 武汉大学, 2004.

NESMITH D S, Ritchie J T, 高丽洁. 玉米在籽粒灌浆期间对严重土壤水分亏缺的反应 [J]. 园艺与种苗, 1993 (1): 14 - 17.

穆佳, 赵俊芳, 郭建平. 近 30 年东北春玉米发育期对气候变化的响应 [J]. 应用气象学报, 2014 (6): 680 - 689.

穆佳. 东北区玉米生产对气候变化的响应 [D]. 北京: 中国气象科学研究院, 2015.

牛浩, 陈盛伟. 山东省玉米气象产量分离方法的多重比较分析 [J]. 山东农业科学, 2015 (8): 95 - 99.

彭世彰, 魏征, 窦超银, 等. 加权马尔可夫模型在区域干旱指标预测中的应用 [J]. 系统工程理论与实践, 2009 (9): 173 - 178.

祁宦, 朱延文, 王德育, 等. 淮北地区农业干旱预警模型与灌溉决策服务系统 [J]. 中国农业气象, 2009 (4): 596 - 600.

苏文荣, 张晓煜. 干旱遥感监测预警评估研究综述 [J]. 宁夏农林科技, 2007 (1): 45 - 48.

孙可可, 陈进, 许继军, 等. 基于 EPIC 模型的云南元谋水稻春季旱灾风险评估方法 [J]. 水利学报, 2013 (11): 1326 - 1332.

孙丽. 山地丘陵区的旱灾监测预警技术研究——以武陵山区为例 [D]. 北京: 中国农业大学, 2014.

孙秀邦, 严平, 马晓群, 等. 安徽省长江以北干旱预警模型研究 [J]. 安徽农业科学, 2007 (33): 10578 - 10580.

孙智辉, 王治亮, 曹雪梅, 等. 3 种干旱指标在陕西黄土高原的应用对比分析 [J]. 中国农学通报, 2014 (20): 308 - 315.

汪哲荪, 周玉良, 金菊良, 等. 改进马尔可夫链模型在梅雨和干旱预测中的应用 [J]. 水电能源科学, 2010 (11): 1 - 4.

王卫星, 宋淑然, 许利霞, 等. 基于冠层温度的夏玉米水分胁迫理论模型的初步研究 [J]. 农业工程学报, 2006, 22 (5): 194 - 196.

王彦集，刘峻明，王鹏新，等. 基于加权马尔可夫模型的标准化降水指数干旱预测研究 [J]. 干旱地区农业研究，2007（5）：198-203.

王永明，高山红. 黄海海雾数值模拟中多普勒雷达径向风数据同化试验 [J]. 中国海洋大学学报自然科学版，2016，46（8）：1-12.

王雨，杨修. 黑龙江省水稻气象灾害损失评估 [J]. 中国农业气象，2007，28（4）：457-459.

翁白莎. 流域广义干旱风险评价与风险应对研究——以东辽河流域为例 [D]. 天津：天津大学，2012.

熊见红. 长沙市农业干旱规律分析及旱情预报模型探讨 [J]. 湖南水利水电，2003（4）：29-31.

薛晓萍，赵红，陈延玲，等. 山东棉花产量旱灾损失评估模型 [J]. 气象，1999（1）：26-30.

杨桂元，王军. 对预测模型误差的分析——相对误差与绝对误差 [J]. 统计与信息论坛，2003，18（4）：21-24.

杨娜，崔慧珍，向峰. SMOS L2 土壤水分数据产品在我国农区的验证 [J]. 河南理工大学学报（自然科学版），2015，34（2）：287-291.

姚奎元，孟宪钺，刘淑梅. 天津市农田土壤水分监测预报研究 [J]. 华北农学报，1998（1）：118-122.

于德斌. 黑龙江省气候变化对玉米气象产量的影响 [J]. 科技致富向导，2014（15）：26.

喻朝庆，李长生，张峰，等. 大尺度农业因旱减产动态预报及不同空间尺度的灾情重现期变化评估：以辽宁省为例 [Z]. 中国北京：2014.

袁国富，罗毅，孙晓敏，等. 作物冠层表面温度诊断冬小麦水分胁迫的试验研究 [J]. 农业工程学报，2002，18（6）：13-17.

袁国富，唐登银，罗毅，等. 基于冠层温度的作物缺水研究进展 [J]. 地球科学进展，2001，16（1）：49-54.

袁文平，周广胜. 干旱指标的理论分析与研究展望 [J]. 地球科学进展，2004，19（6）：982-991.

岳明. 基于随机森林和规则集成法的酒类市场预测与发展战略 [D]. 天津：天津大学，2008.

张继权，冈田宪夫，多多纳裕一. 综合自然灾害风险管理 [J]. 城市与减灾，2005（2）：2-5.

张强，鞠笑生，李淑华. 三种干旱指标的比较和新指标的确定 [J]. 气象科技，1998（2）：49-53.

张文宗，姚树然，赵春雷，等. 利用 MODIS 资料监测和预警干旱新方法 [J]. 气象科技，2006，34（4）：501-504.

张晓煜，杨晓光，韩颖娟，等. 宁夏南部山区农业干旱预警模型 [J]. 农业工程学报，2011（4）：41-47.

张振华，蔡焕杰，杨润亚. 红外遥感估算春小麦农田土壤含水量的试验研究 [J]. 农业工程学报，2006，22（3）：84-87.

周良臣，康绍忠，贾云茂. BP 神经网络方法在土壤墒情预测中的应用 [J]. 干旱地区农业研究，2005（5）：98-102.

邹文安，章树安，辛玉琛，等. 旱情预警关键技术问题的探讨 [J]. 中国水利，2014（5）：38-40.

CLAWSON, KIRK L, BLAD, BLAINE L. Infrared thermometry for scheduling irrigation of corn [J]. Agronomy Journal, 1982, 74（2）：311-316.

GARDNER B R, BLAD B L, GARRITY D P, et al. Relationships between crop temperature, grain yield, evapotranspiration and phenological development in two hybrids of moisture stressed sorghum [J]. Irrigation Science, 1981, 2（4）：213-224.

HAN P, WANG P X, ZHANG S Y, et al. Drought forecasting based on the remote sensing data using ARIMA models [J]. Mathematical and Computer Modelling, 2010, 51（11-12）：1398-1403.

IDSO S B, JACKSON R D, REGINATO R J. Remote-sensing of crop yields. [J]. Science, 1977, 196（4285）：19-25.

IDSO S B, REGINATO R J, JACKSON R D. Albedo measurement for remote sensing of crop yields [J]. Science, 1977, 196（5603）：19-25.

JACKSON R D, REGINATO R J, IDSO S B. Wheat canopy temperature: A practical tool for evaluating water requirements [J]. Water Resources Research, 1977, 13 (3): 651-656.

JACKSON R D, REGINATO R J, IDSO S B. Wheat canopy temperatureL a practical tool for evaluationg water requirements [J]. Water Resources Research, 1977, 13 (3).

JACKSON T J, BINDLISH R, COSH M H, et al. Validation of soil moisture and ocean salinity (SMOS) soil moisture over watershed networks in the U. S [J]. Geoscience & Remote Sensing IEEE Transactions on, 2012, 50 (5): 1530-1543.

KIM T, VALDÉS J B. Nonlinear model for drought forecasting based on a conjunction of wavelet transforms and neural networks [J]. Journal of Hydrologic Engineering, 2014, 8 (6): 319-328.

LIU Y Y, PARINUSSA R M, DORIGO W A, et al. Developing an improved soil moisture dataset by blending passive and active microwave satellite-based retrievals [J]. Hydrology & Earth System Sciences Discussions, 2010, 15 (2): 425-436.

LIU Y Y, VAN DIJK A I J M, DE JEU R A M, et al. An analysis of spatiotemporal variations of soil and vegetation moisture from a 29-year satellite-derived data set over mainland Australia [J]. Water Resources Research, 2009, 45 (7): 4542-4548.

MORID S, SMAKHTIN V, BAGHERZADEH K. Drought forecasting using artificial neural networks and time series of drought indices [J]. International Journal of Climatology, 2007, 27 (15): 2103-2111.

MOSSAD A, ALAZBA A A. Drought forecasting using stochastic models in a hyper-arid climate [J]. Atmosphere, 2015, 6 (4): 410-430.

OWE M, JEU R D, HOLMES T. Multisensor historical climatology of satellite-derived global land surface moisture [J]. Journal of Geophysical Research Earth Surface, 2008, 113 (F1): 196-199.

RÜDIGER C. An intercomparison of ERS-Scat and AMSR-E soil moisture observations with model simulations over France [J]. Journal of Hydrometeorology, 2009, 10 (2): 431-447.

SCAINI A, SÁNCHEZ N, Vicente Serrano S M, et al. SMOS-derived soil moisture anomalies and drought indices: a comparative analysis using in situ measurements [J]. Hydrological Processes, 2014, 29 (3): 373-383.

VU M T, RAGHAVAN S V, PHAM D M, et al. Investigating drought over the central highland, vietnam, using regional climate models [J]. Journal of Hydrology, 2015, 526: 265-273.

WILKS D S. Statistical methods in the atmospheric sciences, international geophysics series [M]. San Diego, Calif. : Academic Press, 2011. 676.

YUAN X, MA Z, Pan M, et al. Microwave remote sensing of short-term droughts during crop growing seasons [J]. Geophysical Research Letters, 2015, 42: 4394-4401.

YUREKLI K, Kurunc A. Simulating agricultural drought periods based on daily rainfall and crop water consumption [J]. Journal of Arid Environments, 2006, 67 (4): 629-640.

# 第8章 农业旱灾评估模拟平台及其应用

## 8.1 农业旱灾评估模拟平台总体设计

### 8.1.1 系统框架和功能模块设计

1. 系统框架设计

系统涉及的遥感数据通过自动下载模块从远程 ftp 上下载到本地服务器上，并以文件形式存储；气象数据通过气象数据自动下载模块从远程 Web 网站上自动下载到本地数据库中；系统其他数据通过人工等方法存储到数据库中。

遥感指标计算模块利用服务器上的遥感数据和系统数据库中的相关数据作为辅助数据进行遥感指标的计算，计算结果以图片和统计数据形式保存。气象水文等指标计算模块利用系统数据库中的气象数据、水文数据、土壤墒情等数据进行相关指标的计算，计算结果同样以图片（通过插值后得到的图片）和统计数据形式保存。这两种形式的计算结果通过系统平台展示出来，供用户查看使用，系统总体架构如图 8.1 所示。

2. 功能模块设计

系统主要包含基本情况介绍、旱灾图集、干旱灾害指标、旱情灾害分析、系统管理五部分内容，如图 8.2 所示。

基本情况介绍：主要查询粮食主产区基本信息以及粮食主产区历史干旱事件。粮食生产区展示粮食主产区内的行政区划、河流、湖泊、水库、种植类型等信息，提供图层选择功能。点击某一图层，显示其基本信息。

旱灾图集：主要展示东北三省粮食主产区农业旱灾时空分布特征及其演变规律，功能主要包括多年平均气象数据分布图、干旱频率分布图、干旱特征向量空间分布图、干旱聚类空间分布图等。

干旱灾害指标：根据不同干旱指标分析干旱等级，主要包括标准化降水指数、帕尔默干旱指数、降水距平指数、Z 指数、土壤墒情指数、作物生理生态干旱指数、遥感干旱指数等。

旱情灾害分析：通过对干旱等级的分析，估算粮食减产量及对未来情形的预测，功能主要包括旱情对比、旱情演变等。

### 8.1.2 模型开发及关键技术研究

1. 气象数据自动下载

（1）接口设计。气象数据自动下载模块可以独立运行。每天定时下载，下载的数据自

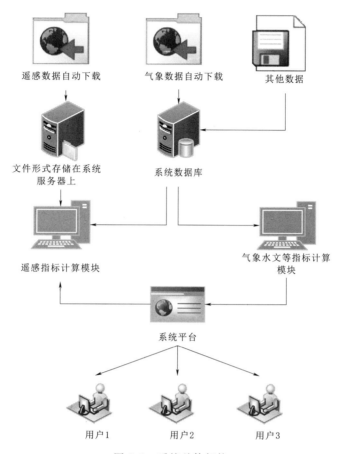

图 8.1　系统总体架构

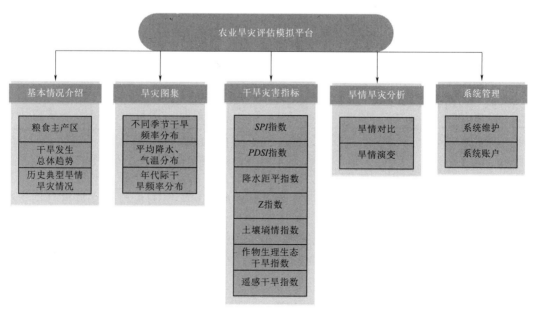

图 8.2　系统功能模块示意图

动导入到系统数据库中，如图 8.3 所示。系统
主平台只需要读取系统数据库中的数据即可。
因此，系统主平台与气象数据自动下载模块的
接口可以通过在数据库中构建相同的数据库表
实现。

气象数据自动下载　　　　　　系统数据库

图 8.3　气象数据自动下载模块接口

（2）程序部署。

1）双击  安装程序。

2）在 SQL SERVER 2008 中按顺序运行脚本：SMON。

3）下载站点配置说明。

数据库 SMON 中 SMOSitConfig 表中的站点记录即为下载的站点。如需要调整下载
的站点，可从数据库 N 的 MET_STAL_CMA 表中选择需要下载的站点信息，导入 Sit-
Config 中，实现需求站点的数据下载。

（3）程序操作。

1）双击快捷方式  打开程序。

注意：打开系统界面之后不需要点击"登录"，因为系统会自动请求登录。

图 8.4　修改数据库连接配置

2）配置数据库："我的账户"—"修改数
据库连接配置"，如图 8.4 所示。根据需要调整
信息，保存修改即可。

3）设置每天开始下载的时间，保存"定时
下载设置"即可实现气象数据自动下载，如图
8.5 所示。

2. 遥感数据自动下载

（1）接口设计。遥感数据自动下载模块也
可以自动运行，如图 8.6 所示。根据定制下载，
下载的数据以文件形式自动存储在数据库服务
器的磁盘上。系统主平台只需要直接读取数据
即可。因此，系统主平台与遥感数据自动下载
模块的接口只需要提供数据的系统存储路径
即可。

（2）程序部署。遥感数据自动下载程序模块采用 Python 语言开发，程序部署过程
如下：

1）安装 Python 2.6 及以上版本。

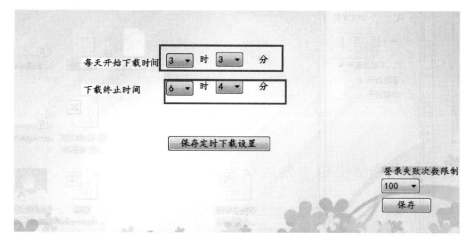

图 8.5　气象数据自动下载

2）配置系统文件 basi.ini 中的部分存储路径：

local_datapool＝F:\WorkSpace\RS_data\Automodis\datapool

local_browser＝F:\WorkSpace\RS_data\Automodis\browser

local_preview＝F:\WorkSpace\RS_data\Automodis\preview

modis_l1b_mosaic_ds＝C:\Data\RemoteSening.gdb\MODIS_L1B

automodis_db＝F:\WorkSpace\Automodis\automodis_db.sqlite

配置系统文件 basi.ini 中的部分下载数据，标注 1 为下载，标注 0 为不下载。

MOD021KM＝1

MOD02HKM＝1

MOD02QKM＝0

MOD03＝1

遥感数据自动下载

文件形式存储
在系统服务器上

图 8.6　遥感数据自动下载模块接口

配置系统文件 auto_task.ini 中的起始时间：current_download_date＝2011－02－23

确保服务器防火墙没有禁用 ftp://ladsweb.nascom.nasa.gov 的下载端口。

（3）程序操作。程序操作十分简单，只需要点击运行相关的程序文件即可自动下载 MODIS 数据。

1）单击 download：执行数据下载；

2）单击 download_monitor：监视查看当前的下载任务。

3. 系统模块对接

遥感数据处理模块自动读取下载在本地磁盘上的遥感数据和 SQL Server 数据库中的相关数据，两者可以分别通过提供系统路径和数据库连接来实现。

遥感数据处理模块将计算得到的指标以图片形式存储在本地磁盘上，同时部分统计结果写入到系统数据库中。

系统平台（Web 端）可以直接读取结果数据，方式和遥感数据处理模块类似，直接从本地磁盘上读取图片数据，或从系统数据库中读取统计数据，如图 8.7 所示。

遥感数据自动下载　文件形式存储　遥感指标计算模块　系统平台
　　　　　　　　　在系统服务器上

图 8.7　遥感数据处理模块的接口

## 8.2　农业旱灾评估模拟平台数据库建设

系统平台在展示历史旱灾情况的基础上运用气象、遥感以及土壤含水量等数据对农业旱灾进行识别并展示。建立相应的标准数据库对气象数据、遥感数据、土壤含水量数据、行政区等数据进行储存。

### 8.2.1　数据库内容

系统数据库建设涵盖内容包括基础资料数据、业务管理资料、空间数据等，按业务类型分为空间数据库、指标数据库、系统运行数据库。指标数据库包括气象数据、政区信息、气象站点与政区对应关系、日、旬、月降水量数据、$SPI$、$SPEI$、$NDII$、土壤反演遥感数据表、冠气温度比、FC 指数等，其中气象数据包括气压、气温、相对湿度、降水量、风向风速、日照时数、地温、蒸发等；系统运行数据库包括用户信息、系统权限数据等。

### 8.2.2　数据库设计原则

在进行系统数据库设计时需要遵循以下基本原则。

（1）全面准确。所涉及的数据库内容应该尽可能全面，字段的类型、长度都应该准确地反映业务处理的需要，所采用的字段类型、长度能够满足当前和未来的业务需要。

（2）关系一致。应准确表述不同数据表的相互关系，如一对一、一对多、多对多等，应符合业务数据实际情况。同时应包含是否使用各种强制关系（指定维护关系的各种手段，如强制存在、强制一对一等）。

（3）松散耦合。各个子系统之间应遵循松散耦合的原则，即在各个子系统之间不设置强制性的约束关系。一方面避免级联、嵌套的层次太多；另一方面避免不同子系统的同步问题。子系统之间的联系可以通过重新输入、查询、程序填入等方式建立，子系统之间的关联字段是冗余存储的。

（4）适度冗余。数据库设计中应尽量减少冗余，同时应保留适当的冗余。主要基于下面几点考虑。

1）提高性能：如果数据的记录数较多，执行多表联合查询时会显著降低性能。通过在表中保留多份拷贝，使用单表即可完成相应操作，会显著改善性能。

2）实现耦合关系的松弛，需要保留冗余信息，否则当数据记录不同步时，会因为其中一个子系统无法运行而导致整个系统均无法运行。

3）为备份而冗余，如果其中某些数据或某些子系统不是一直可用，则可以考虑在可用时保存到本系统的数据库中以提高整个系统的可用性。

（5）高频分离。将高频使用的数据从主表中分离或者冗余存储（如限制信息的检测等），将有助于大幅度提高系统运行的性能。

### 8.2.3 数据库存储方案

遥感数据及相关的地理信息数据以文件形式存储；气象数据等以 SQL Server 数据库形式存储。

### 8.2.4 数据库库表结构

系统数据库共建表 24 张，见附表中的附表 1～附表 24。

## 8.3 农业旱灾评估模拟平台功能

系统平台在展示历史旱情旱灾的基础上，对单个指标旱灾识别结果进行展示，运用综合方法对各指标识别结果进行综合展示。在对旱灾指标综合的基础上实现旱灾演变、旱灾对比以及评估旱灾粮食损失等功能。

### 8.3.1 基本情况介绍

展示粮食主产区内的历史旱情总体情况，可以按照行政区和典型干旱事件的基本情况进行选择查询。

### 8.3.2 历史旱灾事件

收集自 1949 年以来，东北三省粮食主产区发生的干旱灾害事件，方便检索，为情景分析提供历史参考依据，如图 8.8 所示。

图 8.8　历史旱灾事件示例

### 8.3.3　旱灾图集

旱灾图集主要展示东北三省粮食主产区农业旱灾时空分布特征及其演变规律。主要功能包括多年平均气象数据分布图、干旱频率分布图、干旱特征向量空间分布图、干旱聚类空间分布图等。

1．多年平均气象数据分布图

基于多年平均气象数据分布图，分析旱灾时空分布及其演变规律。包括多年平均降水量、多年平均气温等。

2．干旱频率分布图

展示不同干旱等级发生频率，包括多时间尺度干旱频率分析、干旱频率空间特征。

多时间尺度干旱频率分析包括春季、夏季、秋季、冬季、生长季、年代际的干旱频率分析。

干旱频率空间特征主要对春、夏、秋、年代际的干旱频率进行分析。

3．干旱特征向量空间分布图

干旱特征空间分布图集。

4．干旱聚类空间分布图

针对干旱情况，做聚类空间分布。

### 8.3.4　旱灾评估

1．SPI 指数旱灾评估

标准化降水指数（SPI）由 Mckee 等提出，其物理意义是实测降水量相对于降水概率分布函数的标准偏差。SPI 指数是假设降水分布是 $\Gamma$ 分布，然后将其正态标准化而得，SPI 指数要求长序列数据。计算标准化降雨指数，划分出相应的干旱等级，如图 8.21 所示。

2．SPEI 指数旱灾评估

标准化降水蒸散指数（SPEI）可以计算各种时间尺度的指标，且可以同时分析降水和气温对干旱的影响。基于计算 SPEI，划分出相应的干旱等级，如图 8.22 所示。

3．降雨距平指数旱灾评估

降雨距平指数是通过降雨距平百分率来反映区域干旱情况。降雨距平百分率是指某一时段内降水量与多年同期平均降水量之差占多年同期平均降水量的比值。计算降雨距平指数，划分出相应的干旱等级。

4．遥感反演土壤相对湿度旱灾评估

该功能是利用遥感反演的土壤墒情数据进行旱灾等级划分。

5．归一化近红外指数 NDII 旱灾评估

用遥感影像的特定波段进行归一化差值处理，在地图中做等值分析。

6．冠气温度比指标旱灾评估

利用冠层温度和大气温度的比值，即冠气温度比，作为旱灾评价的指标。

### 8.3.5　旱灾分析

1. 旱灾对比

提供两个不同时期的干旱监测图的对比，用户可以将当前旱情形势与历史同期进行比较，也可以与一段时间之前进行比较。该功能旨在提供旱情形势分析的另一种手段。

2. 旱灾演变

提供指定时段内的干旱监测图的动态演示，通过动态变化图，用户能够直观观测到旱情的发生发展情况。

3. 旱灾粮食损失

根据相对湿度、田间持水量、蒸散发系数等相关数据，通过计算公式计算大豆或玉米生长期内的相对产量，并计算出减产率，根据减产率判断旱灾等级。在地图中填充旱灾等级对应颜色值，并可定位查询区域内的大豆或玉米的旱灾粮食损失量。

### 8.3.6　系统管理

系统管理主要提供用户组管理、用户管理、用户权限分配，并支持功能模块的配置以及旱灾指标分析中旱情等级管理功能。

# 参　考　文　献

董秋婷，李茂松，刘江，等. 近 50 年东北地区春玉米干旱的时空演变特征 [J]. 自然灾害学报，2011 (4)：52 - 59.

马建勇，许吟隆，潘婕. 基于 SPI 与相对湿润度指数的 1961—2009 年东北地区 5—9 月干旱趋势分析 [J]. 气象与环境学报，2012，28 (3)：90 - 95.

秦鹏程，姚凤梅，张佳华，等. 基于 SPEI 指数的近 50 年东北玉米生长季干旱演变特征 [C]. 中国气象学会年会. 2011.

王亚平，黄耀，张稳. 中国东北三省 1960—2005 年地表干燥度变化趋势 [J]. 地球科学进展，2008，23 (6)：619 - 627.

张淑杰，张玉书，纪瑞鹏，等. 东北地区玉米干旱时空特征分析 [J]. 干旱地区农业研究，2011，29 (1)：231 - 236.

# 第9章 结论和建议

## 9.1 主要结论

根据本研究，可以初步得到以下几点结论。

（1）阐明了东北粮食主产区农业旱灾时空分布特征及其演变规律，绘制了研究区干旱分布等相关图集。研究发现东北三省整体上存在一定干旱化趋势，该趋势在吉林省和辽宁省更为显著；三省中干旱频率最高的为黑龙江省，吉林省与辽宁省干旱频率较为接近；东北地区干旱受降水影响显著强于气温，且气温对干旱周期扰动性较小。东北地区历年干旱频率较高，春季与夏季干旱发生的频率与致灾率较高且造成影响最大；近年来，东北地区干旱发生频率及影响范围呈现增加趋势，其中农业干旱造成影响及损失最为显著。基于SPI 和 SPEI 等指标，绘制了研究区干旱多年平均分布图、干旱频率分布图、干旱特征向量空间分布图、干旱聚类空间分布图等。

（2）揭示了农作物生长和产量对干旱的响应特征，提出了判定干旱和旱灾的定量指标。通过大田和盆栽试验，分析了不同土壤水分条件下玉米、大豆和水稻的生长和产量的变化特征，提出了基于土壤水分的作物干旱和旱灾判定指标，见表 9.1 和表 9.2；基于土壤水分状况和作物耗水规律，提出了当土壤水分到达胁迫时，作物到达不同干旱等级下可持续的天数和对应的减产量。基于试验建立了水稻的 Jensen 模型，得出水稻生育期中，对产量影响从高到低的生育阶段顺序是：抽穗开花期—分蘖中期—拔节孕穗期—分蘖初期，说明水稻在抽穗开花期对水分最敏感。

**表 9.1**                    玉米不同干旱等级标准

| | 干 旱 等 级 | | | |
| --- | --- | --- | --- | --- |
| | 特旱 | 重旱 | 中旱 | 轻旱 |
| 土壤水分/$(cm^3/cm^3)$ | <0.10 | 0.10~0.15 | 0.15~0.17 | 0.17~0.20 |
| 土壤相对湿度/% | <30 | 30~45 | 45~55 | 55~65 |
| 对应天数（拔节期）/d | >40 | 35~40 | 15~17 | 10 |
| 对应天数（灌浆期）/d | >40 | 30~35 | 12~15 | 7 |
| 减产率/% | >80 | 35~80 | 20~35 | <10 |

（3）提出了利用遥感技术反演土壤水分和作物生长特性的方法，构建了农业干旱和旱灾预警技术。基于 MODIS 遥感地温产品的亮温数据，构建了植被冠层温度反演方法，为作物水分生产模型及农业干旱综合评价指标体系提供了遥感作物生理指标；构建了基于多源微波遥感地表土壤含水量观测的农业干旱监测技术；通过对 30 年 CCI 遥感数据产品进

| 表 9.2 | 大豆不同干旱等级标准 | | | |
|---|---|---|---|---|
| | 干　旱　等　级 | | | |
| | 特旱 | 重旱 | 中旱 | 轻旱 |
| 土壤水分/(cm³/cm³) | <0.12 | 0.12～0.15 | 0.15～0.17 | 0.17～0.20 |
| 土壤相对湿度/% | <35 | 35～45 | 45～55 | 55～65 |
| 对应天数/d | >25 | 19～21 | 9～10 | 5～6 |
| 减产率/% | >50 | 25～50 | 10～25 | <10 |

行频率分析，确定干旱严重程度等级的频率阈值，结合实时的 SMOS 遥感反演的土壤含水量监测值，评价当前农业干旱等级；基于人工神经网络和多元线性回归法，利用遥感数据对作物产量进行预测，对可能的受灾损失做出预警。

（4）构建了干旱和旱灾的评价方法和评价指标体系。筛选了评价干旱和旱灾的指标，包括标准化降水指数、降水距平指数、Palmer 干旱指数、Z 指数、标准化降水蒸发指数、综合气象指数、土壤含水量、作物生理生态参数、遥感参数、粮食损失参数等，利用统计分析方法、层次分析法和主成分分析法，分析了不同条件下的干旱和旱灾情况，并和历史数据进行了比对，最终确定了以层次分析法和主成分分析法为主的干旱和旱灾评价指标体系和评价方法。

（5）开发了农业旱灾评估模拟平台。构建了东北粮食主产区旱灾评估模拟平台，该平台包含基本情况介绍、旱灾图集、干旱灾害指标、旱情灾害分析、系统管理 5 个模块，可查询研究区的粮食生产、历史干旱和旱灾的分布及严重等级等；可通过对干旱等级的分析，提出粮食减产量及对未来情形的预判，包括旱情对比、旱情演变、旱灾粮食损失等。

## 9.2　建议

本旱灾评估模拟平台虽然已经具备了根据气象和土壤水分条件进行干旱和旱灾的预判功能，但由于数据共享等问题，使得获取的气象数据一般略微滞后，造成对干旱和旱灾的预判也比较滞后。建议国家气象局和相关单位构建的气象数据平台可以及时发布并能够充分共享数据，使得本研究构建的平台能够及时获取数据，进而实时预测土壤水分和作物生长状况，为抗旱减灾提供服务。

# 附 表

数 据 库 表 名 列 表

| 序号 | 英 文 表 名 | 中 文 表 名 |
|---|---|---|
| 1 | MET_AIRP_CMA | 气压 |
| 2 | MET_ATMP_CMA | 气温 |
| 3 | MET_RHU_CMA | 相对湿度 |
| 4 | MET_ACCP_CMA | 降水 |
| 5 | MET_WIN_CMA | 风向风速 |
| 6 | MET_SSD_CMA | 日照时数 |
| 7 | MET_GST_CMA | 0cm 地温 |
| 8 | MET_ACCE_CMA | 蒸发 |
| 9 | MET_SBD_CMA | 日值数据 |
| 10 | MET_STAL_CMA | 台站表 |
| 11 | SYS_INDX | 指标数值 |
| 12 | SM_ADDVCD | 政区表 |
| 13 | SM_METSTATION | 气象站测站基本信息表 |
| 14 | HT_ES_R | 气象站数据 |
| 15 | DT_E_B_GRADEMANAGE | 旱情等级维护表 |
| 16 | C_KC | 作物系数表 |
| 17 | C_EC | 蒸散发系数表 |
| 18 | SPEI | 标准化降水蒸散指数表 |
| 19 | SPI | 标准化降水指数表 |
| 20 | ST_FC | 田间持水量表 |
| 21 | ST_PDDMYAV_S | 日降水量均值表 |
| 22 | ST_PPTN_D | 日降雨表 |
| 23 | ST_PPTN_M | 月降雨表 |

**附表 2**　　　　　　　　　　**气压（MET_AIRP_CMA）**

| 序号 | 字段英文名 | 字 段 中 文 名 | 类型 | 主键 | 允许为空 | 备注 |
|---|---|---|---|---|---|---|
| 1 | ID | 站点编号 | int | 是 | 否 | |
| 2 | STCD | 台站号 | int | 否 | 是 | |

| 序号 | 字段英文名 | 字 段 中 文 名 | 类型 | 主键 | 允许为空 | 备注 |
|---|---|---|---|---|---|---|
| 3 | LTTD | 纬度 | int | 否 | 是 | |
| 4 | LGTD | 经度 | int | 否 | 是 | |
| 5 | DTMEL | 观测场海拔高度 | int | 否 | 是 | |
| 6 | YR | 年 | int | 否 | 是 | |
| 7 | MNTH | 月 | int | 否 | 是 | |
| 8 | DY | 日 | int | 否 | 是 | |
| 9 | AVAIRP | 平均气压 | int | 否 | 是 | |
| 10 | HTAIRP | 日最高气压 | int | 否 | 是 | |
| 11 | LTAIRP | 日最低气压 | int | 否 | 是 | |
| 12 | AVAIRP_C | 平均气压质量控制码 | int | 否 | 是 | |
| 13 | HTAIRP_C | 日最高气压质量控制码 | int | 否 | 是 | |
| 14 | LTAIRP_C | 日最低气压质量控制码 | int | 否 | 是 | |

**附表3**　　　　　　　　　　**气温（MET_ATMP_CMA）**

| 序号 | 字段英文名 | 字 段 中 文 名 | 类型 | 主键 | 允许为空 | 备注 |
|---|---|---|---|---|---|---|
| 1 | ID | 站点编号 | int | 是 | 否 | |
| 2 | STCD | 区站号 | int | 否 | 是 | |
| 3 | LTTD | 纬度 | int | 否 | 是 | |
| 4 | LGTD | 经度 | int | 否 | 是 | |
| 5 | DTMEL | 观测场海拔高度 | int | 否 | 是 | |
| 6 | YR | 年 | int | 否 | 是 | |
| 7 | MNTH | 月 | int | 否 | 是 | |
| 8 | DY | 日 | int | 否 | 是 | |
| 9 | AVATMP | 平均气温 | int | 否 | 是 | |
| 10 | MXATMP | 日最高气温 | int | 否 | 是 | |
| 11 | MNATMP | 日最低气温 | int | 否 | 是 | |
| 12 | AVATMP_C | 平均气温质量控制码 | int | 否 | 是 | |
| 13 | MXATMP_C | 日最高气温质量控制码 | int | 否 | 是 | |
| 14 | MNATMP_C | 日最低气温质量控制码 | int | 否 | 是 | |

**附表4**　　　　　　　　　　**相对湿度（MET_RHU_CMA）**

| 序号 | 字段英文名 | 字 段 中 文 名 | 类型 | 主键 | 允许为空 | 备注 |
|---|---|---|---|---|---|---|
| 1 | ID | 站点编号 | int | 是 | 否 | |
| 2 | STCD | 区站号 | int | 否 | 是 | |
| 3 | LTTD | 纬度 | int | 否 | 是 | |
| 4 | LGTD | 经度 | int | 否 | 是 | |

| 序号 | 字段英文名 | 字 段 中 文 名 | 类型 | 主键 | 允许为空 | 备注 |
|---|---|---|---|---|---|---|
| 5 | DTMEL | 观测场海拔高度 | int | 否 | 是 | |
| 6 | YR | 年 | int | 否 | 是 | |
| 7 | MNTH | 月 | int | 否 | 是 | |
| 8 | DY | 日 | int | 否 | 是 | |
| 9 | AVRHU | 平均相对湿度 | int | 否 | 是 | |
| 10 | MNRHU | 最小相对湿度 | int | 否 | 是 | |
| 11 | AVRHU_C | 平均相对湿度质量控制码 | int | 否 | 是 | |
| 12 | MNRHU_C | 最小相对湿度质量控制码 | int | 否 | 是 | |

附表 5　　　　　　　　　　　　降水（MET_ACCP_CMA）

| 序号 | 字段英文名 | 字 段 中 文 名 | 类型 | 主键 | 允许为空 | 备注 |
|---|---|---|---|---|---|---|
| 1 | ID | 站点编号 | int | 是 | 否 | |
| 2 | STCD | 区站号 | int | 否 | 是 | |
| 3 | LTTD | 纬度 | int | 否 | 是 | |
| 4 | LGTD | 经度 | int | 否 | 是 | |
| 5 | DTMEL | 观测场海拔高度 | int | 否 | 是 | |
| 6 | YR | 年 | int | 否 | 是 | |
| 7 | MNTH | 月 | int | 否 | 是 | |
| 8 | DY | 日 | int | 否 | 是 | |
| 9 | ACCP（20_8） | 20－8 时降水量 | int | 否 | 是 | |
| 10 | ACCP（8_20） | 8－20 时降水量 | int | 否 | 是 | |
| 11 | ACCP（20_20） | 20－20 时累计降水量 | int | 否 | 是 | |
| 12 | ACCP（20_8）NUM_C | 20－8 时降水量控制码 | int | 否 | 是 | |
| 13 | ACCP（8_20）NUM_C | 8－20 时降水量控制码 | int | 否 | 是 | |
| 14 | ACCP（20_20）NUM_C | 20－20 时降水量质量控制码 | int | 否 | 是 | |

附表 6　　　　　　　　　　　　风向风速（MET_WIN_CMA）

| 序号 | 字段英文名 | 字 段 中 文 名 | 类型 | 主键 | 允许为空 | 备注 |
|---|---|---|---|---|---|---|
| 1 | ID | 站点编号 | int | 是 | 否 | |
| 2 | STCD | 区站号 | int | 否 | 是 | |
| 3 | LTTD | 纬度 | int | 否 | 是 | |
| 4 | LGTD | 经度 | int | 否 | 是 | |
| 5 | DTMEL | 观测场海拔高度 | int | 否 | 是 | |
| 6 | YR | 年 | int | 否 | 是 | |
| 7 | MNTH | 月 | int | 否 | 是 | |
| 8 | DY | 日 | int | 否 | 是 | |

| 序号 | 字段英文名 | 字 段 中 文 名 | 类型 | 主键 | 允许为空 | 备注 |
|------|-----------|---------------|------|------|---------|------|
| 9 | AVWNDV | 平均风速 | int | 否 | 是 | |
| 10 | MXWNDV | 最大风速 | int | 否 | 是 | |
| 11 | MXWNDDIR | 最大风速的风向 | int | 否 | 是 | |
| 12 | EXWNDV | 极大风速 | int | 否 | 是 | |
| 13 | EXWNDDIR | 极大风速的风向 | int | 否 | 是 | |
| 14 | AVWNDV_C | 平均风速控制码 | int | 否 | 是 | |
| 15 | MXWNDV_C | 最大风速控制码 | int | 否 | 是 | |
| 16 | MXWNDDIR_C | 最大风速的风向控制码 | int | 否 | 是 | |
| 17 | EXWNDV_C | 极大风速控制码 | int | 否 | 是 | |
| 18 | EXWNDDIR_C | 极大风速的风向控制码 | int | 否 | 是 | |

**附表 7　　　　　　　　日照时数（MET_SSD_CMA）**

| 序号 | 字段英文名 | 字 段 中 文 名 | 类型 | 主键 | 允许为空 | 备注 |
|------|-----------|---------------|------|------|---------|------|
| 1 | ID | 站点编号 | int | 是 | 否 | |
| 2 | STCD | 区站号 | int | 否 | 是 | |
| 3 | LTTD | 纬度 | int | 否 | 是 | |
| 4 | LGTD | 经度 | int | 否 | 是 | |
| 5 | DTMEL | 观测场海拔高度 | int | 否 | 是 | |
| 6 | YR | 年 | int | 否 | 是 | |
| 7 | MNTH | 月 | int | 否 | 是 | |
| 8 | DY | 日 | int | 否 | 是 | |
| 9 | SSD | 日照时数 | int | 否 | 是 | |
| 10 | SSD _ C | 日照时数质量控制码 | int | 否 | 是 | |

**附表 8　　　　　　　　0cm 地温（MET_GST__CMA）**

| 序号 | 字段英文名 | 字 段 中 文 名 | 类型 | 主键 | 允许为空 | 备注 |
|------|-----------|---------------|------|------|---------|------|
| 1 | ID | 站点编号 | int | 是 | 否 | |
| 2 | STCD | 区站号 | int | 否 | 是 | |
| 3 | LTTD | 纬度 | int | 否 | 是 | |
| 4 | LGTD | 经度 | int | 否 | 是 | |
| 5 | DTMEL | 观测场海拔高度 | int | 否 | 是 | |
| 6 | YR | 年 | int | 否 | 是 | |
| 7 | MNTH | 月 | int | 否 | 是 | |
| 8 | DY | 日 | int | 否 | 是 | |
| 9 | AVGST | 平均地表气温 | int | 否 | 是 | |
| 10 | MXGST | 日最高地表气温 | int | 否 | 是 | |

续表

| 序号 | 字段英文名 | 字 段 中 文 名 | 类型 | 主键 | 允许为空 | 备注 |
|---|---|---|---|---|---|---|
| 11 | MNGST | 日最低地表气温 | int | 否 | 是 | |
| 12 | AVGST_C | 平均地表气温控制码 | int | 否 | 是 | |
| 13 | MXGST_C | 日最高地表气温控制码 | int | 否 | 是 | |
| 14 | MNGST_C | 日最低地表气温控制码 | int | 否 | 是 | |

附表 9　　　　　　　　　蒸发（MET_ACCE__CMA）

| 序号 | 字段英文名 | 字 段 中 文 名 | 类型 | 主键 | 允许为空 | 备注 |
|---|---|---|---|---|---|---|
| 1 | ID | 站点编号 | int | 是 | 否 | |
| 2 | STCD | 区站号 | int | 否 | 是 | |
| 3 | LTTD | 纬度 | int | 否 | 是 | |
| 4 | LGTD | 经度 | int | 否 | 是 | |
| 5 | DTMEL | 观测场海拔高度 | int | 否 | 是 | |
| 6 | YR | 年 | int | 否 | 是 | |
| 7 | MNTH | 月 | int | 否 | 是 | |
| 8 | DY | 日 | int | 否 | 是 | |
| 9 | SMACCE | 小型蒸发量 | int | 否 | 是 | |
| 10 | LAACCE | 大型蒸发量 | int | 否 | 是 | |
| 11 | SMACCE_C | 小型蒸发量控制码 | int | 否 | 是 | |
| 12 | LAACCE_C | 大型蒸发量控制码 | int | 否 | 是 | |

附表 10　　　　　　　　　日值数据（MET_SBD_CMA）

| 序号 | 字段英文名 | 字 段 中 文 名 | 类型 | 主键 | 允许为空 | 备注 |
|---|---|---|---|---|---|---|
| 1 | ID | 站点编号 | int | 是 | 否 | |
| 2 | STCD | 台站号 | int | 否 | 是 | |
| 3 | YR | 年 | nchar（10） | 否 | 是 | |
| 4 | MNTH | 月 | int | 否 | 是 | |
| 5 | DY | 日 | int | 否 | 是 | |
| 6 | ACCP | 降水 | int | 否 | 是 | |
| 7 | EXWNDY | 极大风速 | int | 否 | 是 | |
| 8 | EXWNDDIR | 最大风速的风向 | int | 否 | 是 | |
| 9 | AVAIRP | 平均气压 | int | 否 | 是 | |
| 10 | AVWNDV | 平均风速 | nchar（10） | 否 | 是 | |
| 11 | AVATMP | 平均气温 | int | 否 | 是 | |
| 12 | AVWAIRP | 平均水汽压 | int | 否 | 是 | |
| 13 | AVRHU | 平均相对湿度 | int | 否 | 是 | |
| 14 | SSD | 日照时数 | int | 否 | 是 | |

| 序号 | 字段英文名 | 字 段 中 文 名 | 类型 | 主键 | 允许为空 | 备注 |
|---|---|---|---|---|---|---|
| 15 | LTAIRP | 日最低本站气压 | int | 否 | 是 | |
| 16 | MNATMP | 日最低气温 | int | 否 | 是 | |
| 17 | HTAIRP | 日最高本站气压 | int | 否 | 是 | |
| 18 | MXATMP | 日最高气温 | int | 否 | 是 | |
| 19 | MXWNDV | 最大风速 | int | 否 | 是 | |
| 20 | MXWNDDIR | 最大风速的风向 | int | 否 | 是 | |
| 21 | MNRHU | 最小相对湿度 | int | 否 | 是 | |

**附表 11　　　　　　　台站表（MET_STAL__CMA）**

| 序号 | 字段英文名 | 字段中文名 | 类　型 | 主键 | 允许为空 | 备注 |
|---|---|---|---|---|---|---|
| 1 | ID | 站点编号 | int | 是 | 否 | |
| 2 | pro | pro | varchar（50） | 否 | 是 | |
| 3 | nam | nam | varchar（50） | 否 | 是 | |

**附表 12　　　　　　　指标数值（SYS_INDX）**

| 序号 | 字段英文名 | 字段中文名 | 类　型 | 主键 | 允许为空 | 备注 |
|---|---|---|---|---|---|---|
| 1 | ID | 站点编号 | int | 是 | 否 | |
| 2 | INDEX | 指标名称 | varchar（50） | 是 | 是 | |
| 3 | YR | 年 | int | 是 | 是 | |
| 4 | MNTH | 月 | int | 是 | 是 | |
| 5 | DY | 日 | int | 否 | 否 | |
| 6 | VAL | 指标值 | varchar（50） | 否 | 是 | |

**附表 13　　　　　　政区基本信息表（SM_ADDVCD）**

| 序号 | 字段英文名 | 字段中文名 | 类　型 | 主键 | 允许为空 | 备注 |
|---|---|---|---|---|---|---|
| 1 | ADCD | 政区编码 | varchar（15） | 是 | 否 | |
| 2 | ADNM | 政区名称 | varchar（50） | | 是 | |
| 3 | LGTD | 经度 | numeric（10，6） | | 是 | |
| 4 | LTTD | 纬度 | numeric（10，6） | | 是 | |

**附表 14　　　　气象站测站基本信息表（SM_METSTATION）**

| 序号 | 字段英文名 | 字段中文名 | 类　型 | 主键 | 允许为空 | 备注 |
|---|---|---|---|---|---|---|
| 1 | ADCD | 政区编码 | varchar（15） | 是 | 否 | |
| 2 | ADNM | 政区名称 | varchar（50） | | 是 | |
| 3 | LGTD | 经度 | numeric（10，6） | | 是 | |
| 4 | LTTD | 纬度 | numeric（10，6） | | 是 | |

附表 15　　　　　　　　　气象站数据表（HT_ES_R）

| 序号 | 字段英文名 | 字段中文名 | 类　型 | 主键 | 允许为空 | 备注 |
|---|---|---|---|---|---|---|
| 1 | STCD | 测站编码 | varchar（8） | 是 | 否 | |
| 2 | YR | 年 | numeric（4，0） | | 是 | |
| 3 | DY | 天 | numeric（3，0） | | 是 | |
| 4 | SUN | 日照 | numeric（8，5） | | 是 | |
| 5 | MAXTMP | 最高温 | numeric（4，1） | | | |
| 6 | MINTMP | 最低温 | numeric（4，1） | | | |
| 7 | DRP | 降雨 | numeric（5，1） | | | |
| 8 | ES | 蒸散发系数 | numeric（7，5） | | | |

附表 16　　　　　　　　旱情等级维护表（DT_E_B_GRADEMANAGE）

| 序号 | 字段英文名 | 字段中文名 | 类　型 | 主键 | 允许为空 | 备注 |
|---|---|---|---|---|---|---|
| 1 | ID | 站点编号 | int | 是 | 否 | |
| 2 | RGNCD | 编码 | nvarchar（10） | | 是 | |
| 3 | GRADETYPE | 等级类型 | nvarchar（20） | | 是 | |
| 4 | INDEXRANGE | 等级值 | nvarchar（100） | | 是 | |
| 5 | COLOR | 颜色值 | nvarchar（100） | | | |
| 6 | EXTENDKEY1 | 扩展字段 1，用于存储等级以外的区分条件 | nvarchar（50） | | | |
| 7 | EXTENDKEY2 | 扩展字段 2，用于存储等级以外的区分条件 | nvarchar（50） | | | |

附表 17　　　　　　　　　作物系数表（C_KC）

| 序号 | 字段英文名 | 字段中文名 | 类　型 | 主键 | 允许为空 | 备注 |
|---|---|---|---|---|---|---|
| 1 | SowDays | 天 | int | 是 | 否 | |
| 2 | KCYM | 玉米作物系数 | numeric（6，2） | | 是 | |
| 3 | KCDD | 大豆作物系数 | numeric（6，2） | | 是 | |

附表 18　　　　　　　　　蒸散发系数表（C_EC）

| 序号 | 字段英文名 | 字段中文名 | 类　型 | 主键 | 允许为空 | 备注 |
|---|---|---|---|---|---|---|
| 1 | YR | 年 | int | 是 | 否 | |
| 2 | SEQDAY | 天 | int | | 是 | |
| 3 | SolarR | 日照时间 | numeric（10，5） | | 是 | |
| 4 | MaxTemp | 最高温度 | numeric（4，1） | | | |
| 5 | MinTemp | 最底温度 | numeric（4，1） | | | |
| 6 | DYP | 日雨量 | numeric（5，1） | | | |
| 7 | EC | 蒸散发系数 | numeric（10，6） | | | |

**附表 19**                 **标准化降水蒸散指数表（SPEI）**

| 序号 | 字段英文名 | 字段中文名 | 类型 | 主键 | 允许为空 | 备注 |
|------|-----------|-----------|------|------|---------|------|
| 1 | QXSTCD | 测站编码 | CHAR2（5） | 是 | 否 | |
| 2 | YR | 年份 | Char（4） | | 是 | |
| 3 | MNTH | 月份 | Varchar（2） | | 是 | |
| 4 | INTV | 间隔 | int | | | |
| 5 | SPEIVALUE | SPEI 值 | Numeric（10，7） | | | |

**附表 20**                 **标准化降水指数（SPI）**

| 序号 | 字段英文名 | 字段中文名 | 类型 | 主键 | 允许为空 | 备注 |
|------|-----------|-----------|------|------|---------|------|
| 1 | QXSTCD | 测站编码 | CHAR2（5） | 是 | 否 | |
| 2 | YR | 年份 | Char（4） | | 是 | |
| 3 | MNTH | 月份 | Varchar（2） | | 是 | |
| 4 | INTV | 间隔 | int | | | |
| 5 | SPIVALUE | SPI 值 | Numeric（10，7） | | | |

**附表 21**                 **田间持水量表（ST_FC）**

| 序号 | 字段英文名 | 字段中文名 | 类型 | 主键 | 允许为空 | 备注 |
|------|-----------|-----------|------|------|---------|------|
| 1 | QXSTCD | 测站编码 | char（5） | 是 | 否 | |
| 2 | FC | 田间持水量 | numeric（4，1） | | 是 | |

**附表 22**                 **日降水量均值表（ST_PDDMYAV_S）**

| 序号 | 字段英文名 | 字段中文名 | 类型 | 主键 | 允许为空 | 备注 |
|------|-----------|-----------|------|------|---------|------|
| 1 | STCD | 测站编码 | VARCHAR2（8） | 是 | 否 | |
| 2 | MNTH | 月份 | NUMBER（2） | | 是 | |
| 3 | DAY | 日期 | NUMBER（2） | | | |
| 4 | MYDAVP | 多年平均日降水量 | NUMBER（5，1） | | | |
| 5 | BGYR | 开始年份 | NUMBER（4） | | | |
| 6 | EDYR | 结束年份 | NUMBER（4） | | | |
| 7 | STTYRNUM | 统计年数 | NUMBER（4） | | | |
| 8 | COMMENTS | 备注 | VARCHAR2（200） | | | |
| 9 | MODITIME | 时间戳 | DATE | | | |

**附表 23**                 **日降水量表（ST_PPTN_D）**

| 序号 | 字段英文名 | 字段中文名 | 类型 | 主键 | 允许为空 | 备注 |
|------|-----------|-----------|------|------|---------|------|
| 1 | QXSTCD | 测站编码 | CHAR2（5） | 是 | 否 | |
| 2 | TM | 时间 | DATE | | 是 | |
| 3 | DYP | 日降水量 | NUMBER（5，1） | | | |

**附表 24**                    **月降水量表（ST_PPTN_M）**

| 序号 | 字段英文名 | 字段中文名 | 类　型 | 主键 | 允许为空 | 备注 |
|---|---|---|---|---|---|---|
| 1 | QXSTCD | 测站编码 | CHAR2（5） | 是 | 否 | |
| 2 | YR | 年份 | Char（4） | | 是 | |
| 3 | MNTH | 月份 | Varchar（2） | | | |
| 4 | ACCP | 累计雨量 | Numeric（6，1） | | | |